U0299660

图书在版编目(CIP)数据

中国无锡近代园林/朱震峻主编. —北京：中国建筑工业出版社，2018.10（2023.12重印）
ISBN 978-7-112-22710-5

Ⅰ. ①中… Ⅱ. ①朱… Ⅲ. ①园林建筑－建筑史－无锡－近代
Ⅳ. ①TU-098.42

中国版本图书馆 CIP 数据核字（2018）第 215245 号

责任编辑：杜　洁　李　杰　兰丽婷
责任校对：王　烨

中国无锡近代园林
朱震峻　主编
*
中国建筑工业出版社出版、发行（北京海淀三里河路 9 号）
各地新华书店、建筑书店经销
无锡流传设计有限公司制版
北京富诚彩色印刷有限公司印刷
*
开本：880×1230 毫米　1/16　印张：18　字数：554 千字
2019 年 5 月第一版　2023 年 12 月第二次印刷
定价：138.00 元
ISBN 978-7-112-22710-5
(32086)

中国
无锡
近代园林

Wuxi Modern Garden in China

朱震峻　主编

中国建筑工业出版社

2014 年江苏省建设系统科技指导项目“中国无锡近代园林研究”（编号 2014ZD67）

《中国无锡近代园林》专家组

组　长

孟兆祯　中国工程院院士、中国风景园林学会名誉理事长、北京林业大学园林学院教授、博士生导师

成　员

朱钧珍　清华大学建筑学院教授、《中国近代园林史》主编

施奠东　原中国风景园林学会副理事长、浙江省风景园林协会名誉理事长、原杭州市园林文物局局长

李炜民　北京市公园管理中心总工程师、住建部风景园林专家委员会成员、原中国园林博物馆馆长

成玉宁　江苏省风景园林大师、东南大学景观学系系主任、教授、博士生导师

李　亮　原中国公园协会副秘书长

吴惠良　中国花卉协会杜鹃花分会会长、原无锡市园林管理局党委书记、局长、高级工程师

沙无垢　无锡市知名园林文史专家、原无锡市园林管理局副总工程师

主要编著者

统稿　朱震峻　刘晓明

执笔　刘晓明　朱震峻　王　欣　胡兆忠　薛晓飞　李玉红　黄　晓
　　　朱　蓉　王应临　刘珊珊

参编　戈祎迎　高　凡　张司晗　顾怡华　王文姬　张　刚　李　峰　严晨怡

特邀园林摄影师　李玉祥

《中国无锡近代园林》课题组

首席顾问

孟兆祯　中国工程院院士、中国风景园林学会名誉理事长、
　　　　北京林业大学园林学院教授、博士生导师

负责人

刘晓明　北京林业大学园林学院教授、博士生导师、园林历史与理论教研室主任、
　　　　中国风景园林学会副秘书长、常务理事

朱震峻　中国公园协会副会长、江苏省风景园林协会副理事长、
　　　　无锡市市政和园林局原党组副书记、副局长

成　员

王　欣　浙江农林大学风景园林与建筑学院、常务副院长、副教授

薛晓飞　北京林业大学园林学院副教授

李玉红　上海交通大学园林科学与工程系副教授

黄　晓　北京林业大学园林学院讲师、博士后

胡兆忠　无锡市市政和园林局风景园林处处长

王文姬　无锡市市政和园林局总师办主任

朱　蓉　江南大学副教授

王应临　北京林业大学园林学院讲师、博士后

刘珊珊　北京交通大学建筑与艺术学院讲师、博士后

课题承担单位

深圳市北林苑景观及建筑规划设计院有限公司

江南园林，明看苏州，

清看扬州，民国看无锡。

陳從周

陈从周

著名古建筑、园林专家

風景園林讓

世界真美好

題無錫園林大會

周幹峙

丁亥夏

周干峙

中国科学院院士、中国工程院院士、原国家建设部副部长

近代園林
無錫風韻

無錫近代園林 雅存 甲午小冬 孟兆楨

孟兆祯

中国工程院院士、中国风景园林学会名誉理事长

北京林业大学园林学院教授、博士生导师

中国无锡近代园林

李正

2016年11月30日

李 正

著名园林专家

序

为中国近代园林补篇，为无锡园林喝彩

世上的许多人和事多讲机缘巧合。我与无锡的缘分首先来源于我对无锡城市名称的遐想。无锡有什么含义呢？我早有和平兴市的猜想而缺乏史证。巧合的是，几年前无锡园林主管部门朱震峻先生提出要做无锡近代园林和无锡当代名花园林的课题研究，并邀我担任顾问，我欣然接受。他们这次调查研究为我找出了史证。无锡公花园的水景广场有大石壁和瀑布景物：石壁上摩崖石刻“有锡兵，天下争；无锡宁，天下清”十二个大字。我这才明白了，无论冷兵器或火药枪炮都有锡合金，“无锡”实乃祈求和平之意。有道是，家和万事兴，城宁园林盛。

无锡与太湖相生相伴，久负盛名。太湖有私于无锡也：巨浸抱城、碧波绕市、水陆潆洄、相映生辉。太湖之鼋头渚有若太湖的心脏。“包孕吴越”和“横云”的摩崖石刻抓人心胸，永志不忘。在大自然景物环境中造园，有真为假、混假于真。园不在市井也无须高墙深院，也不是隔绝外界独立、内向构图的园林，而是风景名胜区中衍生的园林了。可以说，太湖的核心风景在无锡。

作为园林学者，我们过去对无锡园林的深刻印象，更多地来自建于明代的中国古典名园——寄畅园。其实并不尽然。社会进入近代后，在中国园林建设处于相对低潮时期，无锡得益于近代民族工商业的繁荣，无锡园林则进入兴盛

有錫兵天下爭 無錫清天下寧

问名心晓和平兴市 太湖清晏无锡永宁 丁酉之秋

孟兆祯

时期。无锡近代园林所具有的中西交融、古今相济的独特风格，是中国近代园林风格演变的最好写照，它反映了中国近代园林的发展轨迹，在中国近代园林史中占据着举足轻重的地位，是近代园林史上一座意义深远的里程碑。无锡名花园林则继承江南名花文化，结合无锡本地特点，形成园林形式和文化内涵俱美的植物主题花园。其营造采用了新材料新技术，但以中为本，洋为中用，体现中国传统园林艺术的传承和发展。因花造园，做出了自己的特色，是国内名花园林中的优秀之作。这次我应邀承担本课题组顾问，很高兴地看到有关中国无锡近代园林和中国无锡当代名花园林的丰硕研究成果，更欣慰地看到这些成果弥补了中国近代园林研究的缺憾和空白，展现了当代名花园林发展的繁荣景象。

由无锡市市政和园林局与北京林业大学、浙江农林大学、上海交通大学教授组成的课题组，精诚合作，顺利完成了《无锡近代园林研究》课题，并发表了四篇论文和出版了两部专著。我谨向为此做出贡献的所有同仁致以热烈的祝贺！

朱震峻先生在工作之际提出本课题，并负责全程的筹划组织工作。在两本专著成书期间，从宏观上的书稿结构和目录设定，到能够凸显无锡近代园林特色的园林分类方式等方面的内容，朱震峻先生都提出了许多思路和具体意见，并负责了两部专著的统稿工作。胡兆忠等同志做了大量的具体组织和资料收集等方面的工作。无锡同行们的这些工作都为两本专著的顺利完成奠定了坚实的基础。

北京林业大学刘晓明教授、薛晓飞副教授、浙江农林大学的王欣副教授和上海交通大学的李玉红副教授在中国园林史、园林艺术研究和风景园林设计方面多有成就。他们将研究课题和教学工作结为一体，必当促进教学质量提高。他们的团队为研究无锡近代园林和无锡当代名花园林做出了积极的贡献。

这两部专著很好地总结了无锡市在保护、管理近代园林和规划设计、建设名花园林方面的成功经验，以及在传承和发展中国园林艺术传统方面的成就，值得一读。同时，欢迎广大读者批评指正，这两本书是逗号，而不是句号。

孟兆祯

中国工程院院士、中国风景园林学会名誉理事长

北京林业大学园林学院教授、博士生导师

2017年立秋于北林

目录

上篇

上篇

第一章 概说

无锡历史悠久，景色宜人，自然条件优越，经济繁荣，再加上惠山、太湖丰富的风景资源，为园林的建设与发展提供了有利的条件。近代是无锡的重要转折时期，随着工商业的快速发展，民族资本家积累了大量财富，他们享受物质生活，追求精神寄托，建造了大量园林。无锡近代园林因为营造时期较近，相对明清时期的园林保存得更为完整，对社会转型期的中国传统园林的发展变化研究具有重要参考价值。

一、历史源流

无锡早期的建城史与“礼让”的美德有关。商朝末年周太王的长子泰伯、次子仲雍为让位给三弟季历（季历之子为周文王），出奔梅里（今无锡梅村）建立勾吴国。《论语·泰伯》称誉他：“泰伯可谓至德矣，三以天下让，民无德而称焉。”今无锡滨湖区有纪念泰伯的庙和墓。西汉高祖五年（公元前202年）正式设无锡县，这一名称与“和平”的理想有关。据唐代茶圣陆羽《游惠山寺记》记载，东周、秦时期锡山产铅锡，到汉代开采殆尽，因而设立了无锡县。东汉时有樵夫在山下看到石铭，曰：“有锡兵，天下争；无锡清，天下宁。有锡沴，天下弊；无锡乂，天下济。”以无锡为地名，寄托了人们对和平生活的向往。“礼让”与“和平”为后世无锡园林的发展提供了宝贵的精神内核。

早在六千多年前，这一带已经有人类的原始聚居地。商朝末期，泰伯在梅里建立勾吴国。春秋时期，吴王阖闾建立大小两城，大城为吴都姑苏（今苏州），小城即位于今无锡、常州交界处的阖闾城。相传吴王阖闾曾在马山建避暑宫，凿吴王井；范蠡偕西施泛舟五湖，泊舟仙蠡墩，是为溪山胜处。战国时期，这里属于春申君黄歇的封地，舜柯山黄城、惠山黄公涧、芙蓉湖黄埠墩都是因春申君得名。秦统一六国后，此地属会稽郡。西汉初年正式设立无锡县。此外，无锡还有个别称“梁溪”，得名于东汉居士梁鸿。梁鸿因批评建造宫殿滥用民力的《五噫歌》得罪东汉章帝刘炟，避居吴地（今无锡），他与妻子孟光“举案齐眉”的故事便发生在此（图1–1）。

图1–1 五代卫贤《高士图》（局部），描绘了孟光与梁鸿举案齐眉的故事

图 1-2 惠山名胜分布图

魏晋南北朝佛教靡盛，南朝宋司徒右长史湛挺首先择地惠山，构筑历山草堂作为隐居读书地，后来舍宅为寺。惠山寺、崇安寺等相继出现，是为无锡寺庙园林之始。唐代盛世，山林泉石受到士大夫珍爱。唐代宗大历年间（766 ~ 779 年），无锡县令敬澄凿惠山泉，被茶神陆羽品定为天下第二，从此，二泉之名重江南，环惠山（二泉、黄公涧、石门等）构筑亭台、别业、精舍者络绎不绝，历代相承（图 1-2）。

宋元年间多有文人士大夫选择山野溪畔、湖山胜处，叠山理水，构筑亭台，建造宅第园林作为归隐终老之所。

明代江南的商业经济繁盛，无锡逐步发展成为江南地区的粮食、棉布贸易中心。且科举发达，登科入仕者日增，官僚士绅崇尚奢华，当地名士安国、华察、冯夔、秦金、俞宪和邹迪光等相继隐退营建园林，以争奇斗胜为尚。当时环惠山而园者，有如棋子密布，无锡园林之盛，名重东南。其中名声最响亮的，首推秦氏寄畅园，该园始建于明正德嘉靖年间，前身是曾任“两京五部尚书”的秦金建造的“凤谷行窝”，再传至族侄秦燿后加以改筑，并更名寄畅园。寄畅园对面，隔着惠山寺，是邹迪光的愚公谷。此园在正德年间属佥宪冯夔所有，位于惠山龙缝泉旁。万历年间，邹迪光购得此地，经营 60 景，园名愚公谷，时人称为“邹园”。愚公谷规模宏丽，景色幽美，不过40年后就被华、胡各族及邹氏同姓所分割，园遂湮灭。其他惠山园林还有数十处，难以尽述，但是能够历经岁月留存至今的，唯有秦氏的寄畅园（图 1-3）。

此外，在五里湖的宝界山麓，有嘉靖年间进士王问建造的湖山草堂，王问作《湖山歌》以自志。五里湖畔的高子水居，则是东林志士高攀龙半日静坐，半日读书，会友雅集的小园，尽得湖山之胜。在梁溪、五里湖之间的青祁中桥，有施渐隐居的武陵庄，此园后归宜兴人堵氏，百年后又归无锡人王永积，明末清初在此筑蠡湖草堂。

清代，康熙、乾隆两朝皇帝上百年间十二次南巡，无锡园林延续了明朝的盛况。清初，隐士杨紫渊在北犊山东南麓面蠡湖筑管社山庄。康熙年间，秦敬熙得中桥王永积废庄，花十五年时间建造半园，广十余亩，有聚星堂、湖北草堂、池上居水阁和古香亭等景致。城中映山河旁则有侯杲仿寄畅园建造的“亦园”。但此后无锡园林便随着清王朝的衰弱走向没落，直到近代时期才重又兴盛。

自20世纪初叶，无锡新兴的民族工商业者成为社会中坚，近代园林兴起。1905年，无锡士绅创建了当地第一座公共园林——锡金公园（今公花园，又名城中公园）。此后，在太湖之滨，踞湖山胜处所筑之园，有如众星散列，佳作迭出。从1912年荣氏构筑东山梅园开始，二三十年间涌现出20多处园林别墅，如万顷堂、横云山庄、太湖别墅、小蓬莱山馆、茹经堂、锦园、郑园、若圃、退庐、蠡园和渔庄等（图1-4）。在惠山有杨延俊构筑的别墅花园留耕草堂，与寄畅园仅一墙之隔。1929年，县政府将惠山李公祠改为惠山公园，成为无锡的第二座公园。无锡城内则有清末名臣薛福成构筑的钦使第花园，以及杨味云云薖园、秦毓鎏佚园等。此外，还有东绛周氏的避尘庐、位于陆井的陆庄、蓉湖庄的唐氏蓉湖花园和堰桥胡氏的乡村公园等。

新中国成立以来，在党和政府的重视下，随着社会经济的繁荣、城市定位的提升，无锡园林获得了空前的大发展。古典园林如寄畅园等得到妥善的修复和保护。近代园林如梅园、鼋头渚、蠡园等名园，在不断完善中得以继续扩展。同时，还有一批新建的园林，如以锡惠名胜为本体建成的锡惠公园，吸纳了两座名山和众多的名胜古迹入园。改革开放30多年来，已建成多种类别的新园，有江南兰苑、菖蒲园、中日友好园、古梅奇石圃、杜鹃园和吟苑等，并重修了惠山祠堂园林、寺观园林，新建了鸿山、阖闾城等遗址公园。

图1-3《清高宗南巡名胜图》之寄畅园

图1-4 太湖胜景图

二、时代背景

近代的无锡，由于民族工商业的快速发展，迅速脱离了封建时代旧县城的模式，发展成为中国一大工业重镇，其经济地位一度高居全国第四，仅次于上海、天津和武汉，有“小上海”之称。无锡的民族资本家通过发展实业积累了大量的财富和资本，又见识到西方新式的生活方式，于是一方面为了荣耀乡里造福桑梓，另一方面为了满足个人的物质生活需要，他们纷纷建宅建园。无锡近代民族工商业的发展为无锡近代宅园、墅园的建设提供了坚实的物质基础（图1-5～图1-7）。

受近代全国范围内民族工商业发展的影响，无锡地区诞生了近代的民族资产阶级。他们普遍接受过良好的传统教育，同时又接触过西方文化，对于生活的认识有了变化，生活用品追求“洋货”，生活方式也效仿西方。因此，由这些资本家建造的无锡近代园林，不同于以往的文人园林：它们一方面延续了中国私家园林的传统特征，另一方面又带有明显的西化痕迹，两者的结合反映在园林的外观形式上，便形成了中西交融的无锡近代园林。

图 1-5 无锡近代工业建筑之茂新面粉厂（1915 年摄）

近代中国的各个方面都受到西方世界的冲击，西方思想逐渐传入中国，“民主”理念开始生根发芽，深刻影响了近代民族资产阶级的思想。民主思想在近代的主要体现形式，便是社会公益慈善事业。民族资本家投资发展市政建设、教育以及社会福利，回馈当地百姓，彰显了“以善济世”、“与民同乐”的美德。无锡近代的民族资产阶级，多出身于传统望族，自幼接受传统教育，思想上受到传统文化的熏陶。在中西文化激烈交锋的近代时期，他们虽然受到西方影响，表现出先进性和创新性；但传统文化的影响仍然无处不在，体现出传统的延续性。无锡近代园林既具有深厚的本土传统，又受到西方的持续影响，两种文化旗鼓相当，展开充分的交流和互动，从而使无锡近代园林成为考察中西交流的理想对象，对于揭示现代中国如何应对全球化的挑战具有重要意义。

图 1-6 无锡近代工业建筑之九丰磨面厂（1915 年摄）

图 1-7 无锡近代工业建筑之无锡申新三厂（1928 年摄）

三、发展分期

对无锡近代园林的历史进行分期，有利于展示无锡近代园林的历史进程与特点。历史分期是史学研究的重要方法，一般通过总结某些相对稳定的特征来确定一个时期，不同历史时期之间具有质的差别，联系起来则能呈现历史的发展规律。对于中国古代园林的分期讨论较多，近代园林则较少涉及，但在与园林联系密切的近代建筑领域有许多讨论，如1987年赵国文的《中国近代建筑史的分期问题》、1998年杨秉德的《中国近代建筑史分期问题研究》、2012年刘亦师的《中国近代建筑发展的主线与分期》，可见每十年左右就会出现一次大的分期讨论，对之前的观点提出商榷和修正，这些对于无锡近代园林的分期都有参考价值。

本书参考近代建筑的分期方式，结合无锡近代园林的特点，将无锡近代园林的发展分为四个时期：第一阶段为1840 ~ 1895年的发轫期；第二阶段为1896 ~ 1927年的发展期，第三阶段为1928 ~ 1937年的繁荣期，第四阶段为1938 ~ 1949年的滞缓期。

1. 发轫期（1840 ~ 1895年）

第一阶段为发轫期，从1840年到1895年。学界通常将1840年第一次鸦片战争视为中国近代的开端，这一时期经历了从魏源等人的“师夷长技”、洋务派的“练兵”、“制器”，以及民族资产阶级上层的“商战”。这一时期近代化的思想仍然处于朦胧曲折的探索阶段，尚不明确。

发轫期的无锡依然是传统的农业社会，自然经济的产业结构依然占据主导地位，真正意义上的近代企业并未诞生。本阶段所建园林主要延续了明清江南园林精巧雅致的风格，代表作品是杨宗濂的潜庐和薛福成的钦使第宅园。潜庐是杨宗濂致仕还乡后和母亲的隐居之所。潜庐中的堆山叠石、庭园理水、花木种植和因借成景的手法，都采用了中国传统的造园方式，体现了传统士大夫归隐山林的隐逸情怀。由于受到西方文化的影响，这时期的无锡近代园林开始局部出现西化的特征，主要体现在建筑上。如薛福成钦使第宅园中的转盘楼，檐口采用机刻花板装饰，门窗镶嵌彩色玻璃，楼梯和走廊的西式栏杆则采用进口的木车床车制而成。西化的影响既反映在建筑的样式上，也反映在制作工艺上。

2. 发展期（1896 ~ 1927年）

第二阶段为发展期，从1896年到1927年。1895年发生甲午中日战争，《马关条约》的签署意味着洋务运动的失败，中国必须进行更为深刻的变革，此后先后经历了“维新变法”“三民主义”和《实业计划》等重要事件，近代化观念已经成形，呼之欲出。

发展期的无锡近代园林很多，较重要的如1905年兴建的公花园、1908年杨味云的云邁园、1912年荣德生的梅园和1916年杨瀚西的横云山庄（图1-8、图1-9），资本家捐资建园成为一时风气。这一时期开始出现西化程度较深的中西交融风格的园林。如杨味云云邁园，园林本身为典型的江南宅园，住宅建筑采用传统硬山顶木结构，但水池北侧的裘学楼、晚翠阁和杏雨楼，则是一组西化程度较深的中西交融风格建筑。其主体建筑为裘学楼，屋顶采用中式双坡屋顶，但走廊和拱券则是典型的西式风格。这组建筑还采用了进口的材料，如屋内的方柱和地板。

3. 繁荣期（1928 ~ 1937年）

第三阶段为繁荣期，从1928年到1937年。其标志是国民政府北伐成功，在南京设立中央政府，为国家建设提供了各种必要条件，开始了所谓的“黄金十年”时期。

第三阶段是无锡近代园林建设最繁荣的时期，代表性园林如王禹卿蠡园、陈梅芳渔庄、王心如太湖别墅、蔡缄三退庐、唐文治茹经堂、荣宗敬锦园（图1-10）、荣鄂生小蓬莱山馆、秦毓鎏佚园，以及由政府改建李公祠而成的惠山公园。除了实例较多，这一时期的造园风格也产生了转折性的变化。第二阶段园林的中西交融风格主要体现在建筑上，第三阶段则深入到空间布局和细部处理中。自从1840年鸦片战争以来，西方殖民者开始在中国修建避暑别墅，受其影响，无锡的近代资本家为提高生活质量也开始在郊外建造别墅群，形成无锡近代园林的一个新类型。此外，园居生活不再限于园中读书会友等传统内容，园主们开始追求新的生活方式和时尚活动。如梅园山顶的广场当年建有高尔夫球场和网球场，蠡园有泳池、跳台和圆形舞池，锦园设有方便游人的游船码头等。

4. 滞缓期（1938 ~ 1949 年）

第四阶段为滞缓期，从 1938 年到 1949 年。日本的大规模入侵分散了近代化建设的力量，严重阻碍了中国近代化的进程，相比于此前的"黄金十年"，在规模和范围上各种建设活动都呈现出明显的萎缩之势。

第四阶段无锡近代园林的发展明显放缓，建设工作集中在园林维护和扩建方面。扩建主要是在园林中加建西式的"洋房"，如王禹卿旧宅集英式、法式、美式三国风格于一园，并在蠡园旁扩建西班牙式风格的湖畔别墅，与中式庭园相通。其他如缪公馆和孙国璋故居，也是西式风格的建筑配上中式的园景。随着抗日战争的全面爆发，无锡的经济遭受到致命的打击，造园活动基本停止。抗日战争胜利后，无锡的经济有所复苏。但不久之后内战爆发，因此发展有限，无锡园林也很少有新的建设，甚至遭到了不同程度的破坏。

四、现状问题

无锡近代园林是时代的产物，虽然在漫长的历史长河中，它们距离现代很近，不少都保存完整。但在中华人民共和国成立前的社会动荡时期，因为各种原因，许多园林都遭到损坏，有些甚至被拆除改建，无迹可寻。本书结合实地调研与文献考证，将有记载的无锡近代园林进行了整理见表 1-1 所列。

从分布来看，无锡近代园林按其营造选址大致分为三类：城邑园林、惠山园林和太湖园林。表 1-1 所列 37 处园林，有近十处园林已被毁坏，如太湖边的子宽别墅、顾康博辟疆园和汪大铁芝兰草堂等，无法再做恢复，非

图 1-8 鼋头渚横云山庄全景旧影

常可惜。另外，东大池、陆庄、香草居（蒋家花园）等园林虽然遗迹尚存，却缺乏有效的维护和修复，虽具有一定的历史价值，但艺术价值相对较低。

就城邑园林而言，由于城市建设的需要，有多座园

图 1-9 20 世纪 20 年代的鼋头渚景象

图 1-10 锦园嘉莲阁旧影

林被毁，现存园林也存有一些问题。城内公花园是无锡第一座公园，也是中国现存最早的近代公园之一，具有上百年的历史。但由于位于城市中心，周围商业的开发，经济的蚕食，园区范围日益缩小（图 1-11）。薛福成钦使第宅园的花园部分曾被辟作他用，基本已毁坏殆尽，近年来通过考证研究，恢复重建了当年的格局。杨氏云薖园保存的相对完好，但对公众的开放度不够。秦氏佚园也曾遭遇披“保护性修复”外衣的商业开发，幸得秦氏后人坚持保护，很大程度地保存了主体原状，如今已列入小娄巷建筑保护区，为恢复当年的园貌提供了保障。王禹卿旧宅曾被日军占据，后又辟为政府单位用地，其南部的住宅已毁，所幸后部花园和洋楼尚存，现已作为梁溪饭店的内部庭院。

惠山园林现存的近代园林主要有潜庐、王恩绶祠园和李公祠三座。中华人民共和国成立后，潜庐由部队使用，建筑改为营房，但花园得以保存，现已列为全国重点文物保护单位。在政府修复建设之后，潜庐与王恩绶祠园的格局基本得以恢复。但李公祠在时局动乱期间曾被拆除，仅保存下一角的小桥、池塘和假山，如今由复建的建筑和花园共同组成惠山园（图 1-12）。

太湖园林中，梅园、蠡园、鼋头渚景区的横云山庄、太湖别墅基本保存完好，对公众开放，另有杨园、万顷堂、退庐、何家别墅、郑家花园、若圃、小蓬莱山馆等，大部分经过修缮后开放，成为景区的重要景点，但也有些被挪作他用，使用情况较为复杂。锦园曾作为国宾馆，如今国宾馆已迁走，但交通不便，不对游人开放。园内部分荷花池缺乏整治，造园之初良好的自然山水条件，完整的堤岛关系已被打破，景色萧瑟 。

大部分无锡近代园林近年都得到不同规模的保护维修，一定程度上恢复了近代时期的园林格局，但仍然存

图 1-11 城内公花园全景（1912 年摄）

图 1-12 惠山公园园门旧影

无锡近代园林现状简表

表 1-1

序号	园名	园主	地点	建造年代	现状
1	潜庐	杨艺芳	惠山上河塘	1882 年	2008 年修复开放
2	钦使第宅园	薛福成	城中学前街	1894 年	2003 年修复开放
3	公花园，又名锡金公园	邑绅筹建	城中	1905 年	逐年修扩，开放
4	云薖园	杨味云	城中长大弄	1908 年	2003 年列为市文保单位，现交还杨氏后人
5	高氏花园	高松舟	在西门外高氏祠堂后	清末	已毁，不存
6	随寓别墅	华子随	西门宏仁栈	清末	已毁，不存
7	梅园	荣德生	横山	1912 年	完好，开放
8	杨园	杨翰西	北犊山	1915 年重建	完好，后为梅园水厂
9	万顷堂	杨翰西等	北犊山	1915 年重建	部分完好或改建
10	东大池	陆培芝	嶂山南麓	1918 年	部分完好，不开放
11	桃园	荣张浣芬	横山南麓	1918 年	今为梅园横山风景区的一部分
12	横云山庄	杨翰西	南犊山	1916 年购地建园	完好，开放，今为鼋头渚风景区一部分
13	陆庄	陆培芝	陆井	约 1915 年	园已毁，九家亭尚在
14	退庐	蔡缄三	南犊山	1928 年	完好，开放，今在鼋头渚广福寺内
15	何家别墅	何辑伍	南犊山	不详	完好，开放，今在鼋头渚景区内
16	郑家花园	郑明山	南犊山苍鹰渚	1931 年	今为鼋头渚后江苏省太湖干部疗养院，开放
17	镇山园	胡雨人	荣巷以西	不详	已改建为血吸虫病防治研究所
18	子宽别墅	陈子宽	中独山	1921 年	已毁，不存
19	避尘庐	周舜卿	东绛	1902—1904 年间	已毁，不存
20	蓉湖花园	唐星海	蓉湖庄	1927 年	已毁，不存
21	王家园	王运初	军嶂山麓	1921 年	已毁，不存
22	于胥乐公园	杨翰西	丁村	1921 年	已毁，不存
23	广福寺	量如等	南犊山	1924 年	完好，开放，今在鼋头渚景区内
24	香草居（蒋家花园）	蒋东孚	城南汤巷	1925 年	尚存遗迹
25	蠡园	王禹卿	蠡湖边	1927 年	完好，开放
26	太湖别墅	王心如	南犊山	1927 年	完好，开放，今为鼋头渚风景区一部分
27	辟疆园	顾康伯	城中欢喜巷	1927 年	已毁，不存
28	若圃（陈家花园）	陈仲言	充山	1924 年	今为鼋头渚景区充山隐秀景点
29	佚园	秦毓鎏	城中福田巷	1928 年	现为市文物遗迹控制保护单位
30	锦园	荣宗敬	小箕山	1929 年	完好，现交还荣氏
31	小蓬莱山馆	荣鄂生	中犊山	1930 年	已毁，今为太湖工人疗养院
32	渔庄	陈梅芳	蠡湖边	1930 年	完好，开放
33	芝兰草堂	汪大铁	城中七尺场	1931 年	已毁，不存
34	茹经堂	唐文治	宝界桥南端	1935 年	完好，开放
35	王禹卿旧宅	王禹卿	城中中山路	1932 年	完好，今在梁溪饭店内
36	李公祠（惠山公园）	李鹤章	惠山宝善桥旁	1881 年	1929 年改为惠山公园，后毁；2008 年修复开放，名“惠山园”
37	王武愍公祠	王恩绶	无锡下河塘	1874 年	完好，开放

图 1–13 城中公花园四周高楼林立（摄影：王俊）

在不少问题。如城中的公花园，未能协调好园林与商业发展之间的关系，导致公花园范围日益缩小，若不采取合理措施进行保护，多年以后公花园或许也会“无迹可寻”（图 1–13）。杨氏云邁园和秦氏佚园虽保护较好，但现在的使用方式从长远来看不利于园林的传承与发展。又如杨园、郑家花园、小蓬莱山馆、王禹卿旧宅和王恩绶祠等园林虽然保存较好，但后期曾挪为他用，一定程度上降低了园林的历史价值和艺术价值，不利于后期的保护发展。在植物方面，目前已对古树名木挂标牌保护，但大部分古树名木都生长芜杂，与原有的风貌不太协调，需要相关部门进行定期的维护和管理。

总体而言，目前的一些问题主要在于对无锡近代园林的价值认识不够，未能认识到无锡近代园林在中国园林史上的重要地位，及其所具有的重要价值，因而导致保护力度不够，并影响到进一步的发展，这些不足的存在也正是进行无锡近代园林研究的意义所在。

图 1–14 城内公花园曲趣亭

第二章 艺术特征

中国古典园林是具有高度艺术成就和独特风格的艺术体系，在世界园林史上占有重要地位，不仅在亚洲曾经影响日本等国家的造园艺术，而且在18世纪后半期，还曾影响到远处西欧的英国等国家。江南得天独厚的自然地理、人文历史及政治经济环境，孕育了朴素淡雅、精致亲和的传统园林，成为中国古典园林重要的地方流派之一，极具代表性。

无锡近代园林表现出丰富的艺术特征，既有继承传统的古典亭台楼阁，在风格上以中式为主，同时也融入了外来建筑元素、形式、材料等，引进欧洲、日本的绿化树种，形成丰富多彩的植物景观。无锡园林传承自江南传统文化，延续其立意理法，传承其风格特点，历史上名园迭出。19世纪末至20世纪初叶，无锡新兴民族资本家成为社会中坚。他们不但在实业上有所发展，还充分利用无锡自然风光建造园林，形成中西交融、古今相济的园林风格（图2-1）。无锡近代园林有别于与之一衣带水的苏州园林。它们虽近在咫尺、文脉相依，同属于吴越之江南园林的范畴，但却风格迥异。苏州古典园

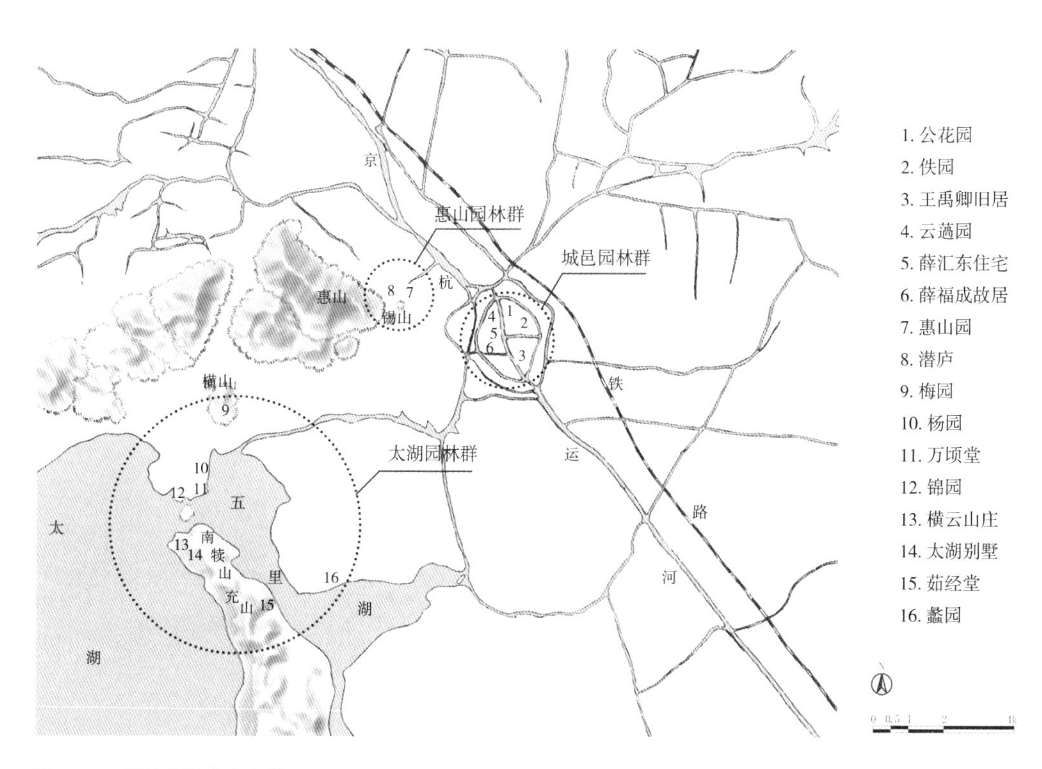

图2-1 无锡近代园林分布图

图 2-2 乾隆年间《南巡盛典·惠山图》

林犹如古代美女，藏于高墙深院中，形成内聚的空间，精细犹如盆景，需得日涉成趣，细细品赏。无锡则拥有真山真水，林泉入画，要旨在于将得天独厚的环境之胜，收作或借入、融入园景中，故而格局宏阔，景观开敞，又于细致处精心雕琢，展现出江南园林的精致秀美。若将无锡近代园林的太湖园林与杭州西湖周边的园林相比，西湖可比作纤柔婉约、面目姣好的西子美人；太湖则寓秀丽于雄奇，于淡泊中见精神，有似于健美洒脱、雍容大度的巾帼女杰。

一、园林分类

园林可根据不同的标准进行分类。周维权《中国古典园林史》按照“园林的隶属关系”，将中国古典园林分为皇家园林、私家园林、寺观园林、衙署园林、书院园林和祠堂园林等若干类型。朱钧珍《中国近代园林史（上）》则将近代园林分为六大类型：城市公园、私家园林、宗教园林、别墅园林、公建附属园林和郊野园林。按以上几种分类方式，无锡近代园林可分为私家园林、寺观园林、祠堂园林和书院园林，也可分为城市公园、私家园林、宗教园林、别墅园林和郊野园林，然而，这些分类方式都不能最大程度地体现无锡近代园林的独特之处。

对无锡近代园林而言，更为恰当的分类方式是按照园林选址的位置，分为太湖园林、惠山园林和城邑园林（图 2-1）。这一方式比较接近周维权《中国古典园林史》人工山水园和天然山水园的分类，城邑园林属于人工山水园，太湖园林属于天然山水园，惠山园林则介于两者之间。

更适合作为这种分类的理论基础和依据的，是计成《园冶》的“相地”篇。惠山园林位于计成所说的“山林地”（图 2-2），这些园林位于被乾隆皇帝誉为“江南第一山”的惠山，惠山山形犹如九龙腾跃，又名九龙山，山麓保存着完整的祠堂群，自唐代（8 世纪）至 1949 年时间跨度长达 1200 余年，形成园中有祠、祠中有园的特色。城邑园林位于计成所说的“城市地”，无锡城中河网密布，水陆交通便利，民居、商店、车站等生活设施齐全，成为近代园林分布的区域之一。太湖园林位于计成所说的“江湖地”，无锡地处太湖之滨，湖岸蜿蜒曲折，景色秀美多变，自古以来就是文人墨客钟情之处，成为近代建园选址的有利条件，也是无锡近代园林中最具特色的一类。下文便基于这三种典型的选址环境，对无锡近代园林丰富的艺术特征展开论述。

图 2-3 茫茫太湖

二、太湖园林：水天之际，依景筑园

无锡地处太湖北岸，湖滨山峦如同两翼，环绕袋形大水湾“梅梁湖”，湖岸曲折多湾，层次丰富；内湖名曰“蠡湖”（又称五里湖），北端与梅梁湖相沟通，南端经长广溪汇入太湖。太湖水面宽广，一望无垠，烟波浩渺，气势恢宏；湖中岛屿星罗棋布，若浮若沉；沿湖绵延山峰，重峦叠嶂。太湖岛渚、礁石、幽谷、水湾、汀矶各具异趣，湖光山色变化万千，自古便引得文人骚客兴致游赏，赋诗赞叹。明代程本立曾留下诗句“太湖三万六千顷，七十二峰湖上山”，高度凝练了太湖山水的精髓（图2-3）。

近代以来，自荣氏梅园、杨氏横云山庄为始，太湖之滨别苑林立，渐成风气。无锡近代资本家充分利用太湖山水风貌营造别墅园林，并将园林空间逐渐丰富成为居住游憩、名流雅集的绝佳场所，同时促进湖滨地区的基础设施建设与景点开发，形成独树一帜的环太湖园林群。无锡近代太湖园林讲求中西融合，其相地选址、造园理念、规划布局、建筑形式、材料应用及景观营造等方面，既表现出对中国传统园林理法的继承，又呈现出近代园林中西合璧、开拓创新的面貌。

从相地选址来看，与封建社会传统士大夫相比，近代民族资本家的眼界更加开阔，财力更加雄厚，已经不再局限于城中的咫尺山林，开始在宏观区位上突破城区的限制，将园林建设向城郊湖滨地区拓展，造园规模也产生质的飞跃（图2-4）。正是这种选址思想与方式的巨大转变，形成了无锡近代太湖园林与周围环境关系的最大特征——依山傍湖，因地制宜。园林因不设围墙界限而视线通透，纳太湖自然山水入园，内外景致融为一色。从具体选址来看，一如横云山庄、蠡园等临湖而建，筑堤围池将太湖水纳入园中，园内空间因广借太湖景色

图 2-4 鼋头渚旧貌

图 2-5 依山而建的梅园建筑，图中为香海轩

而获得无限延伸；再如梅园（图 2-5）、太湖别墅等依山而立，顺应地形布置园林建筑和植物景观，高处可眺望太湖景色，人工构筑与自然山林相辅相成。正如计成《园冶》所言："园林惟山林最胜，有高有凹，有曲有深，有峻而悬，有平而坦，自成天然之趣，不烦人工之事……江干湖畔，深柳疏芦之际，略成小筑，足征大观也。"于太湖山水之间建造园林，可揽山林地、江湖地两胜，无须人工大兴土木，园中景色自然天成。无锡近代太湖园林因其选址的大胆创新，突破了传统江南园林内向封闭的建造模式，多数具有占地面积广、空间开阔、视线通透的特点，达到园林与周边环境浑然一体的妙境。

从园林的布局来看，无锡近代太湖园林受到西方园林的影响，空间组织上讲究大开大合、疏密有致，景点布置上展现出规则和秩序，营造手法具有明显的人工痕迹，呈现出近代城市公园的崭新面貌。如蠡园东部区域，自颐安别业开始依次为圆形草坪、园路、涵碧亭和伸入湖中的游泳池，讲求轴线和对称；又如横云山庄、锦园、蠡园等一反江南私家园林灵动的池沼形态，而是砌筑堤岸围成规则式水池；再如锦园（图 2-6）、横云山庄等园中出现大草坪景观。这些造园手法的变化都表现出近代资本家对于西方园林风格的接纳和借鉴。

从建筑风格来看，太湖近代园林在继承中国传统园林建筑风格的基础上，出现一批"西式为表，中式为里"的近代建筑，呈现中西合璧的建筑风格（表 2-1）。由于园主多为新兴民族资产阶级，他们在接触洋务的过程中逐渐受到近代西方文化、思潮和生活方式的影响，开

图 2-6 锦园远眺

无锡近代太湖园林代表性中西合璧建筑情况表　　表 2-1

园名	建筑	特征
梅园	念劬塔	采用砖混结构
	宗敬别墅	采用西式拱券结构
	乐农别墅	采用西式拱券结构
横云山庄	灯塔	采用罗马式拱顶
	涧阿小筑	西洋式馆舍三间
蠡园（渔庄）	颐安别业	采用西式拱券结构
	露天舞池、游泳池和跳水台	具有新式娱乐功能
太湖别墅	七十二峰山馆	采用西洋式门窗
锦园	别墅	依照西班牙式别墅建筑而造
小蓬莱山馆	入口门洞	采用罗马柱的变体和西式花纹等
茹经堂	茹经堂	建筑立面和内部采用混凝土、大块石

始接受西洋建筑风格并在造园活动中加以创新实践。无锡当地工匠按照资本家的想法，在传统建筑的基础上对西洋建筑进行模仿，在材料、结构、造型、体量比例、细部装饰等方面或少或多地呈现出传统建筑“西洋化”的现象（图 2-7），甚至出现了少量完全仿照西式风格而建的建筑。在沧桑巨变的历史社会背景下，无锡太湖园林顺应时代潮流进入了一个继承与蜕变并存的时期，中西合璧的建筑风格恰恰体现出无锡近代资本家与时俱进、勇于创新的积极态度。

图 2-7 太湖别墅戊辰亭，带有西式风格的传统建筑

从植物和叠石造景来看，无锡近代太湖园林凸显出规模大、气势强的特征。近代民族资本家实力雄厚，于各自园中营造大面积独具特色的观赏植物景观，形成鲜明的植物主题，如梅园的梅花、横云山庄的樱花、蠡园的桃花、锦园的荷花等。不仅如此，资本家还通过大规模繁复的叠石景观来体现出不同一般的品位，彰显其财富和地位。如渔庄假山，其占地面积之大、道路之复杂、层次之丰富，采用建筑化的构筑方法，在近代园林叠山中都可谓是绝无仅有，堪称一绝。

近代民族资本家意图将园林融入太湖自然山水之中，太湖与园林可谓是你中有我，我中有你，珠联璧合，相得益彰，在构图上尊崇山水画论，形成符合中国传统审美标准的山水画卷。太湖近代园林以上万年的自然变迁史和三千多年的吴文化史为经，历代名人留下赞美诗篇，又以众多风景优美、内涵丰富的景观为纬，形成千姿百态的山水园林，从而达到时间与空间的绝佳组合，可谓是意境深远，令人回味无穷。从作为文化遗产的角度来说，无锡近代太湖园林保存着诸多文物古迹和历史传说，如横云山庄的“高攀龙濯足处”“横云”“包孕吴越”（图2-8），太湖别墅的“劈下泰华”“天开峭壁”“源头一勺”等石刻，蠡园的范蠡与西施传说等。这些蕴含丰富人文信息的遗迹，以跨越时空的笔力描绘着太湖自然山水的神奇，是自然景观和人文景观交相辉映的见证，留下了大量宝贵的历史财富。现如今，诸多园林正逐渐开放成为环太湖风景区的重要组成部分，其社会价值得到进一步发展。正是在美学、意境、历史、人文、社会等方面的深刻意义，使得无锡近代太湖园林具有丰富的艺术价值。

图 2-8 横云山庄的“横云”与“包孕吴越”题刻旧影

三、惠山园林：麓泉萦绕，祠园融合

惠山位于无锡西郊，紧邻古城，南北朝时期便建有惠山古寺，历史悠久，文脉涌动。惠山自古就因优美的自然环境和天下第二泉的灵气受到无锡人的尊崇，清帝乾隆也曾在游览惠山时发出“惟有林泉镇自然”的由衷赞叹。因此，先人争相顺依泉水走势在惠山东麓筑屋造园，除却以寄畅园、愚公谷为代表的山水别墅园林和供文人雅集的诗社园林、书院园林外，祠堂园林也是数量众多。

明清时期，京杭运河的疏浚使得南北贸易日益繁荣，无锡逐渐发展成为江南商业重镇，前来瞻仰游览惠山二泉的商贾络绎不绝。各地商人在山脚一带停泊舟船，逐渐集中建设了众多行业会馆，并相继建造了一百余座祠堂以祭祀宗祖先贤，沿横街、直街以及惠山浜形成热闹繁华的惠山古镇（图 2-9）。随着近代无锡经济的飞速发展，本地名门望族纷纷于惠山古镇建造家族祠堂，各类祠堂数量至民国时期达到顶峰，至今仍保留有一百多座（图 2-10）。无锡国学大师钱穆曾在《略论中国社会学》中回忆道：“县人皆于（惠山）山麓建祖先祠堂，又建历代名贤祠，如唐代张巡许远祠等。每逢春秋佳节，县人登山，先祭拜祖宗祠堂，又瞻拜先贤群祠，乃赴二泉亭。”惠山祠堂数量之多，规模之大，布局之密集，涉及人物及神祇之多，举世罕见。

从与周围山水环境的关系来看，惠山近代园林延续了惠山祠堂群的选址与布局脉络，充分利用“山形地势”和“泉河水系”两大环境特色，呈现“靠山、近泉、沿河、临街”的特点。在选址布局方面，惠山近代祠园顺依山形水势选址排列，沿天下第二泉而下至惠山浜一线，按照地形逐级布局空间，人工引导泉流贯穿祠堂和园林内部，形成园内水景，使整片建筑群气脉贯通、生机勃发。正是由于水系的衔接，惠山祠堂园林并未按照传统的南北朝向建造，而是沿溪涧、河道走向相对排布，形成有节奏感、韵律美的街道和河廊，与不同时代的寺庵、书院、公所、民居等建筑相互穿插，总体布局极为生动灵活。同时，惠山园林充分考虑山麓对园内景致的影响，巧借惠山锡山为背景，留出视线廊道将锡山龙光塔纳入

图 2-9 惠山浜龙头下（1920 年摄）

图 2-10 惠山华孝子祠牌坊旧影（1958 年摄）

园中（图 2-11），绵延山势仿佛自园外伸入园中，园林与周围山水环境紧密结合，融为一体。

从园林的功能和布局来看，惠山近代园林具有祠园融合的显著特色。空间组合上，惠山近代祠园大多由祠堂和花园两部分组成，祠堂建筑自成院落，花园紧邻祠堂而建，成为祠堂在空间上的扩展与延伸，两者相互独立又共为一体。如为纪念清朝名将李鹤章而建的李公祠，祠堂空间为典型徽派建筑院落，紧邻祠堂就有后花园“惠山园”，水面开阔、连廊环绕、亭台点缀，一派江南传统园林的景象。惠山近代祠园还具有功能上的复合性，可以承担祭祀祖先、家族聚会、居住生活等众多活动，“祠”和“园”的功能融为一体。如杨氏潜庐，原本由清末进士杨宗濂建造供母亲居住所用，园林是日常生活的承载空间；杨宗濂去世后，杨氏后代将潜庐改为祠园所用，族人在园前“四褒祠”祭祀后，再于花园中集会游宴，园林变为承载祭祀后续活动的空间，与祠堂在功能上密不可分，真正做到“祠园融合”（图 2-12）。

惠山近代祠园在继承传统的同时，也在一定程度上受到当时“西风东渐”的影响。典型代表如杨藕芳祠，为二层西洋楼，采用青砖砌筑墙体，立面上圆弧形拱券结构、古典爱奥尼柱式清晰可见，窗户、线脚、栏杆均为西式；同时，建筑又结合传统徽派观音兜山墙和屋顶正脊，充分反映了中西建筑风格的交融。再如惠山园，既有传统书场茶楼，也有西式咖啡馆，晚上还开放为夜公园，更是体现出近代中西方生活方式的碰撞与交会。

总的来说，惠山近代园林在选址布局上讲求顺应山形水势，形成举世罕见的祠堂群落，表达出近代资本家尊重自然、敬仰先贤的观念，具有深刻的思想价值。在审美方面，惠山祠园院落尊崇传统秩序和规则，造景手法朴素自然，合理利用地形筑屋，引导水系成景，形成严肃静谧的祠园景观，具有独特的美学价值。从作为文化遗产的角度来看，惠山祠园正是宗族祭祀先人这项人文活动的空间载体，真实反映近代无锡的风土人情和文化思想，其对于宗族的作用和价值会随着社会的发展世代延续下去，乃至成为人类共同的文化遗产。因此，无锡近代惠山祠园具有丰富艺术价值。

图 2-11 惠山公园内景旧影，从园中可借景锡山龙光塔

图 2-12 传统风格的潜庐留耕草堂（摄影：黄晓）

四、城邑园林：壶中天地，山水清音

无锡城因运河而兴，吴古水道贯通城中，众多河道横纵交错，形成“一弓一弦九箭”的水网格局，城内街巷和建筑也均依水系而建。无锡近代城邑园林除公花园为邑绅集资筹建的公共园林以外，其余多为资本家所建造的私宅园林，分布于城中。

从功能性质来看，无锡近代城邑宅园作为资本家的花园，具有极强的私密性；从造园条件来看，城邑园林又被周边建筑和街道限制了占地面积和建设规模。这些因素决定了园主不得不砌筑高墙分隔内外，形成封闭的园林空间，以“小中见大”的造园理念，花费大量钱财营造咫尺山林，形成自己的“壶中天地”。如杨氏云邁园、秦氏佚园、王禹卿旧居等，面积虽然不大，高墙之内却别有洞天，仿若隔世（图 2-13）。

从理景艺术来看，无锡近代城邑园林借助城中水网密布的优势，或引水入园，或开挖泉池，通过营造灵动的池沼和精致的湖石假山模仿自然山水，试图达到左思《招隐》诗中“非必丝与竹，山水有清音”的美妙意境。各园营造山水的方法不尽相同：杨氏云邁园内砌筑石岸围出大面积的水池，池面如镜，营造出静谧平和的氛围（图 2-14）；薛福成宅园东路戏台庭院，空间封闭幽静，

图 2-13 杨氏云邁园园景（摄影：黄晓）

院中以湖石砌出一泓清池，既作为庭院水景供人欣赏，又可让戏台上的种种妙音因水而更加婉转悠扬、余音缭绕；王禹卿旧居的花园部分于平地叠山，清泉从高处太湖石里流泻而出，顺山势蜿蜒曲折坠入小池，泉水叮咚清脆悦耳，营造出声景融合的美妙景观，更衬托出庭院的静谧幽深；秦氏佚园以叠石造景为主，麓坡、峰峦、洞隧、谷涧应有尽有，水景占地不大但类型丰富，通过对泉、涧、瀑、池等自然水系序列的模仿，形成从山到水的有机过渡，山水景致浑然天成（图 2-15）。值得一提的是，无锡近代城邑园林还少量引入西洋建筑元素，例如薛家花园北部建有弹子房，杨氏云薖园建有二层洋楼等，这些新式建筑为无锡近代园林打上了鲜明的时代烙印。

图 2-14 云薖园池北中西交融风格的裘学楼、晚翠阁和杏雨楼（摄影：黄晓）

图 2-15 秦氏佚园池景（摄影：黄晓）

天人合一的宇宙观是古人营建园林所秉持的基本哲学观念之一。从魏晋南北朝时期，私家园林逐渐追求小巧精贵的情趣，将园林打造为“壶中天地”。园主在方寸之间布置出千山万壑的景象，打破建筑空间与宇宙自然空间的界限，把广阔的宇宙、四季的变化尽收眼底，拉近人与自然的距离。“八极可围于寸眸，万物可齐于一朝”，半亩小园、咫尺山林中便可体悟宇宙人生。无锡近代城邑园林，因城中构园面积和建造条件所限，以“精而去繁”“以小见大”为设计理念，在有限的园林空间中挖池堆山，营造人工山水，制造出咫尺山林的意味，在城市中获得归隐自然的生活趣味。

总体而言，无锡近代园林通过与自然环境共融共生的造园手法，营造出悠扬深远的精神意境，具有丰富的美学价值：太湖园林因地制宜、得景随形，将自然山水纳入园中，符合传统自然山水画的构图特征，并以历史文化和自然景致共同形成意境深远的时空组合；惠山园林得锡惠两山和“天下第二泉”之神韵，林泉入画、祠园融合，依山势、水道而建，庭院静谧安详，形成独树一帜的祠园景观；城邑园林小巧精致，在有限的空间内引水入园、叠石为景，以人工手法营造精致的自然景观，将江南传统园林的秀美婉转表现得淋漓尽致。无锡近代园林作为一种艺术，其表达手法的背后反映出的正是近代民族资本家“天人合一”的思想理念，这也是无锡近代园林艺术价值的深刻内涵。

作为重要的文化遗产，无锡近代园林在沧桑巨变的历史与社会背景下，没有故步自封，而是借鉴西方园林和建筑风格形成“中西合璧”的独特时代风格，成为中国近代社会的见证者，因此具有不可取代的艺术价值。无锡近代园林作为历史信息和人文活动的空间载体，其社会和历史价值将会随着时间的推移在未来得到进一步传承和发展。

第三章 历史地位

园林是经济社会的产物与历史的缩影，也是社会生活需求的一部分，随着时代的变迁而演变。中国古代园林从粗犷走向精致，从天然走向人工，从雏形走向成熟，从原始走向文明，以其独特构思，深邃的意韵，丰富的空间格局，厚重的文化内涵而独树一帜，成为世界园林三大体系之一。古代的园林精品有如颗颗珍宝，镶嵌于中国大地，其中江苏古代营造的数量众多的园林，不少甚至已经成为世界文化遗产。

自1840年被西方列强用战舰和大炮轰开国门，中国便进入属于资本主义体系半殖民地半封建社会的近代历史时期，直至1949年中华人民共和国成立，期间100多年的艰难岁月，在中国数千年的历史长河中虽是短暂的，但它同时也是中国社会发生质变的关键历史转折时期。无锡近代园林的建设正是在这一时期开启了新阶段。无锡地处江苏东南部，具有悠久历史和深厚的文化底蕴。近代以来，无锡凭借其紧邻沪宁的地理位置、得天独厚的自然条件，以及便捷发达的水路运输，民族经济发展迅速，从一个县城一跃成为近代中国工商业重镇。同时，

图3-1 鼋头渚风光

中西科学文化的交流更是给无锡近代园林的萌芽和发展注入了新的元素。种种机缘交织在一起，造就独树一帜的近代锡派园林（图 3-1）。

一、独树一帜的锡派园林

中国近代是一个急剧嬗变的时期，政治、经济和文化都受到西方强势文化的冲击，许多传统价值遭到质疑和撕裂。成就辉煌的中国园林在近代随着封建社会完全解体、西方文化大量涌入，相应地产生了根本性的变化。这一变化通常被视为消极的。但换个角度看，中国园林作为一种拥有深厚传统的本土文化，在这一过程中实际上成为对抗、吸收和融合西方文化的重要阵地。西方文化的冲击，既促进了对中国园林的研究和重视，又为中国园林的营建注入了新鲜的思想和元素。

无锡近代园林取得了极为突出的成就。民国初年梁启超曾说："地方自治成绩，全国以江苏省为最，江苏省以无锡、南通为最。"无锡和南通在近代城市中脱颖而出，得益于两地工商业资产阶级的迅速发展。南通以张謇为首，在城市规划和建设方面取得了很高的成就；无锡新兴的荣、杨、薛、唐等几大家族，则把大量财力投入到园林建设中，将无锡近代园林打造为中国近代园林的典范。

从中西交流的角度看，江南地区的上海、苏州、无锡代表三种类型：上海作为沿江、沿海和开埠城市，受到西方直接而强烈的影响，主要体现为西方风格；苏州的古典园林根基深厚，主要是对传统的延续，对西方文化的吸收有限；而无锡则虽未直接开放但与上海等开埠城市联系紧密，受到西方间接但持续的影响。由于无锡既具有深厚的古代园林传统，又是间接接触到西方文化，两种文化的力量旗鼓相当，能够展开充分的碰撞和互动，使其成为考察中西交流的理想切入口，形成独树一帜的锡派园林，体现为三个方面：无锡近代园林是中国近代

图 3-2 梅园风光

园林的里程碑，是中国近代公共园林的先驱，是中国近代风景旅游的发端（图 3-2）。

纵观无锡近代园林，不仅传承了优秀的传统园林文化，更顺应了近代民主科学的时代精神，在民族资本主义的发展浪潮中不断成长，可谓是中西交融、古今相济，是中国近代园林的发展轨迹，也是中国近代园林风格演变的缩影，在中国园林由古而今的发展历程中有着极其重要的地位。

图 3-3 1914 年建造的通往梅园的开原路

二、中国近代园林的里程碑

1840 年鸦片战争以后，中国沦为半殖民地半封建社会，仁人志士开始探索改革救国的道路。在这兵荒马乱、危机四伏的年代里，无数爱国志士怀揣救国救民、振兴中华的民族理想，在黑暗中摸索前行，寻找未来的微弱光亮，形成了多元而又充满探索精神的时代特征。随着封建自然经济的加速瓦解、帝国主义资本的强势入侵，以及国内洋务运动的兴起，自西方国家在华办厂之后，中国近代工业逐步发展起来，经历了从政府投资、官僚督办，转向民族资本投资、商办民企的发展过程。正是在这样的历史背景下，中国近代园林在夹缝中艰难求生，既延续了古典园林的传统，又受“西风东渐”的影响创造性地融入了西洋特色，在短短百年内形成了独树一帜的近代园林风格。

这一时期，无锡出身的封建官僚在为官经历中受到洋务派思想的影响，参与经营官办官督企业，因此在弃官回乡之后，转而走向民族资产阶级，积极引进西方先进的生产技术，在无锡筹集民间资本办厂，开无锡近代工业之先河。同时，地方士绅、名门望族中的开明进取者，纷纷响应时代发展趋势，投入到无锡近代工商业的发展浪潮之中。光绪二十一年 (1895 年)，曾为洋务派李鸿章幕僚的杨艺芳、杨藕芳兄弟，创办了无锡近代第一家民族资本企业——业勤纱厂，就此拉开了无锡近代工业的序幕。光绪二十六年 (1900 年)，邑绅荣宗敬、荣德生兄弟在无锡创办保兴面粉厂，开启了近代荣氏家族的实业道路。伴随着无锡邮局的成立、城区电话的开通，无锡的城市基础设施极大地促进了民族工商业的发展（图 3-3）。尤其是沪宁铁路全线贯通，加之自古以来无锡运河航运的便捷，使无锡“交通之便，不愧为邻县之冠，且为江苏省内各县之冠”。至宣统三年 (1911 年)，无锡共有棉纺厂、面粉厂、缫丝厂、碾米厂和染织厂 12 家，民族工业蓬勃发展。依靠便捷的航运、铁路交通，以及邻近上海、南京的地理优势，无锡利用本地民族资本发展近代工业，经济迅速崛起，成为中国近代重要的工商业城市。

1914 年第一次世界大战爆发，西方帝国主义忙于战事，无暇顾及远东市场，中国民族工业得到较快发展。五四运动开始后，全国范围内再次掀起了“抵制外货，爱用国货”的热潮，大量民用物资缺口为无锡民族工业提供了契机，无锡民族工业进入繁荣发展阶段。民国 18 年 (1929 年)，无锡机器工业取代手工生产，占据经济技术结构的主导地位，资本总额达 1407 万元，在全国工业城市中位居第五位；年总产值 7726 万元，仅次于上海、广州，居全国第三位；产业工人总数达 6 万多人，仅次于上海，居全国第二位。因此，近代无锡又有“小上海”之称。

近代无锡工商业的发展情况与上海、天津等通商口岸城市不同，其资本市场中外来资本较少，主要依靠本地士绅以及名门望族筹集民间资本进行投资经营，取得了辉

1934 年无锡六大家族资本情况 表 3-1

行业名称	行业资本（万元）	六大家族所占资本（万元）	占行业资本百分比（%）
食品业	224.0	184.0	67
棉纺织业	1237.0	1215.0	97
丝业	310.0	118.0	37
机器制造业	15.0	2.0	13
其他（针织、化工）	34.8	14.0	46

图 3-4 鼋头渚建设初期旧影

图 3-5 杨氏植果试验场旧影

煌的经济成就。这一时期的无锡，涌现出了一批家族资本集团，成为整个城市经济发展的支柱，人称“无锡近代六大家族”，即杨氏集团、荣氏集团、薛氏集团、周氏集团、唐蔡集团和唐程集团。这些资本集团掌握了无锡近代资本市场的大部分资源和财富，成为无锡近代工商业发展的决定性力量（表 3-1）。无锡近代民族工商业的发展，使民族资本家积累了大量财富，为近代园林的建设奠定了雄厚的经济基础。

据《无锡园林志》记载，1840 ~ 1949 年的 100 多年间，从清末承袭古典园林风格的私家园林，到民国初期受西方园林影响而建设的新型“公园”，无锡共建设有近代园林 37 处，大多出自无锡近代新兴民族资本家之手，其中不乏在当时具有深远影响的名园佳作。因此，无锡的近代园林，大致可以称为“行商园林”。

清末，无锡宅园依旧保持了传统园林精巧雅致的风格，一如惠山古镇中晚清官吏杨艺芳于 1882 年为归隐而建的别墅园林潜庐。而城中晚清外交大臣薛福成亲自勾画草图，其子薛南溟于 1894 年建成的钦使第花园（又称薛家花园），则是晚清豪门世家官宦文化的集中体现。

民国初年，随着工商业的迅速发展，无锡民族资本家积累了大量财富，开始突破城市范围的局限，在太湖、梅梁湖一带构筑风景别墅园林。1912 年，荣宗敬、荣德生兄弟在荣巷以西的横山山麓购清末进士徐殿一的小桃园旧址，植梅数千株，构筑梅园，是为无锡近代太湖地区别墅园林的先声。1918 年，杨翰西购得南犊山鼋头渚湖滩地 60 亩，开始营建横云山庄，渐成规模，遂成太湖名园（图 3-4、图 3-5）。

此后，南犊山一带掀起造园风潮，本地士绅、资本家依山傍水置地构园者众多，有王心如的太湖别墅（图 3-6）、陈仲言的若圃、郑明山的郑园，以及蔡缄

图 3-6 七十二峰山馆旧影

图 3-7 荣德生捐资建造的宝界桥

三的退庐等。蠡湖北岸，王禹卿构筑蠡园，陈梅芳临蠡园西侧建造渔庄，荣宗敬又在小箕山筑成锦园，太湖别墅园林相继落成，渐成气候。1934 年，荣德生六十大寿建宝界桥连通蠡湖南北两岸（图 3-7），使环梅梁湖南北犊山以及蠡湖沿岸景点连成一片，形成无锡近代太湖别墅园林群。城中亦有诸多名门宅园建设，如长大弄杨氏云薖园、福田巷秦氏佚园等。至此，无锡近代名园迭出，造园活动达到高潮。

三、中国近代公共园林的先驱

中国近代公共园林的源起，除了源自古代公共园林的思想基础，更是受到了西方公园实践的深刻影响。17 世纪中叶英国资产阶级革命后，在当时宣扬民主、平等的社会环境下，一些原本专为皇家贵族享用的园林逐渐向公众开放，如英国伦敦的圣詹姆斯公园和海德公园等。建于 1858 年的美国纽约中央公园，更是成为城市公园建立的标志，由此启动了如火如荼的城市公园运动。纽约中央公园的成功建设，在世界范围内产生了深远的影响，使园林这种原为少数权贵、富人所专有的游憩场所，开始走向社会，面向公众，成为城市中不可或缺的元素，代表着社会的平等与自由。

近代以来，伴随着列强的入侵，西方文化、思想以及城市建设理论与实践逐渐渗透到中国经济、社会、文化与生活等诸多方面，并开始影响清代统治阶段的决策。据报道，1906 年 10 月清廷接受军机大臣戴鸿慈等人的上奏，命令各省兴办公园，这在中国历史上是前所未有的先例。近代列强殖民中国期间，在通商口岸城市的租界中建造花园，这是中国最早的西式公园，但仅为外国人享用，国人被拒之门外。即便如此，“公园”思想依然冲击着国人对传统园林的认知，建设城市公园开始成为一种新的风尚。

近代中国涌现出一批由爱国人士自筹自建的公园，反映出救亡图存、开拓进取的积极精神。这些近代新型公园的建造者，不乏民主革命领袖，思想进步的官僚、民族资本家及地方知识分子等，以“公有公享”为基本原则，倡导民主与科学，在园林中设置科普所用的图书馆、集会所用的演讲台、健身所用的体育场等，免费对公众开放，为广大百姓带来了崭新的生活风气。国人自建的近代公园，并未一味地崇洋媚外，其在融入西方思想理念的同时，依旧保留了民族传统特色，成为了一种先进的社会文化载体。

清光绪三十一年 (1905 年)，受西方思想的影响，无锡地方士绅在城中心原有几处私家花园的基础上，聘请日本设计师进行规划，集资建造锡金公园，对公众免费

图 3-8 城中公花园旧影

图 3-10 杨瀚西自备汽艇“长风号”考察无锡太湖风景

开放，民间俗称“公花园”，是近代最早由国人自建的公园之一，开启了中国近代公园建设的先河（图 3-8）。公园内碧波荡漾、花木扶疏，开展有棋艺、球赛、唱戏、展览等文化娱乐活动，成为公众游憩休闲的好去处。锡金公园建设时间之早，自创性之高，公享范围之大，影响力之广，在全国可谓屈指可数（图 3-9）。1929 年，时任县长孙祖基惜祠宇荒芜，在乡绅的资助下，李鹤章祠被改建为惠山公园，辟为民众游憩之所。

同时，近代无锡掀起了民族资本家私园开放、建设公园的社会风潮，荣德生、杨翰西、王禹卿等无锡商贾士绅在太湖沿岸建设园林（图 3-10），对外开放，一些园林如横云山庄、太湖别墅、蠡园等，通过住宿、茶水、饮食、门票等取得一定盈利。荣德生在东山购地建梅园，开创太湖园林向公众免费开放的先河。总的说来，无锡近代涌现出的一批国人自建新型公共园林，其规模是当时其他同级别城市难以比拟的。因此，无锡近代园林可以说是中国近代国人自建公共园林的先驱，无论是城市公园的建设还是私人园林的公共化，均表明了中国园林已从长期封建禁锢中解放出来，开始为普通群众所享用。民主、平等、博爱等思想通过公园的传播逐渐深入人心。

图 3-9 无锡公花园同庚厅后园一景

四、中国近代风景旅游的发端

自民国开始，中国经济被进一步卷入世界经济潮流，国民政府为适应世界经济的发展，改变中国羸弱无能的落后状态，开始把注意力集中到发展经济方面，采取了一系列扶持资产阶级和资本主义发展的经济政策，迅速批准创办了一批民族实业，从而刺激了更多的人投资新式工商业。尤其在 1927 ~ 1937 年，中国民族资本主义的发展势头持续不衰，出现了中国近代经济发展史上的黄金时代，从而带动了社会各项事业的发展。民国社会经济的发展决定了国民消费需求总量和结构呈逐渐上升态势，特别是城市居民的收入和生活水平的提高，使用于精神文化和娱乐的支出不断增加，为无锡近代旅游业的产生与发展奠定了有力的物质基础。

旅游通常是围绕城市的形成发展以及人口流动产生的，可以说城市化进程是旅游需求产生与发展的原动力。随着城市近代化水平发展不断加深，无锡逐渐成为以上海、南京、苏州、杭州为主体的长江下游城市群的重要城市之一，引发了以工商贸易、观光考察、会议公务、探亲访友、休闲娱乐等为目的的客源在城市之间、城乡之间的流动，为无锡近代旅游业的发展开辟了广阔空间。同时，随着新式交通工具的陆续出现，轮船、火车、汽车成为了民国时期人们主要的远途交通工具（图 3-11），尤其是民国时期中国铁路网络的初步形成，越来越多的中国人开始乘火车出游，从而使目的地的选择范围得以扩大。无锡秀美的江南水乡风情和浩渺雄壮的太湖逐渐为人所知，名气渐增。

人民社会生活观念的转变对于旅游休闲度假也有着极大的影响，近代西方自由开放的思潮逐渐深入人心，西方人在华游历的行为使国人开始受到旅游思想的熏陶，国人与外部世界沟通和交往日益频繁，新事物、新文化、新人物不断涌现，观念日益开化。中国旅行社的《无锡导游》《无锡风景》《无锡指南》等书刊，普及旅游知识，介绍无锡历史、风尚、交通、名胜、古迹、食宿与游程等，将无锡名胜推广到更广的范围。可以说，无锡风景旅游休闲度假活动是中国人的思想观念从闭塞走向开放、从保守走向变革的表现和产物。

无锡近代园林的开放性和旅游基础设施的完备性，使无锡成为旅游休闲度假的理想之地。除了如锡惠两山的传统名胜外，以横云山庄、梅园、蠡园为首的无锡近代太湖名园，不仅拥有优美怡人的风景，园内旅舍、餐馆、浴室、泳池、舞池等休闲游乐设施更是一应俱全，在当时可谓名声大噪，吸引中外各界人士慕名而来，于园中游览、休憩、聚会、疗养、住宿、饮食（图 3-12）。民国时期，南京、上海两地政要显贵，常利用周末时间来无锡休闲度假，造访名园。秀美的山水和开放的近代园林群，使无锡成为当时长三角地区旅游休闲度假的首选之地。

无锡太湖园林群还注重统筹计划，形成风景区促进旅游业的发展。杨翰西、荣德生等民族资本家在建造园林的同时，不断提出美好的规划愿景，通过架桥铺路的方式连接环湖各景点，打造完善的基础设施，立志达成

图 3-11 来往于无锡城内与梅园之间的开原公共汽车

图 3-12 1923 年建造的梅园太湖饭店，远处为念劬塔

图 3-13 太湖风光

环太湖风景区的建设目标，因抗战最终未能实现。陈植先生曾撰写《国立太湖公园计划》，以西方国家公园的建设实践为参考，部署计划国立太湖公园的建设，充分体现出近代风景区规划的先进思想。陈植先生在当时已经意识到"都市生活过于机械"，是"野外休养地之肇端"，从而使"郊外天然胜地资以修养之要求"应运而生。可以说，先进的太湖风景区计划，开启了全新的旅游模式，极大提升了无锡地区旅游项目的吸引力（图 3-13）。

无锡近代园林为休闲旅游提供了极大的便利，是中国近代风景旅游休闲度假的发端。中华人民共和国成立后，华东疗养院、江苏省太湖干部疗养院、无锡市太湖工人疗养院等相继选址于无锡太湖湖滨，延续了近代无锡休闲旅游业的传统（图 3-14）。

图 3-14 鼋头渚中犊山旧影，山间建筑群为太湖工人疗养院

纵观中国近代园林史，无锡近代园林在民族资本主义的发展浪潮中形成中西合璧、古今相济的独特风格，其诞生的时代社会背景之鲜明，园林数量之众多，对公众开放程度之高，民主思想传播之广泛，以及风景区统筹规划思想之先进，在当时同等级别的城市中，可以说是绝无仅有的，体现了中国近代园林的发展轨迹，是中

国近代园林风格演变的最好写照。无锡近代园林是中国近代自建公共园林的先驱，公园建设和私园开放反映了地方士绅发愤图强的爱国精神，并利用近代园林的开放性和旅游基础设施的完备性成为中国近代风景旅游休闲度假的发端。

正是独特的中西合璧造园风格、民主自由的园林文化，以及区域统筹的风景区建设思想，使无锡近代园林在中国近代园林史中占据着举足轻重的地位，成为近代园林史上一座意义深远的里程碑。

第四章 园林价值

无锡是中国近代民族工商业的摇篮。生活在水乡的无锡人是天赋的智者，他们将发展工商实业的经济资本，投入到近代园林的建设中，将无锡的平远山水、幽野林泉，与闪烁着思想光辉的人文景观相结合，构筑起一座座以山为骨架，以水为血脉，以植物为发肤，以文化为灵魂，以建筑为点睛的独具魅力的近代园林。其可圈可点之处，不仅仅因为它们有着令人赏心悦目的诗情画意，更由于无锡近代园林所蕴含的珍贵历史信息，促进了无锡的经济发展和旅游建设。

无锡近代园林折射出造园者们回报乡土的济世情怀，他们珍惜重视原生态环境，并在此基础上追求人工与自然环境的融合互补。无锡近代园林是中西文化交流在城市变迁中的物化表现，是城市建设的重要组成部分，同时也是许多重大历史事件的发生场所，具有丰富的社会价值、艺术价值、历史价值、经济价值和生态价值(图4-1)。

图 4-1 蠡园千步长廊

一、社会价值

园林作为人工与自然对话的媒介，不但是自然的产物，也是人工的产物，因此对园林价值的研究，无法回避与其相关的社会分析。

无锡近代园林的社会价值主要体现在对公众开放上，从而具有了城市公园的某些特征（图 4-2）。城市公园起源于西方，近代的工业革命是一次技术改革，更是一场深刻的社会变革。工业的盲目建设，人口的飞速增长，导致城市基础设施严重不足，居住环境日趋恶化。城市公园象征着民主、公平和公正，并且能够改善城市环境，于此时应运而生。这种园林将服务对象从古代的帝王权贵等少数人，转移到广大的人民群众，成为缓解社会问题的手段，也是以民主代替极权的表现。近代园林成为大众日常生活的一部分，以此与传统园林划出分水岭。世界上较早的城市公园是英国的伯肯海德公园，以改善城市环境、提高人民福利为宗旨；稍后的美国纽约中央公园，其构思原则之一即为满足社会各阶层人群的需求。城市公园作为重要的公共空间，基本功能之一便是休闲游憩，对于提升城市居民的生活质量意义重大。1975 年英国的《运动与游憩白皮书》，将城市公园的游憩功能列为“社会福利整体结构中的一部分”。

随着无锡近代城市的建设和经济的发展，人民休闲游憩的需求日益增加；同时，由于城区居民人口聚集对生活空间的挤压，客观上也产生了对开敞空间的需求。

图 4-2 蠡湖泛舟旧影

图 4-3 无锡城内公花园长廊旧影

因此近代时期，无锡城内建造的公花园（图 4-3）和太湖沿岸近代园林的兴建，便成为带有民主意味的现代文明的指向标，承担起休闲娱乐、社会交往等带有公益性质的功能。

城市公园的出现是中国园林发展历程中的一个标志事件，首次改变了园林所属的根本性质。此前具有悠久历史的中国园林主要属于统治阶级或名门望族，但此后，一种由人民所有、所享和所治的新型公园诞生了。城市公园主要供普罗大众自由享用。它们属公家所有，其设计建造和维护管理由政府负责，但日常使用者则以公众为主。这是过去的皇家园林、私家园林及租界园林所做不到的。城市公园要照顾到不同年龄、不同背景的市民，建造适应他们爱好与活动的游乐、休息、交流、健身的设施，并有寓教于乐的文化教育内容。在近代园林里，公众可以不受限制地、自主地进行各种活动：通过欣赏湖山胜景接触自然，通过品鉴诗画曲乐享受艺术，通过运动交游放松身心，充分体现了园林的社会公益价值（图 4-4）。

二、艺术价值

中国古代的公共园林大多依托于自然名胜，规模较大，没有固定的范围。无锡近代园林则多建在人口密集的城内及其周边，是人工对自然的改造，即所谓“第二自然”。古代公共园林以自然美为主，其景致内容主要

图 4-4 鼋头渚中的休闲娱乐，体现了园林的社会价值（摄影：曹晓坚）

图 4-5 蠡园湖中水榭（摄影：李玉祥）

图 4-6 水平展开的蠡园长廊（摄影：李玉祥）

是天造地设的自然物，配以少量的人工景物。无锡近代园林则表现出较多的人工艺术创造，因而与恒久的古代公共园林景观相比，往往随着时代、潮流和风尚的变化而转变，甚至进一步与中国近代的爱国、进步、民主与科学等密切相关。无锡近代园林的开放性，反映出人类固有的爱好自然的天性和相聚游乐的群体性；而太湖一带的园林因开发时间早，取景角度佳，从而成为“太湖第一名胜”（图 4-5）。

无锡近代园林延续了中国古典园林的空间创造手法，通过对山石、水景、植物和建筑的铺陈布局，加上对西方园林和文化的学习与吸收，营造出丰富多变的空间氛围，既有古代知识分子的哲学理念和精神追求，也有时髦追求者的浪漫情怀，更有民族实业者“达则兼济天下”的普世情怀。与西方艺术比较，无锡近代园林的艺术表现方式相对含蓄、内敛、凝练，宛如一幅渐次展开的书画长卷，具有中国园林的独特美感，值得细细地品味赏鉴（图 4-6）。

三、历史价值

从1972年《保护世界自然与文化遗产公约》到1982年《佛罗伦萨宪章》，都肯定了历史园林的保护价值和地位，尤其是1997年苏州古典园林被确认为联合国世界文化遗产，其文化遗产价值得到世界的公认。无锡近代园林作为中国传统园林尤其是江南古典园林的传承之作，所具有的珍贵性和稀缺性，就像无价的文物珍品和博物馆，可入可游，给人以美的享受。同时这些园林留下了许多政坛要员和文人墨客的游迹，可借以体味当时独特的社会背景和文化历史。这样的“博物馆”并不是随处可见的，惟其珍稀，倍感贵重（图4-7）。

图4-7 鼋头渚横云山庄旧影

近代以来，以古典园林为对象的研究几乎从未间断，经过半个多世纪的研究，人们对中国古典园林有了更清晰的认识。无锡近代园林作为中国古典园林的传承之作，是近代民族资本工商业发展的产物，鼋头渚、梅园、蠡园和公花园等众多的园林实例和丰富的文献资料，为研究中国近代的社会背景、历史文化，以及中西文化的碰撞交流，提供了重要的素材。以往的历史研究主要将园林作为用于观赏的艺术品，但近年来的新视点则认为，不能仅仅着眼于园林本身，还应着眼于园林的使用和园中的活动。无锡近代园林中有公共游览、经营娱乐、教书育人、私人起居、雅集顾曲和祭祀庆典等多种活动内容，展示了无锡近代深厚的文化内涵。园林应是具有实用性的综合艺术作品，其艺术性和实用性都体现了园林的历史价值。因此在赏鉴园林艺术性的同时，如何在现代社会继承和发扬其实用功能，便成为发扬园林历史价值所要面对的新课题（图4-8）。

园林的历史价值还体现在文化性上。园林是城市文明的一种表征，如英国伦敦海德公园的民主演讲，苏联莫斯科高尔基中央文化休息公园的建设，香港维多利亚公园的城市论坛，这些文化活动都凝聚为园林历史价值的一部分。中国近代实业家也提出过公园是“人情之

图4-8 城内公花园旧影，近景为涵碧桥

图4-9 城内公花园多寿楼旧影，建于1911年，曾为雅集游宴之所

囿，实业之华，教育之圭表”的精辟论断。这些都说明近代公园所具有的鲜明的文化性。无锡近代园林，无论是公园还是私园，都或多或少地继承了中国文人园林的优秀传统：如横云山庄的摩崖石刻、蠡园的书画题刻、公花园的戏曲表演，都是借助历史的意涵和先贤的事迹来感染公众，表现出近代公园所具有的浓厚的文化元素，发挥了园林优化人民物质文明与精神文明生活的作用（图 4-9）。

图 4-10 鼋头渚横云山庄的荷池（摄影：谭永红）

四、经济价值

无锡近代园林还具有重要的经济价值，主要体现为两方面：一是物质收益，如结合观赏种植的有经济价值的果树、药用植物、花卉植物等，也可制作盆景、出售切花等。二是旅游收入，无锡近代园林大多免费向公众开放，因此很少有门票，但各地人士来锡游赏所带动的交通、住宿、饮食消费，却在一定程度上拉动了城市经济的发展，并提供了可观的就业岗位。就此意义而言，无锡近代园林的旅游开发理念至今仍有可资借鉴之处。

无锡近代园林的建设离不开农业建设和开垦。开启无锡湖滨近代园林建设的梅园，便始于荣德生“为开园囿空山”的理想，他在东山遍植梅树，各种花木四时不谢，并引入日本重瓣樱花，增建玻璃花房。为丰富园景，荣氏多次在赏梅时节举办花卉展览。梅园横山南坡有荣张浣芬开辟的荣氏女学植物试验场，以桃园闻名于世，遍植桃树，间植玫瑰等名花。园中每年出产大量水蜜桃，以及香料作物和各种农副产品。横云山庄园主杨翰西在建园初期，于鼋头渚上设置“植果试验场”，广植果树，并撰写《鼋渚艺植录》，记录花木种植的试验心得。无锡近代园林，尤其是太湖近代园林的园主们表现出对农业生产的关心，造园活动中的农事活动既增大了园林的名声，丰富了园林的植物景观，也促进了无锡花木观赏品尝等多方面的发展，具有一定的农业价值（图 4-10）。

图 4-11 蠡园的月洞门与长廊（摄影：李玉祥）

无锡近代园林尤以太湖园林所得风景为佳。梅园、鼋头渚以及蠡园等以其优美的风光、悠久的历史和舒适的

图 4-12 蠡湖水体对城市环境的改善

设施（图 4-11），吸引了大量游客乃至各界名人，它们在对外开放的同时，也有相应的经济活动以取得一定的收益。如公花园免费开放，但内部添设戏院、球场、照相馆、糖果店等，适应游人之需要。荣氏梅园始终对公众免费开放，从不随意闭门拒客，并准许附近百姓来园内设小摊卖吃食茶水，展现出园主开阔的胸襟和为民造福的思想。横云山庄开有馆舍可供宾客留宿，有菜馆、照相馆、商铺等设施。除去园林本身的风景建设，园林外部的交通也是园主关心的要点。无锡地方人士修桥筑路，举办活动，发展旅游，在增大园林名气的同时，促进了城乡交流和农工商业的发展，对于城市建设大有裨益。

五、生态价值

无锡近代园林具有重要的生态价值。园林绿化对改善环境质量、维护城市生态平衡、美化城市景观等方面起着重要作用。太湖沿岸的园林具有调节气候、调蓄洪水、涵养水源、润泽农桑、促进生物多样性等诸多益处。惠山系浙江天目山余脉的东延部分，周长约 20 公里，是无锡的屏障。山上林木葱茏，是名副其实的城市山林，对保护山体土壤植被、优化城区生态环境起着举足轻重的作用。城内园林散状布置在城市内部，与其他各类城市绿地共同营建出宜居的环境。除了直接的经济效益，城市园林绿地还有不可估量的环境效益，而且随着树木的生长，环境效益将逐年递增（图 4-12）。

无锡近代园林的生态价值主要体现在保护生物多样性、营造小气候和改善空气质量三个方面。

首先，生物多样性是人类赖以生存的生物资源，是经济得以持续发展的基础。无锡近代园林结合其所处的

图 4-13 鼋头渚中犊山，开阔的水面和丰茂的植被有助于改善周围的气候

地理环境，在后期建设开发中，为生物的生存和发展提供了适宜的生境，形成了多种多样的生态系统。各系统内资源丰富，种类繁多，重点保护资源多。从宏观层面看，无锡近代园林的管理，与京杭运河、市内河流、太湖等水体，环太湖诸山、惠山山脉等山体相结合，共同构成了生物生态廊道。

其次，园林绿地是有效的气候调节器。城市人口密集，工业生产集中，大部分地面被建筑物和道路覆盖，城市的温度比郊区或农村要高。城市园林绿地能通过调节温度、调节湿度和调节气流来改善城市局部地区的小气候。无锡近代园林，尤其是太湖园林和惠山园林，依托自然水域和山体，对于改善无锡西部和西南部的气候有重要作用（图 4-13）。

最后，园林绿地是空气净化器，是城市绿肺，对保护环境、防治污染有明显作用。根据测定，中国森林年吸收大气污染物达 0.32 亿吨；每公顷绿地每天能吸收 900 千克的二氧化碳，产生 600 千克氧气。很多植物能分泌某种杀菌素，如松柏可以杀死白喉、伤寒、痢疾等病原菌。城市中绿化区每立方米的含菌量比没有绿化的街道要少 85% 以上。园林绿地也是天然的吸尘器，可通过覆盖地表减少粉尘来源，叶面通过吸附并捕获粉尘起到滞尘作用，植物表面通过吸收和转移粉尘起到吸尘作用，树木通过阻挡降低风速促进粉尘沉降起到降尘作用，林带通过改变风场结构阻拦粉尘进入局部区域起到阻尘作用。中华人民共和国成立以来，在政府和无锡人民多年的努力下，通过植树造林和植物景观规划设计，太湖和惠山的近代园林与周围的自然群落、人工群落，共同促进了无锡空气质量的改善。

第五章 景观评价

一、评价意义

景观评价是个人或群体以某种标准对园林景观的价值做出的判断。景观评价侧重于人的感受，关注客观环境与人的视觉感知和文化背景等方面的关系，评价的依据主要是视觉提供的资料。对无锡近代园林景观特征的评价可在无锡近代园林保护规划政策制定、无锡近代园林保护规划编制、建设用地选址、环境影响评估等过程中发挥重要作用。

二、评价目标

无锡近代园林继承了中国传统园林的精华，并吸收西方园林元素，顺应时代需求，是中国近代园林的里程碑。无锡近代园林具有突出的文化、艺术、社会、经济、生态价值，对无锡近代园林的造园艺术、文化内涵以及其经济、社会、生态价值进行综合评价，全面评估现存的无锡近代园林的价值，对于全面认知这一宝贵文化遗产，指导对无锡近代园林的合理保护和开发具有重要意义（图 5-1）。

图 5-1 鼋头渚横云山庄涵芬堂旧影

三、评价体系

1. 选择指标

（1）针对性原则

选择的评价指标要针对无锡近代园林的特点。

（2）可量化性原则

选择的评价指标必须是可以直接进行量化，或是对于定性指标可以通过间接的赋值进行量化。

（3）参与性原则

无锡近代园林大多有不同程度的开放性，为社会广大群众服务。因此，大众的参与评价必不可少。

（4）规范性原则

选择的评价指标必须符合国家现行的设计规范。设

图 5-2 蠡湖风光

计规范是指导设计者进行设计的准则，也是评价无锡近代园林景观的最重要的参考之一。评价所选取的指标，只有与国家设计规范相一致，才能确保所构建的模型具有科学性与可信度。

2. 确立体系

（1）评价指标体系结构

通过对无锡近代园林的实地调研，结合国家相关标准、法规以及指标选择原则，采用问卷调查的方式汇总游客的评价意见，并征询专家意见，对指标进行了归纳整理。根据无锡近代园林的三种类型——太湖园林、惠山园林、城邑园林，结合其具有的文化、艺术、社会、生态、经济价值，分别构建了相应的评价指标体系。指标体系结构见表 5-1。

（2）评价指标描述

1）艺术性（B1）

无锡近代园林的造园艺术手法和意境表达是其造园价值的重要组成部分，是近代园林美学的深刻体现，也是评价无锡近代园林的重要内容。园林的造园艺术手法主要包括相地选址、对园林各要素的组织、意境营造等（图 5-2、图 5-3）。

① 选址的合理性（C1）

此项指标针对太湖园林和惠山园林。太湖园林建在太湖沿岸，巧借太湖山水环境；惠山园林依托惠山林泉胜地，深得山林之趣，为借景真山提供条件。二者在相地选

图 5-3 梅园全景

址上均经过不同程度的考量，是可进行评价的指标之一。

该指标属定性指标，通过专家打分进行量化。

② 借景湖山的巧妙性（C2）

此项指标针对太湖园林和惠山园林。二者分别选址在太湖沿岸和惠山胜地，将自然湖山纳入园林中，营造真山真水园林（图 5-4）。无锡近代园林继承中国传统园林的借景手法，是评价的重要指标。

该指标属定性指标，通过专家打分进行量化。

③ 游线设计的合理性（C3）

此项指标针对太湖园林。太湖园林规模较大，合理

无锡近代园林评价指标体系结构　表5-1

目标层A	准测层B	指标层C
无锡近代园林景观A	艺术性B1	选址的合理性（太湖园林、惠山园林）C1
		借景湖山的巧妙性（太湖园林、惠山园林）C2
		游线设计的合理性（太湖园林）C3
		空间层次的丰富性C4
		空间尺度的适宜性C5
		叠山的艺术性C6
		理水的艺术性C7
		建筑的艺术性C8
		小品的艺术性C9
		花木种植主题的鲜明性C10
		花木季相、色相的丰富度C11
		花木配植形式的因地制宜性C12
		古树名木的数量C13
		铺地的艺术性C14
		意境的深远性C15
	文化性B2	文物古迹的丰富性C16
		历史传说的丰富性C17
	经济性B3	商业经营C18
		外部交通通畅性C19
	社会性B4	对公众的开放程度C20
		公众游览的愉悦感C21
		公众游览的舒适感C22
		公众游览的自豪感C23
		公共园林活动的现代性（办学、庆典）C24
	生态性B5	绿地率C25
		绿化覆盖率C26
		生物多样性C27
		水体环境质量C28
		空气环境质量C29
		空气负离子含量C30
		噪声等级C31

图 5-4 太湖园林借景湖山（摄影：李玉祥）

的游线组织尤为重要。根据相关游记对游线的记载及实际游览体验，可评价游线组织的合理程度。

该指标属定性指标，通过专家打分进行量化。

④ 空间层次的丰富性（C4）

园林中空间处理手法的多样化、空间序列组织的连贯性可以给游人以丰富的游览体验，是造园艺术水平的重要评价标准。

该指标属定性指标，通过专家打分进行量化。

⑤ 空间尺度的适宜性（C5）

无锡近代园林作为私人居住、会客的宅邸式园林或城市公园，园林空间应适合人的尺度。

该指标属定性指标，通过专家打分进行量化。

⑥ 叠山的艺术性（C6）

叠石造山是中国传统园林也是无锡近代园林的重要要素，其技艺水平是园林景观评价的重要指标。对于无锡近代园林，叠山的技艺包括整体态势的连贯性，对真山的概括提炼程度，游览线路设计的合理性、趣味性，以及名石的数量及审美价值等（图 5–5）。

图 5–5 渔庄藤架与置石（摄影：李玉祥）

该指标属定性指标，通过专家打分进行量化。

⑦ 理水的艺术性（C7）

理水是中国传统园林的重要要素，其艺术性也是园林景观评价的重要指标。理水的艺术性包括水景形式的

图 5-6 鼋头渚横云山庄曲折的石桥（摄影：李玉祥）

丰富程度，水源、水尾的处理方式，桥、堤、岛等元素分割后水面层次的丰富度，驳岸的艺术效果等（图 5-6）。

该指标属定性指标，通过专家打分进行量化。

⑧ 建筑的艺术性（C8）

近代建筑是无锡近代园林的重要组成部分。近代建筑作为园林起居游乐的场所和园林景观构成的主要元素，在近代园林中不仅承担着大部分使用功能，而且是近代园林美学的实际体现，其艺术性是园林景观评价的重要指标。建筑的艺术性包括建筑本身的美学价值、技术水平、材料的先进性，以及建筑布局的因地制宜性等。这里的建筑包括起居建筑、文娱建筑、景观建筑（塔、亭、榭、舫、桥等）（图 5-7）。

⑨ 小品的艺术性（C9）

小品为无锡近代园林中的生动点缀，饶具特色，包括石磨、藤架、匾联等。其艺术性是园林景观评价的重要指标（图 5-8）。

该指标属定性指标，通过专家打分进行量化。

⑩ 花木种植主题的鲜明性（C10）

植物是无锡近代园林的重要组成部分，其相关指标

图 5-7 梅园经畲堂（摄影：李玉祥）

图 5-8 梅园楠木厅及其匾联（摄影：李玉祥）

图 5-9 蠡园的植物景观（摄影：李玉祥）

是园林景观的重要评价内容。花木种植主题反映了园林的写意特征，也是无锡近代园林的特点之一。因此，花木种植主题的鲜明性是园林美学价值和造园艺术的重要评判指标。

该指标属定性指标，通过专家打分进行量化。

⑪ 花木季相、色相的丰富度（C11）

花木的季相是指随着季节的不同，园林植物景观所呈现出的不同的景观特色。各种园林植物本身随着季节变化而变化；常绿树种与落叶树种合理搭配，随季节变化，观赏的侧重点也随之变化。色相主要指对色叶植物和不同花色植物的搭配应用。季相、色相丰富的植物配置，能创造出美丽的风景（图 5-9）。

该指标属定性指标，通过专家打分及调查问卷游客打分进行量化。

⑫ 花木配植形式的因地制宜性（C12）

花木的配植随所处山、水、建筑等环境要素而各有区别，因此要做到因地制宜。池岸花木，多为体态优美、婀娜多姿者；山石之上，多配植与山体量、质感相称的植物，配以低矮灌木、地被；建筑前则以植物适当点景点缀，后有成片植物成为背景。

该指标属定性指标，通过专家打分进行量化。

⑬ 古树名木的数量（C13）

古树名木的数量反映了园林的历史人文底蕴，构成园林中富有人文特色的植物景观。

该指标属定量指标，根据实际调研结果进行量化。

⑭ 铺地的艺术性（C14）

无锡近代园林的地面多有铺装，有些颇为讲究，继承了传统铺地的匠心，因此可作为园林美学价值和造园艺术评价的指标（图 5-10）。

该指标属定性指标，通过专家打分进行量化。

⑮ 意境的深远性（C15）

无锡近代园林继承传统园林的意境营造，力图通过匾额题刻、主题景观营造、园林要素的巧妙安排等表达不同的意境。意境的深远性也是园林艺术水准的重要评价指标（图 5-11）。

该指标属定性指标，通过专家打分进行量化。

2）文化性（B2）

无锡近代园林的文化性主要指与其有关的文物古迹

图 5-10 蠡园水泉与铺地（摄影：李玉祥）

图 5-11 蠡园长廊上的《蠡园记》题刻

和历史传说。

① 文物古迹的丰富性（C16）

无锡近代园林尤其是太湖近代园林中大都保存着文物古迹，如横云山庄的高攀龙濯足处，太湖别墅筑园时出现的“劈下泰华”“天开峭壁”“源头一勺”的石刻等。这些蕴含丰富人文信息的遗迹以跨越时空的笔力描绘着太湖自然山水的神奇，是自然景观和人文景观交相辉映的见证，为园林增添了独特的人文魅力。

该指标属定量指标，根据实际调研结果进行量化。

② 历史传说的丰富性（C17）

无锡近代园林尤其是太湖近代园林有着丰富的历史传说，如蠡园的西施传说。历史传说反映了园林的历史积淀，是文化性的重要体现（图 5-12）。

该指标属定量指标，根据实际调研结果及相关文献研究进行量化。

3）经济性（B3）

无锡近代园林在对外开放的同时有一些经济活动以取得一定的利益，具有一定的经济价值。

① 商业经营（C18）

无锡近代园林中的太湖园林如梅园、鼋头渚及蠡园等以其优美的风光、悠久的历史文化和舒适的设施等吸引了大量游客乃至各界名人。其内通常开有馆舍可供宾客留宿，还有菜馆、照相馆、浴室、商铺等设施。

该指标属定性指标，根据相关文献研究进行量化。

② 外部交通通畅性（C19）

无锡园主人重视园林外部的交通以方便公众前来游览，如荣宗敬曾计划修建环湖公路直达蠡园，造长桥使得梅园、锦园、鼋头渚和蠡园连接起来，王禹卿在蠡园门外修筑公路等。这种修桥筑路、发展旅游的举措，在增大园林名气的同时，对于造福公众和城市经济建设大有裨益。

该指标属定性指标，通过专家打分进行量化。

4）社会性（B4）

无锡近代园林的社会性主要体现在对公众开放。无锡近代园林，无论是城市公园的建设还是私人园林的公园化，都表明园林从长期的封建禁锢中解放出来，开始为群众所享，具有深刻的社会性。

① 对公众的开放程度（C20）

无锡近代园林时期，平民化旨趣已深入人心。无锡近代园林中，梅园、横云山庄、锦园、公花园（我国现存最早的近代公园之一）、渔庄等免费对公众开放，蠡园等对公众开放但是收取门票。

该指标属定性指标，通过专家打分进行量化。

② 公众游览的愉悦感（C21）

无锡近代园林以丰富的视觉景观和多样的空间体验使游者产生不同程度的愉悦感，是公众对无锡近代园林的游赏感受，可反映其社会价值。

该指标属定性指标，通过调查问卷游客打分进行量化。

③ 公众游览的舒适感（C22）

无锡近代园林以其优美的生态环境使游者产生不同程度的舒适感，也是公众对无锡近代园林的游赏感受，可反映其社会价值。

该指标属定性指标，通过调查问卷游客打分进行量化。

④ 公众游览的自豪感（C23）

无锡近代园林是吸引中外旅游者的热点。游者在游赏的过程中，可感受到古典园林和西方园林的交流与融合，有利于提高大众的审美感和鉴赏力，确立国民的文化认同感和自豪感。

该指标属定性指标，通过调查问卷游客打分进行量化。

⑤ 公共园林活动的现代性（C24）

无锡近代园林中的活动是其对中国传统园林“可游”的继承，具有现代性和时代特征的园林活动如网球、高尔夫球、龙舟竞渡、办学育人等更多地体现了新时代的需求和风尚，反映了新时代的文化特点。通过园林活动，可展现园林的景致，阐发园林的意境，实现一定的社会功能。

该指标属定性指标，通过专家打分进行量化。

5）生态性（B5）

无锡近代园林对改善环境质量、维护城市生态平衡具有重要作用。太湖近代园林为流域范围提供了调节气候、美化环境、调蓄洪水、涵养水源、润泽农桑、航行交通、促进生物多样性等诸多益处；惠山近代园林对保护山体土壤植被、优化城区生态环境起着不可估量的作用；城邑近代园林以散状的绿地布置在城市内部，对于生态环境的功能和作用积少成多，和其他城市各类型绿地共同营建宜居环境。

图 5-12 渔庄里的西施雕像（摄影：李玉祥）

① 绿地率（C25）

绿地率是指无锡近代园林用地范围内各类绿地的总和与园林用地的比率 (%)。

该指标属定量指标，根据有关规范规定，经咨询专家，可按表 5-2 进行评分量化。

② 绿化覆盖率（C26）

绿化覆盖率是指在无锡近代园林用地范围内，绿化用地总面积所占的比率。计算公式为：绿化覆盖率 = 植物垂直投影所占面积 / 园林总用地面积。

该指标属定量指标，根据有关规范规定，经咨询专家，可按表 5-3 进行评分量化。

③ 生物多样性（C27）

生物物种的多样性可以更好地发挥生态效益。无锡近代园林尤其太湖园林和惠山园林，为生物的生存和发

绿地率指标 表 5-2

绿地率（%）	$R_1 \geq 75\%$	$70\% \leq R_1 < 75\%$	$65\% \leq R_1 < 70\%$	$R_1 < 65\%$
评价级别	优	良	中	差
得分范围	100 ~ 90	89 ~ 75	74 ~ 60	< 60

绿化覆盖率指标 表 5-3

绿化覆盖率（%）	$R_2 \geq 80\%$	$75\% \leq R_2 < 80\%$	$70\% \leq R_2 < 75\%$	$R_2 < 70\%$
评价级别	优	良	中	差
得分范围	100 ~ 90	89 ~ 75	74 ~ 60	< 60

展提供了适宜的生境。

该指标属定量指标，根据实际调查情况进行打分。

④ 水体环境质量（C28）

合理的水生植物培植可以降低总磷和总氮的比率，能够改善水质，提高水体透明度。近代园林连同其周边自然环境共同形成稳定的水生生态系统，能够在较长时间内保持水质的稳定，并具有提升景观效果的作用。因此，水质是衡量园林生态价值的重要指标。

该指标属定量指标，根据实际调查情况进行打分。

⑤ 空气环境质量（C29）

园林绿地具有空气净化作用。

参考《环境空气质量标准》(GB 3095—2012)，空气质量标准值通常采用两种形式的标准值：一是空气污染指数，二是各项污染物浓度。

该指标属定量指标，根据实际检测情况进行打分。

⑥ 空气负离子含量（C30）

空气负离子具有杀菌、降尘、清洁空气的功效。空气负离子浓度的高低是评价一个地方空气清洁程度的指标。有关研究指出，空气中每立方厘米负离子含量达到700个以上有益于人体健康。

该指标属定量指标，根据实际检测情况进行打分。

⑦ 噪声等级（C31）

园林绿地的树叶通过各个方向不规则反射或振动使声音减弱、消耗，能有效地减弱噪声的强度，甚至吸收和消除噪声。噪声等级越小，园内的生态效应越强。

该指标属定量指标，根据实际测量情况进行打分。

（3）评价指标体系各指标权重的确定

运用层次分析法（AHP）确定各指标的权重，见表 5-4 ~表 5-6 所列。

3. 评价程序

利用建立的无锡近代园林景观评价指标体系，对无锡近代园林逐一进行评价。评价程序为：

（1）建立评语集

本书将对评价结果的描述划分为五个等级：好、较好、一般、较差、差（表 5-7）。

（2）对评价指标体系的各个指标进行量化

1）定量指标的量化方法。对于定量指标，根据相关规范并结合专家意见或根据实际测量结果，进行评分量化。

无锡近代太湖园林景观评价指标总表

表 5-4

目标层 A	准则层 B	权重	指标层 C		指标层对目标层的总权重
			指标	权重	
无锡近代太湖园林景观 A	艺术性 B1	0.417	选址的合理性（太湖园林、惠山园林）C1	0.0340	0.0142
			借景湖山的巧妙性（太湖园林、惠山园林）C2	0.0216	0.0090
			游线设计的合理性（太湖园林）C3	0.0190	0.0079
			空间层次的丰富性 C4	0.1405	0.0586
			空间尺度的适宜性 C5	0.1405	0.0586
			叠山的艺术性 C6	0.0859	0.0358
			理水的艺术性 C7	0.0859	0.0358
			建筑的艺术性 C8	0.0859	0.0358
			小品的艺术性 C9	0.0859	0.0358
			花木种植主题的鲜明性 C10	0.0515	0.0215
			花木季相、色相的丰富度 C11	0.0859	0.0358
			花木配植形式的因地制宜性 C12	0.0129	0.0054
			古树名木的数量 C13	0.0129	0.0054
			铺地的艺术性 C14	0.0859	0.0358
			意境的深远性 C15	0.0515	0.0215
	文化性 B2	0.263	文物古迹的丰富性 C16	0.5000	0.1315
			历史传说的丰富性 C17	0.5000	0.1315
	经济性 B3	0.062	商业经营 C18	0.6700	0.0415
			外部交通通畅性 C19	0.3300	0.0205
	社会性 B4	0.160	对公众的开放程度 C20	0.4230	0.0677
			公众游览的愉悦感 C21	0.2660	0.0426
			公众游览的舒适感 C22	0.1620	0.0259
			公众游览的自豪感 C23	0.0860	0.0138
			公共园林活动的现代性（办学、庆典）C24	0.0620	0.0099
	生态性 B5	0.097	绿地率 C25	0.3492	0.0339
			绿化覆盖率 C26	0.2375	0.0230
			生物多样性 C27	0.1551	0.0150
			水体环境质量 C28	0.0987	0.0096
			空气环境质量 C29	0.0607	0.0059
			空气负离子含量 C30	0.0607	0.0059
			噪声等级 C31	0.0380	0.0037

无锡近代惠山园林景观评价指标总表

表 5-5

目标层 A	准则层 B	权重	指标层 C		指标层对目标层的总权重
			指标	权重	
无锡近代惠山园林景观 A	艺术性 B1	0.417	选址的合理性 C1	0.0329	0.0137
			借景湖山的巧妙性 C2	0.0227	0.0095
			空间层次的丰富性 C4	0.1453	0.0606
			空间尺度的适宜性 C5	0.1453	0.0606
			叠山的艺术性 C6	0.0867	0.0362
			理水的艺术性 C7	0.0867	0.0362
			建筑的艺术性 C8	0.0867	0.0362
			小品的艺术性 C9	0.0867	0.0362
			花木种植主题的鲜明性 C10	0.0507	0.0211
			花木季相、色相的丰富度 C11	0.0867	0.0362
			花木配植形式的因地制宜性 C12	0.0162	0.0068
			古树名木的数量 C13	0.0162	0.0068
			铺地的艺术性 C14	0.0867	0.0362
			意境的深远性 C15	0.0507	0.0211
	文化性 B2	0.263	文物古迹的丰富性 C16	0.5000	0.1315
			历史传说的丰富性 C17	0.5000	0.1315
	经济性 B3	0.062	商业经营 C18	0.6700	0.0415
			外部交通通畅性 C19	0.3300	0.0205
	社会性 B4	0.160	对公众的开放程度 C20	0.4230	0.0677
			公众游览的愉悦感 C21	0.2660	0.0426
			公众游览的舒适感 C22	0.1620	0.0259
			公众游览的自豪感 C23	0.0860	0.0138
			公共园林活动的现代性（办学、庆典）C24	0.0620	0.0099
	生态性 B5	0.097	绿地率 C25	0.3492	0.0339
			绿化覆盖率 C26	0.2375	0.0230
			生物多样性 C27	0.1551	0.0150
			水体环境质量 C28	0.0987	0.0096
			空气环境质量 C29	0.0607	0.0059
			空气负离子含量 C30	0.0607	0.0059
			噪声等级 C31	0.0380	0.0037

无锡近代城邑园林景观评价指标总表　　表 5-6

目标层 A	准则层 B	权重	指标层 C		指标层对目标层的总权重
			指标	权重	
无锡近代城邑园林景观 A	艺术性 B1	0.417	空间层次的丰富性 C4	0.1508	0.0629
			空间尺度的适宜性 C5	0.1508	0.0629
			叠山的艺术性 C6	0.0898	0.0374
			理水的艺术性 C7	0.0898	0.0374
			建筑的艺术性 C8	0.0898	0.0374
			小品的艺术性 C9	0.0898	0.0374
			花木种植主题的鲜明性 C10	0.0494	0.0206
			花木季相、色相的丰富度 C11	0.0898	0.0374
			花木配植形式的因地制宜性 C12	0.0305	0.0127
			古树名木的数量 C13	0.0305	0.0127
			铺地的艺术性 C14	0.0898	0.0374
			意境的深远性 C15	0.0494	0.0206
	文化性 B2	0.263	文物古迹的丰富性 C16	0.5000	0.1315
			历史传说的丰富性 C17	0.5000	0.1315
	经济性 B3	0.062	商业经营 C18	0.6700	0.0415
			外部交通通畅性 C19	0.3300	0.0205
	社会性 B4	0.160	对公众的开放程度 C20	0.4230	0.0677
			公众游览的愉悦感 C21	0.2660	0.0426
			公众游览的舒适感 C22	0.1620	0.0259
			公众游览的自豪感 C23	0.0860	0.0138
			公共园林活动的现代性（办学、庆典）C24	0.0620	0.0099
	生态性 B5	0.097	绿地率 C25	0.3492	0.0339
			绿化覆盖率 C26	0.2375	0.0230
			生物多样性 C27	0.1551	0.0150
			水体环境质量 C28	0.0987	0.0096
			空气环境质量 C29	0.0607	0.0059
			空气负离子含量 C30	0.0607	0.0059
			噪声等级 C31	0.0380	0.0037

图 5-13 鼋头渚的湖光山色（摄影：虞伟忠）

评价得分与评价结果对照表 表 5-7

评价得分	$S \geq 90$	$80 \leq S < 90$	$70 \leq S < 80$	$60 \leq S < 70$	$S < 60$
评价等级	好	较好	一般	较差	差

2）定性指标的量化方法。对于定性指标，采用对游客进行问卷调查或专家直接打分的形式，对指标进行量化（评分均采用百分制）。

3）计算。各个指标进行量化以后，根据各个指标对目标层——无锡近代园林景观的总排序权重，计算出总的评价得分。

4）得出评价结果。

（3）评价结果及分析

根据专家打分及游客调查问卷情况汇总，结合评价指标体系，得出了各个园林的评分（表 5-8）。

由评价得分可以得出以下结论：无锡太湖近代园林的综合价值最为突出，其选址结合真山真水，借景太湖，巧妙依托岛屿的自然地形与湖岸线的开合关系且园林要素具有很高的艺术价值；太湖近代园林规模较大，但是

游线布置巧妙合理；太湖近代园林开放性强，近代时期大多免费对公众开放；太湖园林的花木配置艺术价值高，植物景观具有鲜明的主题；与太湖园林相关的历史传说、文物古迹最为丰富（图 5-13）。无锡惠山近代园林的综合价值比之太湖园林略逊一筹。在选址和借景的巧妙性上，惠山园林亦巧于因借；对公众的开放程度高（图 5-14）。无锡城邑近代园林的综合价值相对前两者来说略低。城邑近代园林的建筑、小品的艺术性不如前两者突出；大部分不允许参观，因此开放程度不高，社会价值较低；绿化率和绿地覆盖率等指标略低于前两者，因此生态价值也相对前两者略低。

对三种类型的无锡近代园林进行评价分析，有利于认识并保护无锡近代园林这一宝贵遗产，使其在当代城市发展中发挥作用。对于无锡近代园林，要保护其所依托的自然山水环境，避免过度开发，充分发挥其生态效用；维护园内各要素的完整，定期进行修缮，延续其较高的艺术价值；增强开放性，政府适当加大财政投入，使各园尽量向公众免费开放或降低票价，以提高社会效益；整理与太湖园林相关的历史传说并编纂成册，供后人研究，发扬其文化价值（图 5-15）。

图 5-14 从惠山公园借景锡山龙光塔（摄影：黄晓）

无锡近代园林评价得分 表 5-8

园林类型	园林名称	评价得分 S
太湖园林	荣氏梅园	92.3085
	荣氏锦园	86.7888
	鼋头渚横云山庄	91.7169
	鼋头渚太湖别墅	88.9384
	鼋头渚茹经堂	85.6012
	鼋头渚陈家花园（若圃）	86.9661
	鼋头渚小蓬莱山馆	87.5446
	王氏蠡园	90.4568
	陈氏渔庄	88.5941
惠山园林	杨氏潜庐	86.3781
	王恩绶祠园	85.4304
	惠山公园（李公祠园）	85.5012
城邑园林	公花园	90.3979
	薛福成故居	85.7524
	薛汇东宅园	82.5499
	杨氏云薖园	84.1633
	秦氏佚园	84.0689
	王禹卿旧居	83.9125

图 5-15 鼋头渚公园长春桥

第六章 相地选址

计成《园冶》特地强调了园林选址的重要性，“故凡造作，必先相地立基”。作为江南水网中心，无锡西靠惠山，南临太湖，湖岸线长达100多公里。多样的山水岛屿组合和丰富的风景名胜资源，为无锡近代园林的选址与建设提供了有利条件。这些园林大多选址在太湖沿岸和锡惠山区，造园者顺应地形，尊重自然，充分利用江湖地、山林地的郊野风貌叠山构园。另外，还有一些用作私人居住、交游会客的宅第园林或城市公园，出于交通便利而选址于城市中心，但也充分借助山水进行营建，将自然美用人工方式加以提炼和升华。本章主要针对太湖园林、惠山园林和城邑园林的相地选址，分类论述。

一、太湖园林：依托太湖，因境成景

无锡太湖沿岸自然风光秀丽，一方面远离城市的喧嚣，能够供近代造园者在此缅怀古代文人墨客的隐逸情怀，另一方面造园能够“自成天然之趣，不烦人事之工”，因而成为园林选址的绝佳之地（图6-1）。太湖一带的

图6-1 蠡园周围的太湖山水

近代园林多为真山真水的山麓园林，规模相对较大，尽显自然之趣，犹如私家风景区。无锡近代园林对太湖的早期开发，既丰富了太湖风景名胜区的人文内涵，也促进了无锡山水城市格局的形成。

中国古典园林追求“巧于因借”，即《园冶》所称的“构园无格，借景有因”。太湖沿岸的近代园林继承了中国古典园林在相地选址方面的宝贵经验，巧妙依托岛屿的自然地形与湖岸线的开合关系，灵活选择园林基址，形成丰富的视觉景观和空间体验。

无锡濒临太湖北半圈，占有太湖山水组合最美的一区。境内有东南部的军嶂、龙王、石塘、大浮诸山，至中部有宝界、充山、鹿顶、南犊诸峰，西部则有闾江、鸡笼、莲花、石埠、青龙诸峰。它们犹如太湖的左右两翼，相互对峙，向北与北端的大箕、小箕、后湾、北犊诸山汇合，拱抱着太湖湖面，形成一个由北向南逐步展开的袋形大水湾。湖中又包孕着中犊、马迹、拖山、大椒、小椒等大小岛屿，散立在浩荡的清波中，配合着左右对峙的东西两翼，组成山外有山、湖内有湖，层次重叠、逐段开合的连续画境，犹如山水绘画之长卷（图 6-2）。

无锡太湖自然风景的美感，主要在于山水组合的紧凑多变，风景层次的收放重叠，岛屿、礁石、幽谷、水湾、汀矶各具异趣，湖光山色交相辉映，气象万千，周围又有远峰可以资借。每处地点因其具体位置和地形的不同而各具异趣，并随季节、气候、时间与视角的不同而变换。这种山水组合，对濒临太湖的无锡园林具有深刻的影响。

自古以来，这一带的自然山水就吸引了众多文人墨客到访游览，营建别墅，进一步增添了其中的人文意蕴。南朝萧梁时曾在充山北麓修建“广福庵”；南宋初进士钱绅在宝界山致仕读书，于绍兴三年（1133 年）开凿通惠泉，开此地营建山庄别墅之先声。明初“太湖春涨”被列为“无锡八景”之一。明嘉靖隆庆年间，王问、王鉴父子就钱绅旧址建造湖山草堂作为归隐之所（图 6-3）。王问常到鼋头渚赏景，并题写了摩崖石刻“劈下泰华”“源头一勺”“天开峭壁”一直留存至今。明末东林党领袖高攀龙常到此踏浪吟赏，留下“鼋头渚边濯足”的遗迹。清末无锡知县廖纶在鼋头渚临湖峭壁上题写“包孕吴越”和“横云”两处摩崖石刻。

进入近代，鼋头渚一带成为无锡工商业者营建园林的绝佳之地，先后建成横云山庄、太湖别墅、若圃、茹经堂等众多园林。中国传统园林营造重在“借景”。从广义的“借景”含义来说，园林的相地选址其实是在建园之初，就将园林可以资借的景象要素加以构思，鼋头渚优越的自然环境为“借景”提供了丰富的景象要素。另外，借景的理想境界是阮大铖在《园冶·冶叙》中提到的“臆绝灵奇”，前两字是构想的境界，后两字是效果的境界。无锡位于太湖沿岸的众多近代园林，无不很好地继承了中国古典园林在“相地”和“借景”方面的传统，将园林选址于湖光山色之中，营造出具有真山真水的园林（图 6-4）。

借景之外，计成在《园冶》相地篇中还提到“江湖

图 6-2 风景秀丽的太湖山水

图 6-3 王问《宝界山图》（局部），描绘了他所居住的湖山草堂

图 6-4 太湖园林内外的真山真水（摄影：李玉祥）

图 6-5 管社山庄及远处的群山

图 6-6 从蠡园凝春塔一带眺望近水远山

地”对园林营造的增益作用，在无锡近代的太湖园林中有鲜明的体现。如位于鼋头渚西南端的横云山庄，就尽得湖山之胜。山庄靠山面湖，近有湖中诸岛可以品赏，远有连绵山峦可以资借，山水组合紧凑多变，层次丰富，诸峰诸岛之间互为对景，山麓岛屿随视线移动而变化万千，加之晴雨晦暝，朝暮晨昏，湖光山色平添淡远缥缈之意境。游人或漫步湖岸，或登高远眺，湖山风光随着步移而景异，令人回味不尽。

又如王心如太湖别墅，其位置与横云山庄相比虽然在视觉丰富性上略为逊色，但通过人工营建万浪桥，在广袤的湖面增加了一处中景，在此眺望湖上群山，远山隐隐水迢迢，堪与横云山庄平分秋色。锦园位于无锡西郊小箕山的沿湖平坦地段，将建筑置于湖滨，成为观赏太湖风景的佳所。锦园东北部为管社山、梅梁湖，东南与鼋头渚隔湖相望，西南有湖中三山，管社山与小箕山形成对景，景区任何一个位置，景随人移，变化万千（图 6-5）。

蠡园和渔庄南依蠡湖，开阔的湖面东西铺展，湖南遥对长广溪口，湖西的漆塘山、宝界山、充山南北绵亘，轮廓优美，为蠡园提供了不可多得的自然借景（图 6-6）。不过在湖边建园，虽然便于借景，却也要付出一些代价。蠡园所在的湖边地势低洼，当初大部分是沼泽和鱼塘，堆填了大量土石才形成可供建设的基址；园林建成后，每到雨期，防洪泄洪都成为难点。

《园冶》中与“江湖地”对应的是“山林地”，太湖除了水景，周边连绵的丘陵，为观赏沿湖景色提供了

图 6-7 在小蓬莱山馆醉乐堂前的平台上眺望鼋头渚（摄影：卢静）

图 6-8 在梅园念劬塔上眺望南部湖山（摄影：黄晓）

较高较好的视野。因此太湖园林大多背山面湖，将主体建筑置于湖岸岛屿的制高点上。王心如早期太湖别墅的七十二峰山馆和荣鄂生小蓬莱山馆，皆视野开阔，可以眺望周边的远近诸山和太湖风光（图 6-7）。

与鼋头渚诸园和蠡园相比，梅园选址在离太湖较远的区域。位于荣巷的西首，枕山而卧。梅园东、北、西为群山所拥簇，南面邻近风景秀丽的蠡湖，梅园整体布局呈南北方向展开，借助山形地势合理布置园内景点，高处做点景建筑，远借太湖和周边群山之景，如《园冶》所称“入奥疏源，就低凿水”，巧妙借助人工手段增益自然地貌的空间效果，达到步移景异的目的（图 6-8）。

二、惠山园林：背山面肆，左右逢“园”

惠山坐落于无锡西郊，属于浙江天目山由东向西绵延的支脉。惠山一带自古即为胜迹，先人贤达无不以于惠山名泉胜地获得一席之地为荣，或建造别业山居于此，或设立宗祠供奉家族先贤，以沾惠山灵气（图 6-9）。

无锡近代分布在惠山古镇中园林多属祠堂园林。惠山古镇位于惠山山麓，西接惠山，气势磅礴；天下第二泉依山而下，山形水系贯通一气；南临锡山，拔地而起，上有龙光塔可为借景（图 6-10）。同时京杭大运河支流惠山浜直达古镇腹地。古镇依山傍水，负阴抱阳，实乃

图 6-9 惠麓小隐图

风水宝地。

由于位置优越，古镇祠堂分布密集。在极为紧张的用地条件下，大部分祠堂都通过建筑院落的巧妙布局，营造出丰富的园林空间，并充分借景园外的锡山和惠山景色。近代修建的王恩绶祠、杨氏潜庐和李公祠都与周边山水环境有着巧妙的衔接，在水和山两个方面皆有体现。

就水而言，几座园林皆因水而活。流经惠山腹地的运河支流惠山浜提供了优裕的用水条件。古镇祠堂正门都尽量面水而开，借景运河水系。祠堂主轴线大多与运河水系垂直。王恩绶祠、杨氏潜庐和李公祠虽然用地形

图 6-10 锡山龙光塔，成为锡惠两山园林的优美风景

状和轴线朝向各异，但皆尽力满足“门前玉带水”的风水理想（图 6–11、图 6–12）。

祠堂园林作为祭祀性很强的空间，其建筑院落布局往往存在明确的轴线关系。由于惠山古镇特殊的地理位置，大部分祠堂园林在轴线设置上尽量与锡山或惠山保持一致，从而在园内形成较好的借景。如王恩绶祠堂中路四进院落的轴线，基本与锡山龙光塔一致，各进庭院逐渐抬升，最后一进叠置黄石假山，暗喻此乃锡山余脉，破墙而入，增强了假山的真实感；同时，抬高的地形也提供了借景锡惠两山的有利条件。杨氏潜庐的借景更为巧妙，园林由两条互相垂直的轴线构成。一条正对锡山龙光塔，从祠堂正门开始，沿此轴线的几进院落均能观赏锡山景色。另一条为东西轴线，朝向惠山以增加纵深空间，轴线西端在台基上修建“望山楼”，成为眺望周围山景的主要场所（图 6–13）。

图 6–13 潜庐西侧的假山及建于其上的望山楼（摄影：黄晓）

图 6–11 惠山浜旧影，横跨水上的为宝善桥，右侧岸边为惠山公园

图 6–12 修复后的宝善桥（摄影：王俊）

三、城邑园林：隐于市井，借景环境

计成《园冶》认为，与江湖地、山林地相比，城市地是最难造园的。然而，明清士大夫崇尚隐逸文化，深受“小隐隐于野，大隐隐于市”思想的影响，因而中国传统文士常常在市井之中筑墙造园，自成天地。江南一带水网密布，城内造园蔚然成风。

无锡近代造园者虽不再以文人为主体，但大多深受传统文化熏陶，加上近代以来会客交游的需要，导致无锡城中多有望族后裔或社会名流，依托城内住宅置地造园，如薛福成宅园、秦氏佚园等。然而，城市中构园受到面积和各种条件的限制，需要花费较多的财力、物力、人工挖池堆山，以求得山林地或江湖地的效果。尽管城内不具备较好的借景条件，这些园林仍尽量营造条件尝试借景。

薛福成宅园是根据风水进行园林选址布局的佳例。薛福成精通风水，薛家宅园选址独特，邻近无锡旧城西水关，水网密布。这处基址四周的水网与护城河相连，水路交通十分便利，便于园林用水；此外也是出于风水的原因，这样的邻水之地符合薛福成认为的“门前若有玉带水，高官必定容易起”，被视为是文脉深长的风水宝地。在布局上，整座宅园呈长方形，同样出于风水的

图 6-14 薛福成故居东园戏台（摄影：王俊）

图 6-15 薛福成故居戏台西面回廊（摄影：王俊）

图 6-16《佚园十景图》之樱山远眺，图中可见园主站在朱樱山上，眺望锡山和龙光塔

考虑，独缺东南、西南两角，略呈“凸”字形。整体布局较为规则，在区分外宅和内宅的基础上，又可分为中、东、西三条轴线，前窄后宽，中轴线前伸，两翼后缩，从高处看，犹如大鹏展翅（图 6-14、图 6-15）。

另一座秦氏佚园也位于无锡城内。这座园林有一处小池塘，但主要以山景为主，占了大部分面积。由于深处内城，因此并不具备良好的借景条件，但仍在南侧靠墙堆筑了朱樱山。今天无锡城内高楼林立，已无法看到城外的山水，但从当时的绘画看，借景城外的山川无疑是重要的考虑之一，进一步印证了当时造园对于借景的重视（图 6-16）。

第七章 总体布局

中国古典园林的营造者或园主大多是拥有深厚文学素养的文人画家，他们将中国传统山水画的创作理论运用于园林布局，使园林的营建走向更高的境界。南朝画家谢赫提出“六法”的绘画理论，即气韵生动、骨法用笔、应物象形、随类赋彩、经营位置和传移摹写。传到唐代，张彦远对“六法”的内容又做了补充，认为“经营位置，则画之总要”，即“六法”中占据主导地位的是“经营位置”，各种要素都要受到经营位置的统辖。园林的总体布局亦是如此。从宏观角度看，经营位置是指园林的空间比例和环境氛围。园林设计以立意构思为出发点，而经营位置则是立意的物化，因而极为关键（图 7-1）。

园林的总体布局需要考虑场地的选择、规划，建筑的主题等；在设计风格上则取决于设计者或园主的造园理念。在西方造园家眼里，自然景观并非效法提炼的对象，而是改造掌控的对象。如法国古典园林的总体布局宏大

图 7-1 鼋头渚横云山庄所体现的“江湖地”特色

和规则，强调人工创造，园中所有景物都有人工改造的印记，建筑排列规整，花木修剪成形，柱廊、花坛、草坛、雕像、喷泉等井然有序，条理分明。法国古典园林的总体布局不仅表现在园林要素的排列呈现上，也表现在路线的安排上：路线大多笔直，有明显的中轴线，规则地向四周扩散；通向中心景区的道路较为宽广，通向次要景区的路线则相对狭窄、隐蔽。中国古典园林的总体布局与此有很大不同，在长期的发展过程中形成了独特的审美理念和趣味。中国古典园林总体布局是“山水画”式的，以蜿蜒曲折、峰回路转、步移景异的流动空间为原则，追求景中有景、园中有园、含蓄自然的感受，让人在变化、散淡之中，感受到一种十足自然韵味(图7–2)。

无锡近代园林在总体布局方面较好地继承了传统造园思想，营造出秩序井然、节奏多变、韵律和谐的空间布局，使人在游园过程中，不断产生审美期待，获得新的满足。本章按照无锡近代园林分布的三个区域，分别论述太湖园林、惠山园林和城邑园林的总体布局特点。

一、太湖园林：星罗棋布，开合有致

太湖沿岸拥有多样的湖山景观和丰富的自然地形，为园林的营造提供了广阔的空间，因此太湖沿岸近代园林数量多，星罗棋布地分布于风景绝佳之处。有的选址在面对湖面的开阔坡地，凭湖远眺，湖光山色尽在眼底（图7–3）；有的选址在山谷幽深僻静之所，绕植园林树木，享受隐居之乐（图7–4）。

中国古典园林崇尚自然山水之美。在以自然美为核心的美学思潮影响下，中国园林由再现自然转向表现自然，由单纯地模仿自然山水转向进行概括提炼。建筑作为造园要素之一，对于园林的成景起着重要作用，通过合理的布局与自然环境相协调。因此，园林建筑往往围绕着山水骨架进行布局。建筑是人工之作，与自然山水自由曲折的形态不同，只有随地形的转折起伏进行布置，才能与山水骨架相呼应，呈现出平面曲折、高低错落的特点。太湖园林所处的大环境正是山水变化丰富的场所，

图7–2 横云山庄湖滨飞云阁（摄影：朱晓华）

图 7-3 蠡园远眺

园林布局充分顺应地形，随形就势，婉转曲折。“曲”的空间布局与结构，可以表现丰富的空间轮廓，深幽的空间层次；在曲折的行进路线中移步异景，扩大了空间，并在时间的延续中丰富了视觉感受。正如刘熙载《词概》所推崇的曲折的妙处：“一转一深，一转一妙，此骚人三昧，自声家得之，便自超出常境。”如果说笔直的道路能够快速抵达目的地，犹如简单明确的白话；那么曲折的园林空间，则是蕴无限于有限之中，具有一种朦胧的诗意，令人愉悦，耐人寻味。

大型园林如梅园、横云山庄等沿曲折的空间序列展开园林布局。梅园景色自东山山脚入口沿山脊渐次向上线性展开，有紫藤花架、洗心泉、梅园刻石、三星石、天心台、八角揖蠡亭、莲池、荷轩（今清芬轩）、香海轩、研泉、诵豳堂、乐农别墅、留月村、招鹤亭等，最高处

图 7-4 蠡园绿漪亭一带的清幽景色

以巨石“小罗浮”作老梅园东山游览线的收结。1922 年，梅园向东扩充至浒山，该山为东西走向，东高西低，北陡南缓，建筑亦依照地形布置：南坡建念劬塔、龟池、半亭、宗敬别墅、豁然洞读书处（又名经畲堂），山顶平坦处建敦厚堂。

横云山庄的布局沿水体展开，建筑或与水贴近，或位于水体中央，或俯瞰太湖。平坦之处建筑多呈组团式布置，建筑之间形成对景呼应之势；山坡地带的景点和建筑沿曲折的线性序列布置，占据观景或点景的佳处（图 7-5）。这种线性的空间布局，通过对游园路线的

图 7-5 鼋头渚霞绮亭旧影，点缀在湖山胜处

整体规划，把园林整体分割为数个既独立而又相连的景点，使园林的空间景色，在时间上有秩序、有节奏地呈现于游人面前。

理性的曲线序列和高低布置营造出疏密相间、开合有致的空间节奏。若密处无疏，景观过于封闭，则少了空灵之趣，显得壅塞；反之，若疏处无密，景观过于开敞，则一览无余，缺乏深邃之感。所谓“开合”，“开”是放、起或生发，“合”是收、结或收拾之意。园林的“开”表现为空间的开放、视线的舒张，常伴随着游览序列高潮的产生；“合”指空间的收缩、视线的限定，能使人产生幽深之感。开与合彼此呼应，能为游兴高潮的到来做出铺垫。如梅园的线性空间以三星石、香雪海、小罗浮、念劬塔和敦厚堂为游览高潮，这些地方的建筑高畅，视线开阔，可欣赏植物和山峦的群体之美；而清芬轩、留月村、读书处、豁然洞等处的空间相对封闭，游人行至此处视线多向中心的建筑或水面聚焦。开合变化在太湖别墅中尤为明显。齐眉路串联起若干座独立的小院，形成自北向南的空间序列，在游观之路上营造出北奥南旷的节奏变化：松篁夹道的齐眉路形成悠长的线性空间，表现为空间的“奥”；游线上的若干小院，为暂时的“放”；经过迂曲的假山路径到达万方楼二层，可借景太湖，为“旷”的小高潮；最终抵达万浪桥堤，欣赏无垠的太湖之美，为“旷”的大高潮。一路观游，旷奥相济，曲折多变，游人的心胸也随着空间的开合而收放，产生无尽的趣味（图 7–6）。

图 7–6 太湖别墅万浪桥（摄影：李征）

二、惠山园林：景中有祠，祠中有园

惠山一带的近代园林主要依托祠堂修建，属于祠堂园林。由于地势并不规则，没有统一规划，又是在数百年间次第建造的，因而祠堂、园林、寺庵、书院、店铺和民居交织混合，展现出生动灵活的总体布局（图 7-7、图 7-8）。祠堂园林的主要交通线路以斜角交接，而不拘泥于坐北面南的传统布局，因而使得建筑和园林的中轴相互错落，依山势变化。同时，以天下第二泉为主的众多泉流，贯穿在祠堂和园林之间，使整个建筑群蔚为一体，气脉贯通。

祠堂园林属于祭祀空间，因而往往存在主要轴线。园林空间或分布在主轴线的建筑之间，属于建筑之间的园林院落，如杨氏潜庐、王恩绶祠园；或在主建筑轴线

图 7-7 依山而建的锡惠建筑群，远处为锡山龙光塔（1961 年摄）

图 7-8 惠山祠堂古戏台

之后，呈现前祠后园的格局，如惠山公园（李公祠园）。杨氏潜庐和王恩绶祠的花园处在建筑之间。建筑既具有祭祀功能，又有居住、会客、娱乐等功能。建筑与建筑之间，建筑与山水花木之间，以及山水花木之间，形成对景、障景、隔景等多种关系。

中国画的空间处理往往采用“计白当黑，知白守黑”的原理，在实处着力，于虚处着眼，使画面虚实相生，相得益彰。园林布局亦是如此。在有限的空间里，多以虚空的水面为中心，沿水体周边布置建筑、围墙、山石、花木等实体。体量较大的建筑采用后退或隔断的方式来削弱体积感；围墙、山石等也加以虚实结合的处理，围墙上开漏窗以透其景，山石多玲珑的太湖石，以营造出流动灵巧的氛围。如惠山公园（李公祠园）的布置，中间是一方水塘，水体西侧架设三折平桥分隔水面，东、西、南三面用曲折的游廊串联起建筑，兼具舒朗与幽静之感（图 7–9）。

三、城邑园林：因屋顺势，序列自然

除公花园外，分布在无锡城内的近代园林多属于城市宅园，其分布取决于园主人的住宅选址。无锡近代的城市宅园一方面受到传统园林布局思想的影响，采取“前宅后园”或“东宅西园”的总体布局，如薛福成宅园和秦氏佚园；另一方面，由于近代城市住宅在会客方面需

图 7–10 薛福成宅园庭院小景（摄影：黄晓）

图 7–9 惠山公园主景，围绕中央的水池展开（摄影：黄晓）

图 7-11 薛福成钦使第西花园全景

求，导致开放性增强，表现为园林铺装面积的扩大和造景面积的缩小，如薛福成宅园的前两进院落皆为小型庭院（图 7-10）。

近代城市宅园的空间布局在虚实关系的处理上与惠山园林有异曲同工之妙。清代文人沈复在《浮生六记》中谈园林的虚实关系：“虚中有实者，或山穷水尽处，一折而豁然开朗；或轩阁设厨处，一开而可通别院。实中有虚者，开门于不通之院，映以竹石，如有实无也；设矮栏于墙头，如上有月台，而实虚也。”无论是薛福成宅园的庭院空间还是秦氏佚园、王禹卿故居的园林部分，或者公花园，水景都占有重要地位，形成的水面倒影和营造的园林意境延伸了实景的深度，引发游人的遐思（图 7-11）。

不过公花园作为近代的城市公园，其园林布局更多地呈现出开放性（图 7-12）。与传统的城市宅园相比，园林与住宅的关系有了很大变化：园林不再依附于住宅，而是作为独立的结构，以城市花园为主要框架，建筑只是园林的点缀要素。

图 7-12 公花园白水荡的开阔水景

第八章 理水掇山

无锡园林山水相济，既有太湖园林的天然山水，亦有惠山祠园、城邑私园的咫尺山林，可谓兼具天然与人工之美。山水是中国园林的主体和骨架：山支起了园林的立体空间，以其厚重雄峻给人以古老苍劲之感；水开拓了园林的平面疆域，以其虚涵舒缓给人以宁静幽深之感。山因水活，水随山转，山水相依，相得益彰。中国园林素以再现自然著称于世，而掇山理水则是中国造园技法之精华，两者密不可分。在中国传统的自然山水园中，水和山同样重要，以各种不同的水形，配合山石、花木和园林建筑来组景，是中国造园的传统手法，也是园林工程的重要组成部分。无锡近代园林延续了传统的造园特点，园中多有山水的经营，如太湖别墅的七十二峰山馆、城内的佚园、王禹卿故居，皆有假山的堆叠。但总体而言，无锡近代园林的理水尤胜于掇山。无锡最有特色的近代园林位于太湖沿岸，独揽山林地、江湖地两种胜景，景色自然天成。自荣氏梅园、杨氏横云山庄为始，太湖之滨别苑林立，渐成风气，造园者们充分利用太湖山水风貌营造别墅园林，逐渐丰富园林功能，使这里成为游憩居住、名流雅集的绝佳场所（图8-1）。

图8-1 蠡园内外的壮阔水景（摄影：邓伟）

一、理水造景

1. 水流来源

陈从周《说园》谈道："山贵有脉，水贵有源，脉源贯通，全园生动。"与西方园林依靠开凿的水渠运水不同，中国传统园林大多邻近水源，便于形成活水。理水之初，最重要的便是寻找和确定水源，园林选在自然环境优越的地方，便可以保证水源充沛，可以说"有水可引"这一条件，直接关系到园林的选址。无锡位于江南平原地区，南依太湖，北依长江，河网密布，运河穿城环城而过，地下水位较高，便于园林开池引水，形成水景。因此，湖滨园林巧借太湖，围堤筑池（图 8–2）；惠山园林依山势引惠泉，祠泉萦绕；城内私园也引借运河，以水池为庭院中心，构成园林布局的基本架构。

（1）运河

由于无锡运河发达，城内河网密布，故城中私宅园林，一般采用引河入园的手法，连接园林周围水系，达到园林水源的充足与不断更新的目的，如位于城中的薛福成宅园、杨氏云薖园等。而位于惠山古镇的祠园，也大多连接惠山水街，引河入园形成水景，如杨氏潜庐、王恩绶祠园、李公祠园等，皆临惠山古镇水街而建，这条水街通过惠山浜与运河相连（图 8–3）。

（2）泉水

无锡地下水资源丰富，水位较浅，开挖地下水很容易形成涌泉，因而成为园林的另一水源。如王禹卿故居，利用石间泉眼流水，跌落形成水景；又如秦氏佚园，泉源位于山间的枣树下，称作"枣泉"。而在山林地区，园林的选址分布一直是出于用水方便的考虑，大多沿山泉、溪涧、池沼一线布置。如惠山山麓祠堂群的分布，

图 8–2 横云山庄入口一带的水池（摄影：李玉祥）

或引泉水于园内，或挖井以取水，在此基础上形成惠山寺周围的听松坊祠堂群和临近二泉的祠堂群（图 8–4）。寄畅园基址便处于惠山寺前的低洼地，因山势构建泉池，其水源引自二泉，经"八音涧"汇入"锦汇漪"池中。近代造园同样继承了这一手法，如杨氏潜庐巧引惠泉，园内水源续自寄畅园，经园中池沼汇入门前的惠山浜水道。太湖山麓园林亦有山泉形成景点，如鼋头渚的一勺泉、梅园的洗心泉和砚泉等。

（3）雨水

山麓园林依山汇流，充分利用时令季节雨水形成水景，如惠山的黄公涧，为聚集山雨的涧道，向下流向各处祠堂园林中（图 8–5）。太湖之滨充山上的太湖别墅，筑有两方小池，雨天水流顺着山石跌落入池，形成类似瀑布跌落的景观，与颐和园"画中游"叠石挡墙的雨季景观有异曲同工之妙。陈家花园充山隐秀的"翠湖"，是由西侧山坡顺流而下的山涧水聚积而成。这些皆为营建园林时因借自然、便于人事的例证。

图 8–3 连接运河与惠山水系的惠山浜

图 8–4 天下第二泉旧影（1920 年摄）

图 8–5 雨天沿着惠山黄公涧流下的湍急水流

（4）太湖

对无锡近代园林而言，最重要的水源非太湖莫属。太湖园林独具天然山水之胜，山脉逶迤，湖面广阔，无需多作营建便可自成美景。因此，湖滨园林的构建不必像私家宅园那样模拟江河湖泊，只需要考虑如何利用场地基址，对浅滩地加以改造，营造园内水景，形成“湖内有湖”的丰富层次。引水太湖成为无锡近代园林在理水方面的独特之处。如横云山庄、蠡园、渔庄，沿着湖滨筑堤围池，广借太湖，园林内外浑然一体，形成开阔疏朗、水天一色的园林水景（图8-6）。

图8-6 鼋头渚湖山旧影

2. 水体形态

中国古典园林里的水体多以静态的形式出现，如湖泊、池水、水塘等。通常用曲桥、沙堤、岛屿、汀步分隔水面，用亭、台、廊、榭点缀水面，水上映出山石、建筑和花木的倒影，营造出“亭台楼阁、小桥流水、鸟语花香”的意境。从风格上看，无锡近代园林的水体形态可概括为传统自然式和西方规则式两类。

图8-7 横云山庄诵芬堂周围自然形态的池面（摄影：李玉祥）

（1）传统自然式

传统造园依靠挖湖堆山来模拟自然水系，形态或如湖泊，或若溪涧，或似渊潭，或仿瀑布，以激发人们对于自然的无限遐想。无锡的城邑园林和惠山园林，大多沿用传统的自然式水体形态，并且由于面积限制，一般只有一处集中的水景。如秦氏佚园中模拟泉、涧、瀑、池等构成完整的水景序列，形成从山到水的有机过渡；王禹卿故居的水景，模拟自然水系从涌泉到溪流、瀑布、湖泊的变化，在咫尺山林之间再造一片天地。惠山杨氏潜庐、王恩绶祠园、李公祠园，皆为集中式的自然形态水面。太湖沿岸横云山庄的诵芬堂一带，可视为一处园中之园，其经营意匠亦是以自然的水面为中心，体现出传统的特色（图8-7）。

图8-8 围绕水池布景的蠡园水庭

（2）西方规则式

太湖湖滨园林占地面积较大，且有湖面可借，因此太湖园林的池面形态，不局限于传统园林对自然水系的模拟，还有一些模仿西方的几何式水景，围堤筑池，布局方整，体现出西方文化对无锡近代园林的影响。这种围堤将太湖纳入园中，形成几何形的大面积水池，成为无锡近代园林的特征之一。

如蠡园、渔庄以长堤围筑成几何形水池，注重形式、对称、轴线和秩序，水池占据了园中大部分面积，景致开阔一览无余，主要景点皆围绕水池点缀布置（图8-8）。荣氏锦园以围堤形成水池，明显受到西方文化的影响，呈现几何形态，且面积较大，广植荷花，成为著名的一景。

（3）细部手法

除了水源与水体，理水还有一些细部手法，主要体现在水口和驳岸的处理上，此外，岛屿和桥梁等要素的布置也非常重要，有助于营造悠远的气氛。

首先，在入水口、出水口的处理上，中国造园家注重将艺术表现的"源流"与园林水口合一，水源通常隐藏在深邃之处，狭湾逐渐消失，产生悠远之意。此外，还通常借助假山石形成水门，架设桥梁加强空间的深远感。正如《园冶》所说："疏水若为无尽，断处通桥"，中国传统园林中的水尾要有蜿蜒不尽之感。水尾有两种常见的处理方式：一种是水面收缩成狭长状，与主体水面分为两段，并在分段处设置桥梁、石矶来增加景深，同时也能遮挡水岸线，营造出深远之感；另一种是以亭台水榭作为水尾，如杨氏潜庐，建筑台基向水面悬挑，水流延伸到建筑的底部，仿佛会通过建筑流向园外，无穷无尽（图8-9）。

图8-9 惠山潜庐中深入建筑底部的池水，形成掩藏的水尾（摄影：黄晓）

其次是驳岸的处理。园林的湖池应凭借地势，就低凿水，高处堆山，以减少土方工程量。岸线模仿自然形态做成港汊、水湾、半岛，岸线较长的可用土岸或散置矶石，较小的则可全用叠石驳岸。池岸宜贴近水面，使人有凌波之感。私宅园林通常采用叠石驳岸，湖石大小错落，形成蜿蜒曲折的自然岸线。临近水岸的缓坡种植花木，或以水生植物缓解岸线的生硬之感。如杨氏云薖园、潜庐、薛福成宅园戏厅水池、王禹卿故居水池等，均采用自然叠石的驳岸形式。而太湖沿岸的园林，因利用浅滩芦苇地筑堤围池，因此并未采用自然叠石驳岸，而是多用湖堤、建筑基座作为人工垂直驳岸，突显园内水池的几何形态，与园外太湖水面的自然之趣形成鲜明对比（图8-10）。

图8-10 蠡园水榭与凝春塔，背景中的长廊以竖直的基座作为沿池的驳岸

最后是岛屿和桥梁的布置。传统园林采用湖中堆岛的方式划分水面空间，模拟"一池三山"的仙境，如蠡园颐安别墅前的水池中，有三座小岛来象征"海上仙山"，但三座小岛的平面皆为几何式，又体现了西方文化的影响。横云山庄的荷塘中也有三座小岛，上建祠堂、亭廊，栽种植物。太湖湖滨园林筑堤围池，堤上往往以拱桥沟通，遮挡视线，使得内外水面动静相宜，如横云山庄的长春桥和中心池塘的拱桥（图8-11）。在水面收口处，私宅园林如杨氏云薖园、潜庐、薛福成宅园等，也常布置曲桥分割大小水面，似隔非隔，增加了水面层次。

二、掇山置石

掇山置石源于自然，又高于自然。文人士大夫造园，推崇自然趣味，在模仿自然山林的基础上，进行抽取、概括和提炼，创造出一片天地，所创造的假山假水通过内心的外化，映射出造园者心中的真山真水。文人雅士避世隐居于咫尺山林之间，玩赏奇石，寄情田园，渐成风尚。中国传统园林的山石堆叠，又与山水画融会贯通，富于艺术性和创造性，为世界园林所罕见。杨鸿勋《江南园林论》总结称："江南园林造山，原则上不追求体量的庞大，而以能得山林意境为上乘。"明末清初的叠

图 8-11 横云山庄长春花漪樱堤（摄影：陈燕）

山名家张南垣，提出应当因地制宜，根据园林所处环境、空间及地形进行山形的抽象表达，或“平冈小坂”，或“陵阜陂陁”，土石结合，巧作安排，虽然堆筑的是山之局部，却予人“处于大山之麓”的感受。如惠山寄畅园锦汇漪西侧的大假山便出自张南垣侄子张鉽之手，体现了“平冈小坂”的典型特点（图 8-12），古朴自然，成为无锡近代园林掇山效法的典范。

1. 选材用料

无锡紧邻太湖，湖石取用方便，且航运发达，便于叠石材料的运输。因此，无锡近代园林中多为湖石假山，运用广泛。太湖沿岸的蠡园、渔庄，无锡城内的云邁园、薛福成宅园等，均采用湖石叠山（图 8-13）。

此外，私宅园林中也多有黄石假山，无锡不少地方都出产黄石。杨氏潜庐因空间有限，难以展现宏大雄奇的山势，因而因地制宜，突出特点，或池边点缀，或累石为山，方式各异，别具特色。潜庐叠山集中在第二进

图 8-12 寄畅园八音涧假山（摄影：黄晓）

院落西侧望山楼前，这是一座黄石假山，尤具“平冈小坂”的风韵。其中土石结合，上下分为三层，有多条蹬道穿梭其中，富有趣味。相比之下，太湖园林以水景为主，假山较少作为园中主景，往往处在水池一侧。但一些建筑常以假山为基座，如梅园天心台、潜庐望山楼、佚园双峰楼，均建在黄石之上（图 8-14）。

图 8-13 渔庄的湖石假山

图 8-14 梅园天心台，下部为黄石基座（摄影：张波）

图 8-15 渔庄归云峰假山石洞

2. 堆掇山峰

有了好的石材，更重要的是如何堆叠成山。无锡近代园林中的叠石假山当以渔庄的假山为首，其次是太湖别墅西侧的假山，此外，无锡城内的秦氏佚园和王禹卿故居也有假山，是以土为主，与石山风格不同。

渔庄假山称归云峰，主峰高 12 米，为园内制高点；与其他假山组成连绵的群峰，既有高耸拔的山峦，又有幽深的洞窟和溪谷。归云峰下为“归云洞”，从山下盘旋而上，形成多个累叠的石洞，逐层升高，最终达到山顶平台。游人进入洞中，但见怪石嶙峋，曲折迷离，难

图 8-16 太湖别墅西侧假山（摄影：黄晓）

辨东西。洞内忽高忽低，忽左忽右，忽宽忽窄，忽明忽暗，闻声不见人，可望而不可即，增添了无限的游趣（图 8-15）。

太湖别墅的假山建在计成《园冶》所称的山林地上，“自成天然之趣，不烦人事之工”。园主王心如深谙此理，因而并未对真山做过多改造，仅在七十二峰山馆之西的坡地上选用湖石和黄石，混合堆叠成土石相间的假山。从西侧仰望假山，虽略有峰峦兀立之感，却自具一种昂然的气势（图 8-16）。此外，这处假山也有石洞，顶部用黄石压顶，局部为拱顶，下方可以穿过，两侧山石有如墙壁。太湖别墅与渔庄的石洞构成无锡近代园林假山的一大特色，从结构上看，这类石洞主要有梁式洞和拱券式洞，通常用铁过梁、铁链等辅助支撑，通过壁上的间隙采光，反映了近代园林假山建筑化的倾向。

3. 特置奇石

除了掇山，无锡近代园林中也很重视置石。置石是以山石材料作独立的或附属的造景布置，重在表现山石的个体美或局部美，而不需具备完整的山形。其特点在于以少胜多，以简胜繁，因而对于石峰的可观性要求较高，讲究置石的平面布置、立面安排和相互取势。

无锡近代园林中的置石最著名的是梅园天心台前的四块湖石。这四块湖石南一北三，形成掎角之势。相传这四块太湖石是大学士于敏中家乡金坛宅园中的旧物。于敏中编著过《日下旧闻考》，是乾隆年间的一代名臣。荣德生建造梅园时购得四石，移置到梅园中。其中一方造型奇特，酷似一人向前作揖，与古代著名的米芾拜石的故事相应，颇具古风（图 8-17）。

另一处著名的置石是佚园的双石峰，今已不存，但在《佚园十景图册》中仍能看到旧时的景致。这是《佚园十景图册》的最后一幅，名为“双峰戴雪”，描绘了两尊高耸的石峰，处在冬雪覆盖之下。这两尊石峰都产自宜兴，秦毓鎏将其运至园中，取《庄子》中的语意，命名为畏垒峰和混沌峰。两尊石峰皆高达 3 米，置于园中如鹤立鸡群，予人一种超脱尘俗之感。

图 8-17 梅园天心台前置石（摄影：张波）

第九章 花木种植

植物花木是无锡近代园林造景不可或缺的素材，它们丰富了园林的骨架，成为观赏的主体，其形态、色彩、香气等，都是园中最具有生机的景致，反映了四季变化、时光轮回的自然规律。无锡近代园林的不少景点和建筑都以植物命名，传达出园主的情怀抱负，如横云山庄“花神庙”、陈家花园“雪影山房”，以花木传情，十分巧妙。从植物的搭配形式来看，无锡近代园林因地制宜，根据不同环境进行植物种类的选择，注重色彩搭配，以达到四季有景的效果（图 9-1）。

图 9-1 蠡园四季亭春景

图 9-2 春季鼋头渚盛开的樱花林（摄影：邓伟）

一、植物种类

无锡自然条件良好，适宜花木生长，属亚热带气候，空气湿润，四季雨量充沛，因而植被繁茂葱郁，四季皆有景可赏。园林中的植物种类丰富多样，多则上百种，少则十数种。从种类选择来看，无锡园林中的植物多为本地品种，落叶树与水生植物较多，并辅以一些南方特色的树种，如芭蕉、藤萝、竹木等，营造出多种多样的园林氛围。

1. 观花植物

园林中最美观的是观花植物。花色艳丽芬芳，为主要的观赏对象。无锡近代名园一年四季各有主题。春有桃、李、杏、梅、玉兰、樱花、含笑，夏有海棠、紫薇、杜鹃、月季、绣球、琼花、菖蒲（图 9-2），秋有桂花、菊花、荷花、木芙蓉、山茶，冬有蜡梅、茶梅。如陈家花园有一株百年茶梅，姿态优美，花开时如一片白雪，茶梅边的一幢建筑也因此而得名为“雪影山房”。

2. 观果植物

植物的果实也常成为观赏对象。很多生产性植物在景观中可作为观果植物，供夏秋观赏之用。如鼋头渚的樱桃树、柿树、橘树、杨梅树和枇杷树（图 9-3），薛福成宅园的枇杷、石榴、枣树、红籽冬青、南天竹和朴树。

3. 观叶植物

观叶树种多为秋季树，到秋天叶色转红，渲染出艳

图 9-3 鼋头渚的樱桃（摄影：堵汉澄）

丽的氛围。无锡近代园林中应用的秋色叶有三角枫、槭树、栎树、银杏、枫香等，在鼋头渚有大量种植（图 9-4）。茹经堂主要选择的也是秋色叶的乡土植物。此外，还有植物因其树形姿态特异，成为园中一景，如树形盘结的龙柏、枝条飘逸的垂柳、挺拔青翠的竹子，又如陈家花园 1928 年从国外引进的针叶长而披拂的大王松（龙松）。

图 9-5 蠡园荷池夏景

4. 香气植物

无锡近代园林中常见的还有香气植物，散发出的芳香沁人心脾，如小蓬莱山馆前的桂花，梅园的春梅秋桂，蠡园和锦园的荷花等（图 9-5）。

5. 林木藤蔓

高大的树木也是园林的重要元素。鼋头渚充山一带和横山梅园的山林间，栽有杨柳、梧桐、雪松和香樟等，锦园有百年桧柏、罗汉松、枫杨等古木，浓荫繁密。无锡近代园林中还多用藤蔓植物。如城内的公花园、太湖边的蠡园，设有紫藤、葡萄花架，显得庭院深深。小蓬莱山馆的入口门洞覆盖着薜荔，结合周围的南天竹、麦冬等花木，营造出山林野趣。此外，陈家花园有花菖蒲等水生植物，横云山庄、梅园则引入了西式的大草坪，展示出植物种类的丰富多样。

图 9-4 鼋头渚横云山庄秋景

图 9-6 春季横云山庄开满樱花的长堤（摄影：王钊）

二、配植形式

无锡近代园林的城邑园林、惠山园林与太湖园林，因所处山水环境和造景要求的差异，在植物配置形式上也有所不同。

城邑园林与惠山园林面积较小，因而以孤植、对植和丛植为主。孤植即花木单独种植，注重表现单株花木的姿、态、色、香，常与石笋、石峰配合，成为庭院观赏的主体。孤植还与古人对“独立不倚”品格的推崇有关，因而得到广泛应用。如杨氏潜庐、王恩绶祠园的花木多为孤植，孤植适合庭院观赏，能充分发挥单株植物形态、色彩、香味的特色，成为庭院的景观和视觉焦点。

太湖园林所占山林面积较大，空间大开大合，因而往往采用列植、群植等形式，开花时缤纷烂漫，甚是壮观。群植是花木成群成片栽植，通常按占地多少计算，拥有巨大的数量优势，强化了植物本身的特征，使植物成为观赏主体，人工的亭台廊榭仅作为点缀。如横云山庄长堤上列植的樱花（图 9-6）、横山梅园群植的大片梅林和锦园中的松林等，成为无锡近代园林的一大特色，展示了无锡近代资本家开阔的眼界和气度。

植物配置还要做到因地制宜，随所处山水、建筑等环境而各有区别。池岸花木多为体态优美、婀娜多姿者，

如秦氏佚园池边种植枫树，横云山庄堤岸边种植垂柳等（图 9-7）。山石之上多配置与山石体量、质感相称的植物，如低矮的灌木、地被。建筑前部则以植物适当点缀，后部以成片的植物作为背景，如太湖别墅七十二峰山馆，建筑后部植有大片林木，衬托出建筑的庄重。

三、造景主题

无锡近代园林大多有鲜明的植物主题，尤以太湖园林为著，采用大规模种植的方式形成远近闻名的景点，花开时节吸引各地游客前来游赏。如早期的城内公花园建设时，便邀请了日本造园家松田负责监造，并从日本购来大量樱花和红枫。这种主题式的造景，在后来的梅园、横云山庄、蠡园中得到了更为充分的发扬。

荣氏梅园以梅花为主题。1906 年荣德生游览苏州留园，后来又去玄墓山赏梅，自此萌生了在无锡建造园林的想法。梅园的布局是以梅饰山，遍山布梅，围绕梅花主题，设置天心台、香雪海、小罗浮、招鹤亭、念劬塔等赏梅景点；视点逐渐提高，境界逐步开阔，再加上匾额、对联、诗词点出景色，突出深化了梅花的主题。荣德生还亲自物色到名贵的梅花品种“骨里红”和“重台”等。

图 9-7 横云山庄池边的花木，与水景相映成趣（摄影：吴国方）

图 9-8 梅园的梅花名品

图 9-9 横云山庄长春桥的樱花

天心台附近汇集了众多名品，如墨梅、宫粉梅、绿萼梅、朱砂梅和玉蝶梅等（图 9-8）。

鼋头渚充山片区以樱花为主题。这片区域选址于天然山水之间，自然植被丰富，建设初期广植果树花木，打下了良好的基础，后来逐步造景，形成特色植物景观，主题分明。杨瀚西建造横云山庄时曾赴日本考察，因此长春桥两端长堤上列植日本樱花名种“染井吉野”，每到春季花开，烂漫如锦，形成著名的“长春花漪”，为江南赏樱胜地（图 9-9）。

此外，蠡园中有梅花、莲花和杜鹃，王禹卿在山间种梅，又在池区种莲，适应山水不同的氛围（图 9-10）。太湖别墅以桃花为主题，园主王心如曾在天倪阁至太湖边的梯田处广植桃花，每到春天桃花流水，红霞浮动，美不胜收。荣氏锦园以荷花著称，面积巨大的荷池成为无锡近代园林一景。小蓬莱山馆则以桂花为主题，醉乐堂前的平台上多种桂花，秋季芳香满溢。

四、意境营造

中国园林常被赞誉为人工与自然的完美结合，造园依赖山水、建筑、花木等要素，而其中最有生气的，非花木莫属。植物是天然生长之物，因而需要时间的积淀，即计成《园冶》所称的“雕栋飞楹构易，荫槐挺玉成难”。植物的色彩、姿态能够丰富游园的意趣，往往被赋予人的品格与品性，以表达园主的内心情感，阐发园林的意

图 9-10 蠡园四季亭池中的睡莲

图 9-11 蠡园池塘春景

境（图 9-11）。无锡近代园林中以植物传情达意的例子不胜枚举，不仅有花木本身的象征意义、精神品质，还有许多诗文题咏植物所传递的意境。

荣德生曾以“意诚言必中，心正思无邪”的对联概括自己创业和做人的原则（图 9-12），他所建造的梅园正是以天然图画的审美形式，实现了传统文化与现代精神的融合。梅园以梅花的人文品格为主题，凝聚了深厚的传统文化精神，即梅花所赋予的傲岸耿介的品格。

荣德生梅园以傲雪梅花的品格自喻，表达园主的高洁情操。其兄荣宗敬的锦园则广植荷花，以花中的君子自比。荷花“出淤泥而不染，濯清涟而不妖”，在中国传统文化中一直是文人雅士高洁品格的象征，锦园的四方池塘中栽植红白荷花，每到夏天清香四溢。荣氏兄弟的申新三厂还绘制过“四莲图”，作为该厂棉纱的商标，可见荷花已成为锦园的象征，后来又成为无锡的著名景点“锦园风荷”。

杨氏横云山庄的许多景点也用植物命名，以花木言志，借花木寄情。如长春桥因春季樱花烂漫而得名“长春花漪”，净香水榭附近的牡丹坞，取牡丹“花开富贵”之意，山麓建造花神庙供奉花神，寄托鲜花常开的美好愿望。

图 9-12 荣德生所撰对联

第十章 建筑设施

建筑是无锡近代园林的重要组成部分。建筑作为园林起居游乐的场所和园林景观构成的主要元素，在近代园林中不仅承担着大部分使用功能，而且是近代园林美学的实际体现。与中国传统的古典园林相比，无锡近代园林中的建筑具有强烈的时代特征，其建筑风格、建筑类型和建筑技术，均反映出我国园林现代化过程中所经历的巨大转变（图 10–1）。

一、技术风格

无锡近代园林中的建筑风格多样，大体可以分为三个类型：中国古典风格、近代西式风格，以及中国园林建筑受到西方影响发展出的中西交融风格。

由于地处江南，无锡园林建筑很好地继承了中国江南园林建筑的深厚传统，许多近代园林仍延续了传统江南古典园林风格。除了江南古典园林建筑风格外，无锡近代园林中也有一些建筑采用了北方古典园林建筑风格。这和近代时期南北人物和思想的流动日益加强相关，也是近代时期中国南北文化交流增加的反映（图 10–2）。

除了中国传统风格的建筑之外，最能够反映出无锡园林建筑近代特征的，是西式风格的建筑。无锡靠近上海，地处中国近代文化的核心地区，该地区所受到的外来文化之冲击，在近代时期尤为强烈。无锡的近代园林中具

图 10–1 蠡园镜涵水庭。门洞框景是传统的造园手法，框住的二层别墅则是西洋风格，体现了中西文化的碰撞与融合

图 10–2 横云山庄诵芬堂，为兼具南北风格的中国传统建筑（摄影：李玉祥）

有各种西洋风格的建筑，其中包括反映异国风情的西式民居，亚洲殖民风格的别墅和走在时尚尖端的现代主义风格建筑等。这些建筑风格多样，有西方建筑师设计的风格纯正的异域风格作品，也有融合了本地文化的中华巴洛克，还有近代民族建筑师对于现代主义的尝试。

在西方文化的冲击之下，中国本土的建筑风格也做出积极的反应，发展出一系列中西交融式建筑。其中包括主体采用中式结构，局部采用拱券门窗，或西式玻璃窗、铁艺等细部装饰作品，主体采用西式墙柱结构，而结合中式屋顶的作品。同时还有采用西式综合建筑布局以及现代的建筑材料，而对中国风格进行探索的作品。这其中有采用西式材料模拟中式建筑的近代仿古作品，也有结合近代新材料、新技术对中国传统建筑风格进行意向探索的现代创作（图 10-3）。

无锡近代园林建筑的风格反映了近代时期中国园林建筑面临新时代是如何应对挑战的。其丰富建筑类型几乎囊括近代建筑的各种风格，从不同侧面表现出中国近代的社会文化环境与无锡近代的社会特征。

图 10-3 鼋头渚飞云阁，西式屋身与中式屋顶的结合（摄影：黄晓）

图 10-4 薛福成宅园弹子房的西方彩色玻璃窗（摄影：黄晓）

无锡近代园林建筑中另一个不可忽视的重要特征，是新建筑材料与建筑技术的发展与应用。建筑技术是文化与艺术的物质载体。无锡近代园林建筑充分结合应用了当时最先进的建筑技术。在建筑材料方面，这些建筑较早引入了西式的彩色玻璃、铁艺、瓷砖等构件（图 10-4），对于混凝土的应用也有不少大胆的尝试。太湖周边的近代园林建筑还采用了机械降水、防水等地基处理技术，对于近代新建筑材料的本土化，做出了不可忽视的贡献。

二、功能类型

近代园林建筑包括众多不同的建筑类型，承载着不同的使用功能，本节将其分为三类进行介绍，即厅堂楼阁等起居建筑，戏台、泳池、舞池等休闲建筑，以及塔亭榭廊等景观建筑。

值得一提的是，虽然每种类型均可看作古典园林不同使用功能的延续，但每种类型都发展出了承载近代新功能的建筑类别。如起居建筑中除了传统的厅堂、水榭、楼阁等，还出现了居住功能更为完善的西洋别墅。西洋别墅将中国传统较为分散的功能综合集中起来，从而增加了人们园居的频率与时间，强化了园林的起居功能。一些建筑还发展为旅馆等近代新型的居住建筑，与以往园林较为松散的起居功能相比，有了很大改变。随着近代新娱乐形式的兴起，园林中的休闲建筑也增加了新的类别，除了戏台、读书处等，还出现了弹子房、游泳池、舞池等，园林中的活动种类也因此变得更为丰富（图10–5）。

1. 起居建筑

起居建筑是园林的主体建筑，承担着园主日常的起居功能，本节将分成中式传统风格、西式现代风格和中西交融风格三种进行介绍。

传统风格的起居建筑多为厅堂，即计成《园冶》所称的“凡园圃立基，定厅堂为主”，无锡近代园林中的此类建筑主要包括一层的厅堂和二层的楼阁等。厅堂如秦氏佚园中的竹净梅芬之榭，是园中主厅，采用硬山顶三开间，明间向南伸出歇山顶抱厦，檐角起翘，展示了传统的造型之美。梅园主厅香海轩后部设诵豳堂，与香海轩之间以连廊相通。诵豳堂采用传统的中式风格，因采用了贵重的楠木，因而得名“楠木厅”（图10–6）。

除了厅堂，传统园林中供人起居的建筑还有二层的楼阁。古代因楼房常给家中女眷居住，不少楼房有“小姐楼”“绣楼”之称。典型的如薛福成宅园后部的转盘楼，位于中路建筑末端，规模宏大、气势雄伟。秦氏佚园中有一座澄观楼，为秦家日常起居之用，宽三间高两层，上层是卧室和书房，下层是会客室，秦毓鎏的起居宴集大多在此进行。杨氏云薖园北部为晚翠阁，紧靠在主体建筑裘学楼西侧，也是两层，下为云在山房，上为晚翠阁，可供园主在阁上俯瞰园景。

以上提到的厅堂楼阁皆为江南传统风格，此外，无锡近代园林中还有一些采用北方风格的建筑，大多位于鼋头渚的横云山庄。江南的园林建筑造型讲求轻巧玲珑，多为粉墙黛瓦，素净明快，形式亦不固定，极少采用斗栱，装修朴素大方，不雕镂贴金。而横云山庄的建筑则效仿北式，基础敦实，廊柱粗壮，飞檐翘角较低，体量较大，予人以厚重之感；檐下多用斗栱，讲求制式。细节上来看，门窗花格也仿照官式，建筑色调浓艳。总体来说，这些建筑少了一份轻盈，多了一份沉稳，倒也与太湖恢宏气势相得益彰，别有韵味，同时也反映出园主作为近代民族资本家，与明清江南传统文人的区别（图10–7）。

第二种起居建筑是西洋风格的别墅。与以前相比，

图10–5 位于小箕山的锦园别墅，具有重要的起居功能（摄影：李玉祥）

图10–6 梅园诵豳堂内景，为传统的中式风格（摄影：李玉祥）

图10–7 横云山庄涵芬堂正立面、屋顶、屋身及门窗细节皆为北方风格（摄影：李玉祥）

无锡近代园林的生活起居功能大为增强，经常成为主人长期的居所，表现之一便是西式别墅的增加。作为无锡近代园林建筑中新兴的一个类别，西式别墅在外观上较为惹人瞩目，常常占据了园林的中心，或与庭院、水相结合，成为园中景区的主要景观。与中国传统园林将功能分散在不同建筑中的做法不同，西式别墅承载了园主日常起居所需的所有功能，往往成为园主现代与进步的象征，并因其实用性和便捷性，常被当作正式府邸使用。

这批建筑中较为典型的是王禹卿旧居的三座洋楼和梅园的宗敬别墅等，代表无锡近代园林中西交融别墅的各种风格。王禹卿旧居中的三座洋楼反映不同时代的流行风格，时间越早越偏向古典主义，越晚则越接近近代风格。中央的天香楼和西部的齐眉楼时间较早，用青砖砌筑，平面和立面都采用对称式构图，较为古典；东部的春晖楼建于 1937 年前，采用钢筋混凝土框架结构，外墙用红砖砌筑，平面由三部分组成，为非对称均衡式构图，受到当时摩天楼风格影响。梅园的宗敬别墅则呈现为外廊式风格。这座别墅位于浒山南坡，倚山向阳，削坡筑台，下部砌有高高的台基，以八字形台阶连通上下。主体建筑五开间，室前有宽阔的外廊，以砖砌筑纤细的方形廊柱，柱头装饰类似中国传统建筑中的雀替；在西式廊檐上建女儿墙，采用平屋顶。建筑东侧有一处砖砌圆筒体堡垒，为登上屋顶的楼梯，透出一些西洋化的现代气息（图 10–8）。

除了中式厅堂和西式别墅外，近代无锡园林中还有

图 10–8 梅园中西式风格的宗敬别墅（摄影：冯展）

一些起居建筑采用了中西交融风格。如梅园的“乐农别墅”，是一座三间两进的西式平房，前接抱厦，有似于雨篷，三面设拱门，外墙用古城墙砖垒砌而成，显示出历史的古朴与厚重（图 10–9）。鼋头渚茹经堂的主体建筑采用了传统的木结构组合歇山顶，但在主入口做了一个六角半亭，亭的后部靠着主体建筑独特的组合让六角半亭成为立面构图的中心。建筑二层采用传统的木结构框架，中间通过混凝土墙体分隔空间。底层下半部分用大块石材，以混凝土勾缝，上半部分则将混凝土直接露出，只做简单处理，线条直挺，透露出明显的西方风格。

图 10–9 梅园乐农别墅，南部伸出带三面拱门的抱厦，体现了中西风格的交融（摄影：李玉祥）

又如太湖别墅山顶上的七十二峰山馆，是园主聚会待客的场所。七十二峰山馆坐南朝北，北接亭式门厅，东、西、南三面环廊，北侧平台上新增一座王昆仑半身像，并有两株古树麻栎，林木翳然，朴素清幽。建造七十二峰山馆时，特地使用了进口水泥和钢筋。对江南潮湿多雨的气候和白蚁的危害而言，这些新材料的应用是一种创新的尝试，反映出近代建筑工业发展对传统园林的影响。山馆的屋顶为歇山顶的变式，门厅亦为歇山顶，屋脊上有松竹梅等传统图案，间以筒瓦装饰，增添了屋面轻透、玲珑的气息。七十二峰山馆在地方风格中掺入了欧式风格，在方便观景的同时，提高了园居的舒适程度。建筑体量适中，上为中式屋顶，结构和修饰上仍沿用传统建筑的方式，门窗造型不过于花哨，使得中西结合的建筑与清淡素雅的环境相得益彰（图 10–10）。

这批建筑中最壮丽的是荣氏锦园的嘉莲阁，位于锦园东南角，为园内的标志性建筑。嘉莲阁以中式传统风格为骨架，融入了西式结构和材料，古雅精致。此阁三面临水，东南角为滨湖码头，登到阁上可尽揽湖光胜景（图10–11）。

图 10–10 太湖别墅七十二峰山馆（摄影：王俊）

图 10–11 锦园嘉莲阁二层（摄影：李玉祥）

2. 休闲建筑

无锡近代园林中的休闲建筑可分为观演类、娱乐类和文化类三种。

首先，观演类建筑中最常见的是戏台，如薛福成宅园、杨氏潜庐、王恩绶祠园中皆有戏台。薛福成宅园的戏台位于东路最南端，保存完整，属于薛家休闲娱乐的空间。整座院落由三间主厅、两间偏厅、一座北向的戏台和一泓清池组成。主厅坐北朝南，名为“听风轩”，戏台与其朝向正对，左右两侧出连廊，三者围合成幽静小空间。庭院中间是座小池塘，池水伸入戏台下，池上架设平梁石桥，尽显幽趣清雅之美（图10–12）。杨氏潜庐的戏台位于入口门厅的背后，处在主轴线上，戏台坐南朝北，北面对着主厅“留耕草堂”。从门厅进入，前有戏台照壁作为障景，起到欲扬先抑的效果；转过照壁，站在临水戏台上环顾，顿觉豁然开朗。王恩绶祠园的戏台庭院，由介福堂及其东侧的建筑、围墙、戏台和中路建筑围合而成，呈现为不规则形状，戏台伸出在水面上，是一座歇山顶的水亭，与主厅堂相对。

其次，近代无锡园林中还出现了一批新型娱乐建筑，这些建筑是与近代时期娱乐生活的新变化息息相关的。如薛福成宅园的弹子房，是无锡近代园林中较早出现的具有西方风尚的娱乐建筑之一。这是一座单层建筑，窗户采用西方引入的彩色玻璃，室内装修为西式。房内摆设了主人从英国带回的全套台球桌。又如蠡园的游泳池和舞池，也是近代新兴的娱乐设施。舞池位于颐安别业西南角，圆形露天，磨石子地面，直径12米，中央较高，缓缓坡向四周，便于排水；外围是一圈低矮的护台，开有六处缺口供人进场或退出。游泳池位于蠡园东区尽端临湖处，从涵碧亭南部伸入湖中的平台上，东西长27米，南北宽11米。池西建有尖拱支撑的跳台，分为上层、中层、

图 10–12 薛福成宅园精巧的小戏台（摄影：黄晓）

下层，这是无锡近代第一座公共游泳池，可谓开风气之先（图 10-13）。

最后，读书处、藏书楼是古代园林中常见的建筑类型，在无锡近代园林中也有体现。如位于梅园宗敬别墅东侧的豁然洞读书处。1927 年秋荣德生在梅园“留月村”创办读书处，1929 年又在“豁然洞”旁建新校舍。正厅三间，又称经畬堂，堂内悬“心正意诚”匾（图 10-14），堂前出廊轩接东、西厢房，东厢为墨苑，西厢为图书馆。经畬堂东角有豁然洞，为造园时开山采石所成，后因地制宜加以修筑，成为一处深洞，因而总称为“豁然洞读书处”。山洞甚是宽敞，顶部设亭式建筑，以备通风、采光之用；洞内有石几、石凳及崖壁、小潭等，供游人小憩。

图 10-13 蠡园东区临湖游泳池的三层跳台

图 10-14 梅园经畬堂，前立荣毅仁像，幼年曾在此读书（摄影：李玉祥）

图 10-15 梅园念劬塔（摄影：李玉祥）

3. 景观建筑

在无锡近代园林中，有着形形色色的景观建筑，它们是园林的重要组成部分，为近代园林增添了别样的风采。

值得一提的是“塔”。无锡有“无塔不成园”的民谚。塔是一种竖向景观，其高耸的外形成为园林重要的造景元素。无锡近代园林里的塔，从风格到材料，各具特色。如公花园的标志性建筑之一便是白塔，1927 年由锡金师范同学会集资建于“松崖”顶上。梅园念劬塔是无锡近代园林中规模最大的塔，位于浒山半山腰，兼有纪念性和标志性的双重功能。这座塔与乐农别墅一样，也是用城墙砖砌筑塔身，八角三层，飞檐攒尖，雄浑之中透出秀美（图 10-15）。

横云山庄的鼋渚灯塔兼具重要交通功能。该塔由邑绅集资建造，原塔高 12.6 米，用红砖砌筑，塔体为西式风格，顶部原为半球形。1982 年灯塔改建，由李正先生

图 10-16 横云山庄灯塔（摄影：吴志忠）

图 10-17 蠡园凝春塔与水榭旧影

主持设计，将塔顶改为北方风格的重檐琉璃顶，贴面用浅红色金山石，形成今日样貌（图 10-16）。

此外，还有蠡园的凝春塔，八角五层，小巧玲珑（图 10-17）。锦园也有一座纤细高耸的七层塔。惠山的三座近代园林虽然园内不建塔，却都能借景锡山的龙光塔，延续了寄畅园的借景典范。

除了塔之外，亭、榭、舫、廊在无锡的近代园林中数量众多，姿态各异，散落于园中各处，承担着点景与供人休憩的重要功能。

陈家花园的聂耳亭规模较大，是座楼阁式建筑，平面为方形，四面开窗，高两层，上覆歇山顶。1934 年拍摄《大路》外景时，导演、剧作家和演员都聚集在此，由聂耳为影片作曲，《大路歌》和《开路先锋》都是在亭内谱成的，因而后来将此处作为聂耳纪念室，并题名为“聂耳亭”。梅园中也散落着大小不同的亭榭。如梅林西侧为八角形的揖蠡亭，黑顶红柱，三面敞开，当年可以遥望蠡湖风光，故名揖蠡亭。梅林东侧莲池旁有三楹小轩，飞檐映池上架曲桥，为夏日赏荷消暑佳处，题名“荷轩”，后来在轩后接出抱厦，前置平台更名为“清芬轩”。梅园诵豳堂随势堆叠的石台之上为“招鹤亭”，是一座六角的亭子，平面略扁，架设在高处，六面开敞，可环眺周围景致。

船舫是江南园林中常见的点景建筑，渔庄也有一座，即位于归云峰大假山南侧水池东岸的莲舫。这座画舫分为三段，北部为船尾，较为封闭，高度最高，采用飞檐翘角的歇山顶；中部为水平低缓的船身，临池开支摘窗；南部为船头，采用悬山顶，下部不设门窗围护，最为开敞。船头面南悬"莲舫"匾额，两侧题有对联"锦缆常系衿香薄，舡窗暂启雨声稀"，让人不禁联想起范蠡、西施泛舟五湖的情景（图 10-18）。

最后一类重要的点景建筑是游廊，中国传统园林建筑常用廊串联，廊在园林中穿山渡水，是园林空间艺术中不可或缺的要素。无锡近代园林中最著名的游廊非蠡园的千步长廊莫属（图 10-19）。这段长廊位于蠡园南部，北侧倚墙，南侧紧靠碧波荡漾的蠡湖。北墙上开有 89 个图案各异的漏窗，透出秀美的"层波叠影"景区（图 10-20），廊墙上还嵌有 30 多平方米的历代书法名家碑刻。向南的一面不设围墙，敞向开阔的湖面，游人漫步廊中，可同时欣赏内外的水景，尽得步移景异之妙。

图 10-18 透过门洞望见的渔庄莲舫

图 10-19 蠡园千步长廊（摄影：李玉祥）

图 10-20 蠡园长廊漏窗，可透出园内景致（摄影：王俊）

三、附属设施

除了起居建筑、休闲建筑和景观建筑，无锡近代园林中还有些体量较小的附属建筑，以及点缀装饰的小品雕塑等。

1. 入口处的门屋牌楼等

按照中国的传统文化，大门是园林中非常重要的一环，门的做法、朝向、位置是十分讲究的。门是一个园主人生活情趣的表现，因而也是园林的重要部位，通常经过精心的设计，别具特色。就造型而言，无锡近代园林的入口可分为门屋和牌楼两类；就风格而言，则可分为中式、西式和中西交融式三类。

中式的入口较少，主要用于城内的宅第园林和惠山的祠堂园林，如薛福成宅园和王恩绶祠园等。薛福成宅园的南部入口是一座传统风格的门厅，中央为主门，外设三间门扇，大门立在内部，有很高的门槛，并留出深

图 10-21 横云山庄“具区胜境”牌坊

远的门洞，借此来体现薛福成钦差大员的身份。东、西两侧为偏门，砖砌边框，朴实简单。在薛福成宅园内部的外堂与内宅之间，还有一座门楼，区隔开内外的空间，门楼上砖雕精美，并有吉祥寓意，这些都与传统的做法一脉相承。另有一些入口以中式的牌楼或牌坊标志出来，最有代表性的是横云山庄和太湖别墅。横云山庄入口立“山辉川媚”门楼，为北式仿古风格，以斗栱承托琉璃顶，檐角起翘，古朴典雅；码头上立牌坊，两边分别题“具区胜境”和“横云山庄”，四柱三门三楼，黄琉璃顶，有似于颐和园的排云殿“云辉玉宇”牌坊（图 10-21）。“太湖别墅”牌坊在鼋头渚今“山辉川媚”牌坊的西南侧，采用琉璃顶的拱券三洞样式。

西式的园门较多，如小蓬莱山馆和梅园原入口，都较为简单。梅园整体布局呈南北方向的带状布局。梅园的大门坐北朝南，依东山的山脊而建，进入园门后，园内景色沿着山脊渐次向上展开。梅园原入口大门十分简朴，原为松木、毛竹的支架，后因门前的马路拓宽，换成马头山墙式大门。惠山公园的原入口为典型的西式园门，是一座三间拱券式大门，拱洞顶部用马蹄券，上部设女儿墙，具有浓郁的西方特色。

中西交融式的入口以茹经堂、蠡园和渔庄较为典型。茹经堂入口为牌楼式，门外上题“茹经堂”三字，门内题“人

图 10-22 蠡园入口旧影

伦师表”四字。门楼下部为西式梁柱，上部覆盖中式屋顶，为中西交融风格。更典型的是蠡园的旧入口，从老照片中可以看到这里原来是座门屋，西式屋身，中式屋顶，为典型的近代建筑。屋北原为白色实墙，墙西设码头，应为当年的水路登岸处。屋南是一道长廊，廊西为实墙，廊东墙上开漏窗，透出园景。1978 年辟建“层波叠影”新区时拆除了门屋，将城内西水仙庙戏台迁建于此，改建为今天的面貌（图 10–22）。

2. 园林中的桥梁铺地

无锡近代园林中多水景，跨水处多设桥梁，形式多样，构成一大景观特色。如公花园中有大片池面，沿池先后建造了多座小桥，较著名的有 1918 年瑞莲堂高氏建的涵碧桥，1921 年云荫堂孙氏建的枕漪桥。太湖园林因水成景，桥梁样式繁多，其中以临湖兴建的蠡园最为丰富多彩。蠡园西区以水池为中心，北岸较为平直，其他三岸相对曲折，东南、西南两角各有一桥，一为三拱石桥，一为单拱木桥，形成有趣对比（图 10–23、图 10–24）。

无锡近代园林的地面多有铺装，有些铺置颇为讲究，继承了传统铺地的匠心。如王恩绶祠园的庭院铺地有几种样式，中路建筑院落以方石板铺地为主，其他庭院有鹅卵石拼接三角形、正六边形、正方形图案铺地，祠后院落靠近假山处为黄石冰裂纹不规则铺地。又如茹经堂，有三种形式的铺地：入园处采用石板铺面；入院后从西南方向上山的道路和建筑前的铺地，则外圈用大块石，正中心用一块平整的矩形花岗石，在花岗石与大块石之间，采用小卵石均匀排列，做出丰富的变化；园内其他地方多采用大块石通过混凝土填充的形式，厚实自然。

无锡近代园林中设有一些点缀小品，饶具特色。最

图 10–23 蠡园东南角的三拱石桥（摄影：李玉祥）

图 10–25 梅园乐农别墅前的石磨（摄影：黄晓）

图 10–24 蠡园西南角的单拱木桥（摄影：李玉祥）

图 10–26 梅园入口的紫藤凉棚

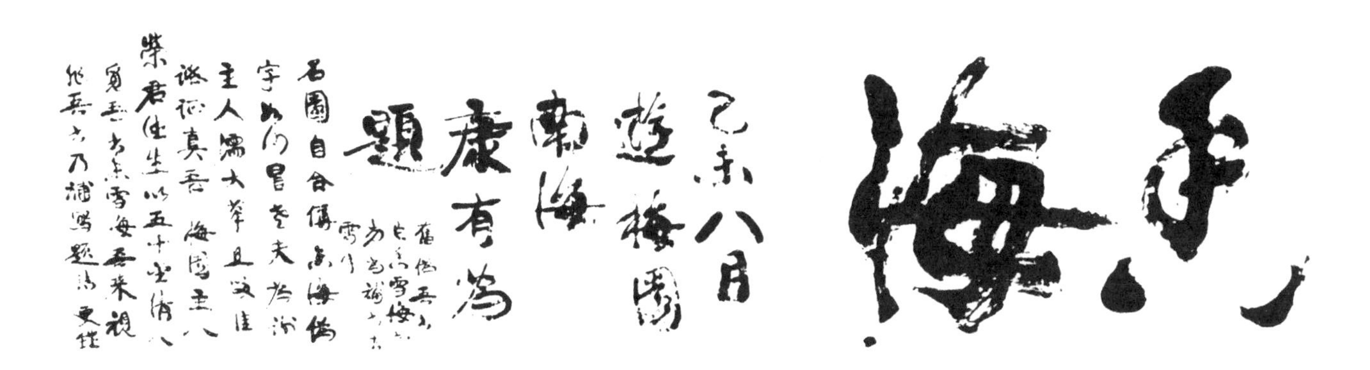

图 10-27 康有为书“香海”匾及附诗和跋

独特的是梅园的石磨。荣家以面粉发家，最初开办保兴面粉厂时，使用的是从法国购买的石磨，后来技术进步，改用新式机械，不再使用石磨。荣德生将卸下来的石磨放置在豁然洞读书处，以警示后人不忘前人创业之辛苦。这几盘石磨在“文革”中被毁，后来将残存的石磨拼为三盘，置于乐农别墅前，成为别具意味的一景（图 10-25）。

无锡近代园林还有不少藤架的做法。如梅园原入口处，进门后不远便是一个爬满紫藤的花架，左侧是公益二校（现已不存），右侧则是洗心泉。这处藤架下部用石梁石柱，上部以钢骨扎结，覆满紫藤后郁郁葱葱，形成幽僻的入口空间（图 10-26）。向上又拓宽成圆形，中央置湖石，形成趣味中心。类似的做法在渔庄也有一处，绿荫蔽日，深受游客喜爱。

3. 匾额题名与楹联

中国古典园林一向重视匾额题名和楹联，无锡近代园林也是如此，匾联题刻不但可以体现园主和设计者的匠心和修养，而且能以文学的方式对园林景致作画龙点睛式的提炼，引导游人欣赏园景。黄茂如《无锡市近代园林发展史料访谈记录》提到，近代时期的“园主都喜欢请前清有功名的人写字，渔庄二字就是甲辰（1904 年）进士谢沛所写，鼋渚春涛是清状元刘春霖写的”，蠡园二字则由书法家华艺芗书写。梅园香海轩有三匾、二联、一碑，其中有一块康有为所书的“香海”匾额。据说当年荣德生建成香雪海后，花费五十金购得康有为的“香海”手迹，将其制成匾额挂在轩内。1919 年康有为到梅园游玩，发现这幅题字是他人假冒自己所书，于是挥笔重题“香海”二字并题诗一首，成为当时的一桩趣闻（图 10-27）。

无锡近代园林中的楹联更是比比皆是。横云山庄建筑内的点景楹联多为当时社会名流游赏所题，烘托出景致的意境。如主厅澄澜堂外部楹联为杨味云所作：“傍连岭，带长川，西南诸峰，林壑尤美；送夕阳，迎素月，上下一碧，波澜不惊”，堂内两侧抱柱楹联为陈夔龙所作：“山横马迹，渚峙鼋头，尽纳湖光开绿野；雨卷珠帘，云飞画栋，此间风景胜洪都”，堂内横额曰“天然图画”，三者共同点出澄澜堂的景致意蕴，令人回味不尽。又如茹经堂中的对联，是各界人士为唐文治所题。国专学生会联曰：“光风霁雨之怀，何止吞三万顷；鹿洞龙场而后，至今又五百年”，于院长联曰：“清夷儒者操；广博圣人心”，杨铁夫联曰：“位太满惠山之交，平分鼋渚烟波、蠡园风月；融新安余姚之界，此是人师邹鲁、学子门庭”，沈讱崔龙联曰：“箸籍三千顷；朝宗七二峰”，陶钟秀陈起昌联曰：“道术承千圣；湖山寿万年”，私立无锡中学联曰：“茹古涵今，作人寿世；经筵叟席，傍水近山”，表达了对唐文治治学育人的推崇和敬意。

第十一章 园居文化

除了山水、花木、建筑等物质要素，中国园林还强调可居可游，重视人的要素。通过人的活动，可以展现园林的景致，阐发园林的意境，实现一定的社会功能。无锡近代园林中的活动多种多样，充满了强烈的生活气息。其中既有对传统园林生活、文化的继承，作为园主和宾客日常起居、诗赋觞咏、雅集赏乐和祭拜庆祝的场所（图 11-1），更重要的是对现代文明和时代精神的反映，如公众游览的兴起，对经营娱乐的重视，甚至将园林与教育结合，反映了新时代的文化特点。这些内容成为无锡近代园林重要的内在因素，与选址、叠山、理水、花木和建筑等外在因素一起，共同构成无锡近代园林的特色。

一、现代风尚

1. 公众游览

近代时期的一个重要特点是重视民智的开发，成为促进城市公园建设的重要原因之一。近代各地向公众开放的园林主要包括两类：一是在当地政府和精英推动下创设的公园，二是思想先进者建设私人园林供市民游览。在无锡，前者的代表是城中的公花园和近郊的惠山公园，后者的代表是太湖一带的梅园、鼋头渚和蠡园渔庄。

在中国建造的首座公园是 1868 年上海英租界工部局辟建的外滩公园，但最早由中国政府和精英创设的公园，则要属 1905 年无锡士绅集资建造的公花园，当时称锡金公花园。1906 年出洋考察的端方、戴鸿慈在《奏陈各国导民善法请次第举办折》中，将图书馆、博物院、动物园和公园作为西方导民的善法，请朝廷在各地次第修建，公花园正可视为这一政策在地方上的实现。1912 年在公花园南侧建造了图书馆，仍是这种“开启民智”思想的延续。

公花园的公众游览功能见于近代时期的许多记载。如 1907 年，钱基博《无锡公园创制记》提到造园的目的之一，便是供“邦人士女群萃而游处者也”。1922 年曹京范《无锡公园图记序》称：“每至夕阳西下，士女联袂偕来，或竹径寻芳，或荷塘逭暑，鬓影衣香，游人如织。”表明公园受到公众的欢迎，成为他们喜爱的游赏场所（图 11-

图 11-1 梅园天心台前游客留影（1923 年摄）

2）。1929年无锡县长将李公祠改建为惠山公园，也是因为“每当春秋佳日，外埠士女来游者，络绎不绝”，因此在惠山的名胜之间，增建了这处公共场所，建成后称“锡邑第二公园”。

图 11-2 无锡城内公花园入口旧影

公园作为近代意义的供群众游乐、休息，以及进行文娱体育活动的公共园林，在各大城市都有兴建，无锡的特殊之处在于，除了两座公园，还有一批由工商资本家私人兴建的园林，也向公众开放，主要分布在太湖一带。

兴建最早的是太湖北岸的梅园。1912年荣德生在东山购地建造梅园，从一开始便定下“私园公赏”的基调。据荣德生《乐农自订行年纪事》记载，1916年梅园初步开放，“游人不绝，开西乡之新游处”，1917年“游人至乡，山清水秀。久伏城市中者，心目中豁然”，可知公众一直是游赏梅园的主体。经过三十多年的悉心经营，梅园与苏州邓尉、杭州超山齐名，跻身为江南三大赏梅胜地，获得了空前的成功，成为无锡人和外地游客的必游之地。

惠泽公众是无锡工商资本家造园的共识，通常会在园记中加以强调，这在中国古代是非常罕见的。1915年杨翰西捐资募款建造万顷堂，目的是“俾游者有休憩之所”。此后他在鼋头渚建造横云山庄，傅增湘《横云山庄记》称，“晨往夕归，都人士女，联袂远来，漾桂棹于清波，席落英于曾岨，乘风可至，载月而还，是宜俊游”，认为适宜“都人士女”前来游玩是山庄的四大优点之一（图11-3、图11-4）。王禹卿蠡园建成后也对外开放，《蠡园记》称：“自是每当天朗气清之日，中外士女云集，履屐纷阗，舟车杂呈，而蠡园之名遂喧传遐迩。”

更难得的是，这些园林都是免费向公众开放。梅园不收取门票，游客的素质参差不齐，“无知者往往攀折花木，为之可惜。重台三株，花发尤见精神；骨里红一株，则已不见；其他红绿萼，亦损去不少”，“有因爱花而折花，以致毁伤树木不知爱惜者。此种公共道德，不知何时方能提高程度，普遍改进”，这些都令荣德生非常心痛，深感国民素质亟待提高。有鉴于此，王禹卿蠡园对外售票，十五铜元一张，以阻止“附近乡人赤足裸背者无端阑入，殊碍观瞻”，这事在当时掀起轩然大波，报纸刊文批评：“赤足裸背者，园主之芳邻也，以彼辈赤贫，而以十五铜元难之，似与平民化之旨趣背驰太远矣”，表明免费开放的平民化旨趣当时已深入人心。蠡园北侧的渔庄建造时就特地强调：“蠡园对于游客，强令购券，实为邑人诟病。他日湖庄将力蠲此弊云”，表示渔庄将免费供公众游玩。

由于重视公众游览，园主们不但关注园中的造景，而且努力改善周围的交通条件，方便人们前来游赏。如1914年荣德生“建议由荣巷西街起，筑路至梅园，先成土方，乡人乐于从事，因坐车可快”，1917年又“马路修筑加石片，桥加阔加固”，到1920年梅园全部建成时，“马路四通，全乡生色”。1948年为满足游客需求，“铁路特挂游览专车，地方商业受游人引起繁荣者不少”。杨翰西建造横云山庄后，无锡市政“始环湖筑道路，建桥梁，葺茅亭馆舍，以待四方游客”。王禹卿建成蠡园后，也特地修建了连接城区的公路。

中国古代园林大多尚“静”，因此优选远离市区的“山林地”、“江湖地”和“郊野地”，若不得已建在城中，也要挑《园冶》所称的“幽偏可筑”之处，都是为了避开游人，享受独处山林的乐趣。无锡近代园林则恰好相反，处处以方便游人为宗旨，除了园景的建设和交通的整治，无锡近代还出版了大量旅游导览，如1919年薛明剑的《无锡指南》、徐振新的《无锡大观》，1934年芮麟的《无锡导游》，1935年华洪涛的《无锡概览》和1946年蒋白鸥的《太湖风景线》等。1948年盖绍周的《无锡导游》甚至为游客设计了《梁溪三日计游踪》，详细指导如何

图 11-3 太湖上帆船往来，是近代时期游览园林的重要交通方式

遍览无锡名胜，太湖一带的园林作为重点放在最前边："自雇汽车，上午十时由车站雇小汽车出发，十时半至蠡园。游览一小时后，再乘汽车至鼋头渚，车程约半小时，即在旨有居午餐，嘱汽车司机绕道至小箕山等候。饭后畅游鼋头渚，然后登万方楼品茗休憩，远眺太湖景色。至下午三时改乘渡船至小箕山，略作逗留，即等汽车赴梅园，周游一小时许……"

热衷公益、造福桑梓是无锡近代资本家的共同特点，体现在近代园林中就是对于公众游览的重视。由政府主导修建的公花园和惠山公园之外，最重要的便是由私人修建的太湖一带的梅园、鼋头渚园林群和蠡园渔庄。正如《蠡园记》结尾所称："有斯园则西乡之文明日益启，锡邑之声华日益隆。不独仅事显扬，抑足增光乡邑，其关系不亦重哉！"这批园林既引入了西洋文明对民众进行启蒙，又能提高故乡的声誉为无锡增光，而不再是园主个人权势财富的炫耀和显扬，这些都通过公众游览得到了极好的体现。

2. 经营娱乐

除了从精神上开启民智，无锡近代园林还具有实际的物质利益，颇为重视经营性。荣德生对此有清醒的认识："前人不知利用风景园林，可以吸引游资，振兴商市，欧西如瑞士，即用此法，每年收入可观。"各种经营行为成为无锡近代园林中的活动之一，同时园中还有不少从西方引进的娱乐方式，颇能体现时代性和现代性。

中国古代私园向公众开放的一个重要时期是北宋，李格非《洛阳名园记》描写了洛阳的 19 座园林，他都亲自游览过。当时园中有守园人，会为游人准备茶水点心，人们只需支付一点"茶汤钱"便可进园游赏。文献记载，司马光的独乐园由于极受欢迎，守园人一个夏天的茶汤钱竟达到一万，作为参照，北宋苏舜卿买下建苏州沧浪亭的园址，仅花了四万钱。

茶汤钱有似于现在的门票但又有所不同，而是更接近西方一些博物馆的"建议费"，支付多少由游客自愿决定。前文已经提到，无锡近代几座主要的园林都不收

图 11-4 鼋头渚帆船

门票，但园内都有一些经营行为，与古代的茶汤钱很相似。如公花园中有茶座，游人常在节假日来此品茶，欣赏湖水，细抿茶香，与友人谈笑风生，“每壶加收铜元四枚，作为园内建筑经费”，司马光独乐园的茶汤钱后来也被守园人用来建造了一座井亭，与公花园将茶资用作建筑经费不谋而合。

荣德生虽然知晓经营的利益，但自己并未涉足，而是让利给附近的乡人。荣德生《乐农自订行年纪事》记载，梅园中“游客之外，车夫、船妇及吃食摊贩，远道而来者亦不少。楠木厅前，几类一小市集，虽觉不甚雅观，但附近贫民得藉以营生，亦可喜也”；傅增湘《横云山庄记》提到鼋头渚横云山庄也是如此，“循池左行，道旁列肆数楹，饮食器玩，百物咸具，游人于此取给，乡民藉以资生焉”，除了路边的摊贩，山庄里还有一些馆舍如涧阿小筑和松下清斋等宾馆可供游客留宿，以及条件优越的菜馆、照相馆、浴室和商铺等，各类设施一应俱全。众园里经营最成功的要数蠡园。园中主要建筑颐和别业被打造为宾馆，底层开中、西餐厅，上层设客房，外部还悬挂着“Lake View Lodge”的霓虹灯招牌。无锡地处上海、南京之间，两地的政要显贵常趁假日到此游赏休憩，蠡园、梅园是他们优选的下榻之地（图 11-5）。据黄茂如《无锡市近代园林发展史料访谈记录》记载，蠡园的客房，“一到周末，上海要人、外国人就来订房间，房内有浴缸，除沪宁之外，算是好的。6 元一夜，也可不少收入”。正如荣德生预期的那样，各园陆续建成开放后，“地方商业受游人引起繁荣者不少”，这批园林使园主和乡人同受其利，构成共赢的局面。

出于经营方面的考虑，无锡近代园林出现了许多新的娱乐项目，与传统的园中活动迥异，体现了时代的特点和时尚的吸引力。最典型的是蠡园的圆形舞池和长方形游泳池。据民国时期担任蠡园经理的薛满生回忆，这座舞池中有扩音器，播放音乐，周围装霓虹灯，设咖啡、西餐小吃，营造出欢乐的气氛（图 11-6）。游泳池位于伸入湖中的平台上，外缘距湖水仅两三米，用泵打进太湖水，过滤后供宾客嬉水游戏。池西有尖拱支撑的三层跳台，东、西分别设女更衣室和男更衣室。这座游泳池直到 20 世纪 50 年代仍在使用（图 11-7）。梅园山顶“辟有网球场及高尔夫球场，备游客运动游戏。场北建精舍七楹，额曰‘敦厚堂’，备观览比赛球戏之用”，网球和高尔夫球都是当时国际最时髦的运动，园中专门辟出场地供游客尝试体验，场地北侧还建造了房屋，供人观看比赛。在城内的宅园中也有这类西洋运动，如薛福成故居东北角有一座弹子房，内设台球桌，园主与顾客商谈业务之暇，可到此打球休闲。弹子房也是当时的时髦运动，在上海的许多娱乐场所和公园中都有设置，无锡紧随潮流，很早就将其引入园中。

在鼋头渚一带，在端阳佳节偶有龙舟竞渡。这类活动早先只在城外运河黄埠墩和缸尖开展，后来用汽船将龙舟拖至太湖中犊山、南犊山之间竞赛，“画船箫鼓而更佐以雕轮演者”，舟船云集，游人极盛（图 11-8）。

3. 教书育人

锡近代园林还有一项颇具现代色彩的活动，即重视教育，在园林中开办学校。园林与学校的关系源远流长，较早可追溯到西汉的董仲舒，为了专心治学“三月不窥园”，可知书房外造有花园。自唐代以来，书院园林蔚然成风，发展成一类重要的园林，有大量实例存世。无锡古代便有两处著名的书院：一是惠山的二泉书院，明代正德年间邵宝建造，曾在其中读经讲学（图 11-9）；二是无锡城内的东林书院，领袖晚明的士林文坛。这两处书院都有园林建设。

无锡近代园林有对这种传统的继承，如鼋头渚中犊山小蓬莱山馆的前身是清末孙叔莲的读书处，建有三折的曲尺楼，名士俞樾曾为此楼题写对联描写书楼的环境：“仙到应迷，有帘幕几重，阑干几曲；客来不速，看落叶满屋，奇书满床。”1934 年教育家唐文治七十寿辰，学生们集资在宝界桥南的琴山东坡为他建造茹经堂，堂前凿池置石，是一座书院别墅（图 11-10）。

小蓬莱山馆和茹经堂都是用作园主的读书学习之所，无锡近代园林中还会开办学校，对少年子弟进行教育。如王禹卿曾在青祁开办培本小学，有一年为开办运动会，填平五里湖边的芦荡滩地作为操场。运动会后，荣德生建议他就着平整出的场地造园，即后来的蠡园。1946 年，薛福成宅园的前四进厅堂被用作“弘毅中学”办学地，西北角的后花园被平为操场，供体育活动之用。这两处实例，前者园林是因教育而建，后者则因教育而毁，反映了园林与教育的复杂关系。

图 11-5 荣德生与李宗仁夫妇在梅园合影留念（1948 年摄）

图 11-6 颐安别墅西南舞池旧影

图 11-7 游客在蠡园游泳池跳水台留影

图 11-8 太湖湖面的水上运动，为近代时期的经营内容之一

图 11-9 省三师同仁惠山听松石留影（1917 年摄）

图 11-10 鼋头渚茹经堂内的唐文治纪念馆

无锡近代园林中与教育最为密切的是梅园。1927年秋，荣德生在梅园“留月村”创办读书处，聘请钱孙卿为主任，当年招生20余名，食宿均在园中。因逐年招生，校舍不够用，1929年又在豁然洞旁建造经畬堂。正厅三间，前有廊轩接东、西厢房，东厢为墨苑，西厢为图书馆。经畬堂东侧有豁然洞，为造园时开山采石所成，后因地制宜加以修筑，始成洞景。读书处开办至1937年，十年间共招收学生近百名（图11-11）。

图11-11 梅园豁然洞读书处同学会成立大会合影。前排左六为荣德生，三排左四为荣毅仁

荣德生有自己的一套教育思想，认为古代重视通过科举从政而不重经济生活，近代重视科技、经济等谋生技能，却造成“专尚科学，舍去国学之趋势”，以致“人性日益浇薄，道德渐就沦亡”，因此他在梅园的教育特重国学，其在《梅园豁然洞读书处文存》写道：“吾国文学之教课，允为当务之急已。爰辟梅园精舍，设帷招生”。读书处的办学方式，是采用家塾的组织形式，同时参以书院精神，将中国古代书院的某些传统精神融入到现代学校教育中，注重学生的人格训练。用荣德生的话说，即他要做的是公民教育，而非仅仅人才教育。这是非常具有远见卓识的教育理念。

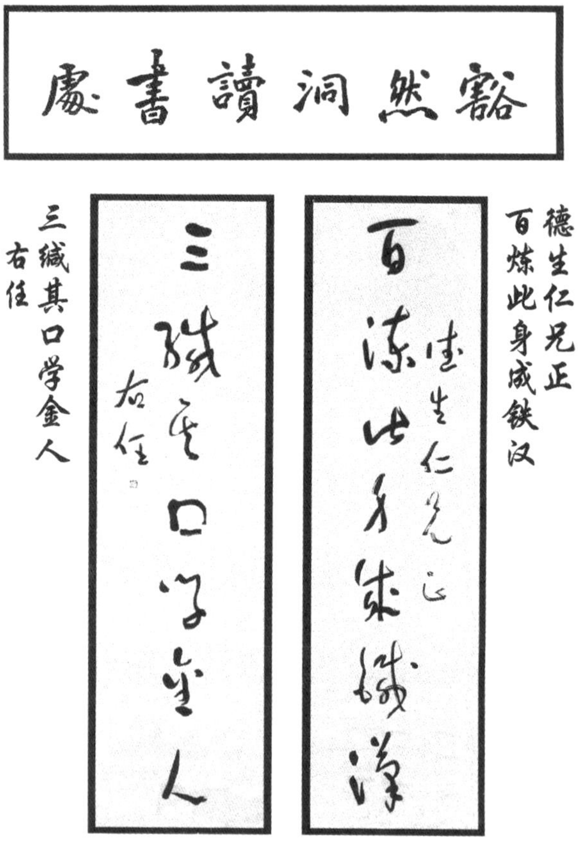

图11-12 于右任为豁然洞读书处题写的横额与对联

1929～1935年，读书处影印了《梅园豁然洞读书处文存》4集，收入41名学生的几百篇作文。其中许多都以园中景致为描写对象。梅园里的读书声当时成为一道独特的风景（图11-12）。国民党元老吴稚晖每次游园，都要到豁然洞听课听读。地质学家丁文江在太湖饭店养病半年，每天都来听读书声，称读书声医好了他的神经衰弱症。

二、传统文化

无锡古代园林兴盛，留下了丰富的园居生活和文化，无锡近代园林的活动除了体现时代精神，对这些传统文化也多有传承和发扬，主要体现在私人起居、雅集顾曲和祭祀庆典等方面。

1. 私人起居

湖周边的梅园、鼋头渚和蠡园等以向公众开放为主，

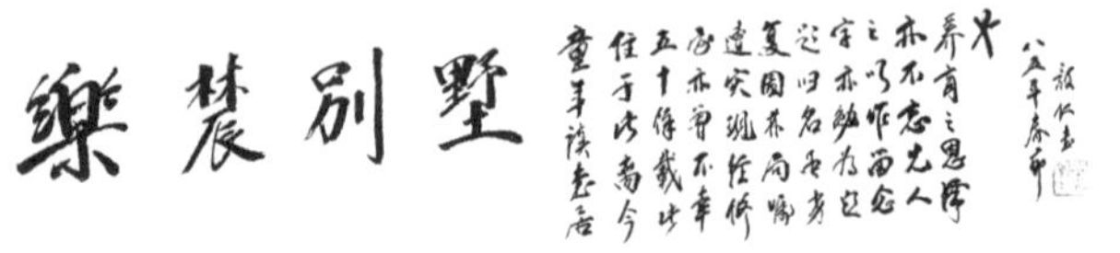

图11-13 荣毅仁题写的“乐农别墅”横额

但其中也有供园主私人起居的处所。如梅园中位于诵豳堂东北角的乐农别墅（图 11-13），南为三开间西式平房，北部隔着天井另有三间小房，分别是厨房、茶寮等。在整个免费开放的梅园里，只有这里是荣氏家人生活起居的私密之地。蠡园池区北岸有座诵芬轩，后改建为阶庐，《蠡园记》称：“中辟幽室，专以娱亲”，可知也是用作园主起居。

起居功能较强的是鼋头渚的太湖别墅，这处别墅是为王家人的生活休养而建。半山腰的方寸桃源为王心如夫妇归隐修身之地，院内植老桂、枇杷，并有花坛、小石子路和酱油大缸等。王家子女少年时期在此摸螺蛳、采菱角，尽享天伦之乐。园主在院中酿造酱油，种植花木，架车供水，体现了太湖别墅浪漫的山居氛围和近代民族资本家注重实用的特点。革命家王昆仑还曾秘密组织革命志士，在太湖别墅的万方楼召开会议（图 11-14）。

但总体来说，太湖周边的园林偏重公众游览，私人起居仅占很小的比重；与其形成对照，城内宅园则偏重私人起居，较少公众游览，与传统园林更为接近，典型的如秦氏佚园、杨氏云薖园和薛福成故居等。

秦毓鎏《佚园记》提到他的园居生活，如秋日登隐禁台赏月，雨天立观瀑桥听泉，盛夏坐在松间避暑，以及于双峰亭赏石，用古石鼎烹茶等，佚园成为他“日徜徉乎其中，以送余年”的闲居之所。杨味云的云薖园也是作为园主的燕居之地，主要建筑是座二层楼阁，上层藏书，下层“贮列书画、鼎彝、琴剑、香炉、棋枰、笔床、茶灶。轩窗洞敞，湘帘四垂”，一派古典意境。

图 11-14 王昆仑与革命志士召开秘密会议，会后部分代表在太湖边合影留念

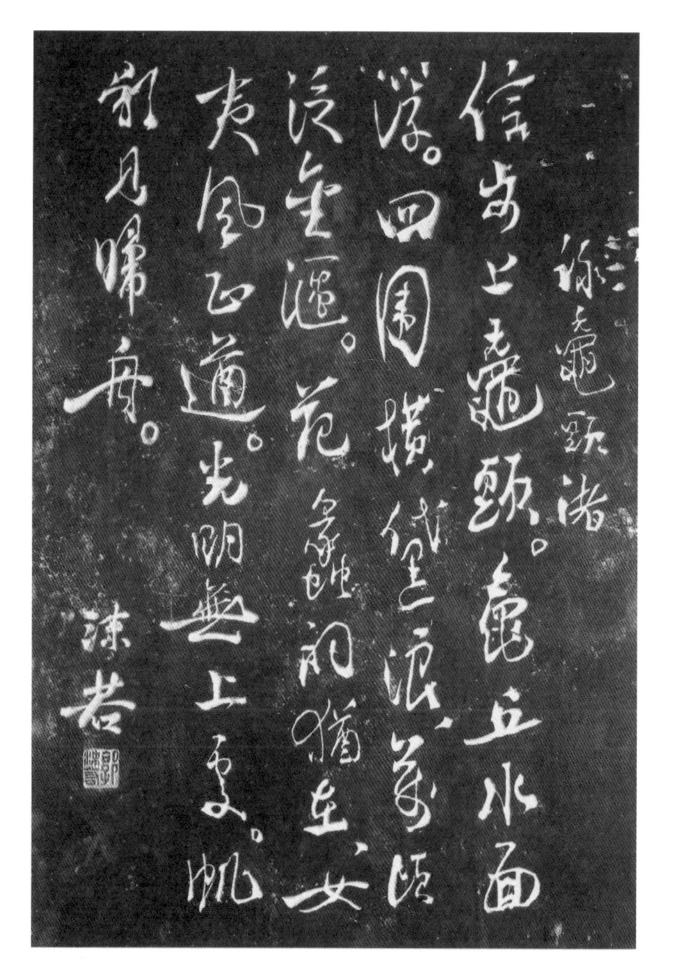

图 11-15 郭沫若《咏鼋头渚》诗拓片

2. 雅集顾曲

除了供私人起居，园林还常成为园主与亲朋道友的雅集之地。雅集的内容，一是诗文酬唱，二是听曲看戏。

园澄观楼一层的坐忘庐便用来供秦毓鎏“时会宾客，宴游于此”。《柳亚子自述》提到，1929 年（民国 18 年）4 月他“与陈巢南、林一厂、金葆光、于范亭等同游扬州。复至无锡，访秦效鲁，唱酬颇乐”。这处唱酬之所，便是秦毓鎏的佚园。雅集不止发生在城内宅园中，在太湖周边的园林中也常常举行。杨翰西常在横云山庄与社会

图 11-16 横云山庄光禄祠（今诵芬堂）（摄影：杨磊）

各界名流雅士，赋诗作对，其中不乏传世佳作。山庄里的陶朱阁、戊辰亭均为士绅筹建，落成之时，名流汇集园中，举行庆贺典礼，留下诸名游记、楹联，表现了园主对文名辞采的重视（图 11-15）。

戏曲方面，从明代万历年间开始，无锡便“邑大姓以梨园之技擅称于时”，当时名门望族出身的名士名园如冯夔竹素园，俞宪读书园、独行园，邹迪光愚公谷和秦燿寄畅园等都以昆曲著称，这一传统承续了数百年。无锡近代园林中多有戏台的设置，如薛福成故居东花园戏台、惠山潜庐戏台和王恩绶祠堂戏台。1919 年薛南溟夫人吴氏六十寿庆时，曾雇请髦儿班在薛福成故居的戏台花厅中大唱堂会。

无锡近代最重要的昆曲社集是天韵社，他们固定的活动场所就在城中公花园内。最初没有社名，称曲局，由业余爱好者自愿集合。1884 年曲局成员推举吴畹卿担任曲师，并于民国初年集资，在公花园北岸建造两间平屋，作为度曲活动场所。1920 年经过公议，正式定名天韵社。1932 年，在公花园同庚厅东侧，兰簃北侧，建造三间房屋作为固定的社址。其后“兰簃听曲”成为公花园的一景，每当夕阳西下，天韵社便清音继起，与周围古典风格的园林融为一体，使听闻者击节叹赏。

3. 祭祀庆典

中国古代园林有一种功能是祭祀先人，在江南园林中多有体现。如元代位于松江的南村别墅，主厅来青轩内悬挂着园主先父的画像，像前设祭奠用的供案。类似的场景也出现在明代苏州吴宽的东庄和张凤翼的求志园中。这一传统在无锡近代园林中得到了很好的传承，王禹卿蠡园的寒香阁便是这样一处祭祀先人之所。据《蠡园记》记载，寒香阁“壁间刻石有梅森公像志，阁上则公之遗像悬焉。此皆禹卿先生所以表彰先德，而寄其平时孺慕之私也”。梅森公即王禹卿的父亲王梅生，“寒香”

也与梅花有关，这座阁是王禹卿建造来纪念他的父亲的。

祭祀先人在无锡望族杨氏的几座祠堂园林中也有鲜明体现。杨艺芳和杨翰西父子先后将祠堂作为家族精神传承的场所，供族人相聚共忆先贤。杨艺芳于惠山潜庐前建四褒祠，祭祀杨翰西祖父杨菊仙；杨艺芳过世后，后人将潜庐改为祠堂园林之用。每月朔日、望日，由杨氏族中子弟轮流在四褒祠上香祭祖，并在潜庐中游赏休息。每至春、秋大祭，族人聚集，在园中游宴。杨艺芳的儿子杨翰西后来又在横云山庄建光禄祠，祀奉杨艺芳。1933 年《新无锡》报道了杨翰西将先人神主移入光禄祠的仪式："古历九月九日，相传为观世音诞辰，邑绅杨翰西君，特为其尊人艺芳先生暨德配孙、龚、沈三太君之神主祀入鼋头渚新建光禄杨公祠。"杨翰西对外严格保密，但当日现场除杨姓族人外，仍有二百余人慕名前来恭送先贤，场面甚是壮观。神主入祠后，同族后代、邑绅、民众集聚，依次序祭祀，秩序肃穆，礼节隆重。父子两园联系起三代族亲，家族精神世代延续（图 11–16）。

除了与祭祀相关的庆典，无锡近代园林中还常举办婚礼、寿诞等庆典，既与传统相联系，又反映了新的社会风气。如鼋头渚横云山庄的澄澜堂，常有中外人士借来举行结婚典礼，据《澄澜堂添建清燕斋》记载，杨翰西为此"特就堂后添建'清燕斋'一所，平屋三楹，布置景致，以备结婚者休憩化装之用"，足见这些园林在当时非常受民众欢迎。1932 年 9 月在梅园举办的荣宗敬夫妇的六十双寿庆典。这次寿典规模宏大，荣家在荣巷家宅、梅园、小箕山锦园都设置了寿堂，军、政、商、学各界头面人物悉数到场。这些活动都见出无锡近代园林的活动内容之丰富，文化内涵之深厚。

第十二章 外来影响

在社会沧桑巨变的历史背景下，中国近代园林的发展并没有故步自封，而是体现出了与时俱进、勇于创新的积极态度。鸦片战争以后，社会环境急剧变化，西风东渐，逐渐出现新兴的公共园林，园林发展进入了一个继承与蜕变并存的时期。大众逐渐接受公共园林所代表的全新生活方式和社会价值观。

不同于开埠城市中外国侵略者在租界建设的大量供其享受的宅园，在无锡民族资本家是近代兴建宅园的主要力量。无锡民族资本家累代生长于无锡，有着无锡人善于学习，利义兼顾的务实精神。他们一方面走出国门学习西方先进的技术文化，一方面也受过儒家教育保留着传统文人的审美和喜好，因此无锡近代园林营建过程中，一方面借鉴北方园林的金碧辉煌，另一方面逐步融入西洋建筑风格，开启了无锡近代中西交融式园林的新风尚（图 12-1）。

图 12-1 梅园清芬轩

一、继承传统，南北汇通

“一方水土养一方人”，不同的地域气候不同生活习惯有差异，与之相关的文化氛围也会有一定的差异。对于能够“传情达意”的中国传统园林来说，最终的园林作品体现出的主要是设计者和园主的理想愿景意图（图12-2）。

一方面，中国传统园林按地域分大抵可以划分为南北方两个风格。南北政治地位的差异是形成南北方人性格差异的重要因素。中国历史上，北方一直是中国政治文化中心，大多数统治者都定都于北方，政治地位显赫，经济基础雄厚，北方的古典园林以皇家园林为主流，其园主是皇帝，他的意志就是统治全国，普天之下，莫非王土。造园，就要“恬天下之盛，藏古今之奇”。像“万园之园”的圆明园，“移天缩地于君怀”的颐和园都是如此。同时北方人有严肃、粗犷、豪放的性格，园林大都以雄伟见长，一般建筑形状比较厚重，轮廓粗犷，在建筑方面往往体量较大，颜色上多金碧辉煌（图12-3）。南方园林大部分是文人和封建官僚或商人所营建，以私家园林居多，精巧秀美、幽美逸雅。在江南一带园林建筑以苏州为胜，造型讲求轻巧玲珑，与环境相得益彰；建筑形式亦无定式，极少采用斗栱，装修力求朴素大方，不雕鸾贴金；颜色多为粉墙黛瓦，素净明快，风格自然、平淡，细腻秀丽而又恬静淡雅；所体现的品格是平和恬静，追求的是淡泊的雅致与情调（图12-4）。

图12-3 梅园开元寺主殿旧影，巨大的歇山屋顶表现出一种雄浑之美

图12-4 太湖边的涵虚亭，呈现出江南建筑的秀美

图12-2 鼋头渚藕花深处亭旧影

无锡近代园林少了几许“超然于物外”的淡泊，而多求实重效，顺从人意，求新求异的艺术品位。无锡近代园林的园主多是富商，他们这个阶层多喜好宫殿式的建筑制式，北方皇家建筑风格，园林建筑大、色彩艳，多富贵气的特点。园林的整体色彩给人的感觉是金碧辉煌，鲜艳的色彩能够彰显园主特殊的人生经历，体现出名门望族的身份。以杨翰西横云山庄为例，其整体风格延续了中国传统园林，虽处江南太湖之滨，但其园林空间布局大开大合，颇有北方皇家园林的风范，园中传统建筑，大多仿照北方风格而建，与北京颐和园等皇家宫

苑内的建筑形制、营建手法有诸多相似之处，既有别于传统江南地区的秀美雅致造园风格，也有别于岭南商贾私家园林的奢华繁复风格（图 12–5）。而这种北方皇家园林的沉稳、大气，却恰好与太湖恢宏的气势相得益彰，同时在具体的园林实用功能方面，开放式的大体量园林和建筑空间也很好地满足了其公共园林的属性。

应该说正是作为园林所有者的民族资本家自身的特点，以“商文合流”的形式，经过一定时期的发展，无锡近代园林才最终形成了独特的南北风格兼备的园林艺术风格。

图 12–5 横云山庄澄澜堂，红色立柱与斗栱皆为北方风格

二、借鉴西方，中西交融

近代的民族资本家是当时社会的新兴力量，掌握着巨大的社会资源和财富。无锡工商人士选择在天然山水中兴建园林，一方面是把造福桑梓看作自己财力物力的体现，另一方面也可为繁忙的经营生活之暇提供更为良好的休息环境。加上近代外来文化对传统文化的冲击，学习西方大机器生产的园主也势必受到其影响，因此在宅园的具体形式上呈现出继古承今、中西并用、多元交融的近代特征（图 12–6）。

图 12–6 陈家花园聂耳亭，采用中式屋顶，西式屋身

无锡近代园林对于西方园林的借鉴主要体现在以下几个方面，一是受西方社会影响，逐渐出现向公众开放的公共园林，与之相应的是园林布局方面的变化，园林空间序列开始出现几何化的形式；二是追求西式的现代生活，出现中西交融式的园林建筑。

无锡近代园林一方面因为园主多为从事近代工商业的企业家，事业有成，有充足的资金购买园地；另一方面因其园林不仅需要服务于园主的生活娱乐，同时也需兼具服务于大众的游赏观光，需要充足的地域空间。加之当时环湖地区少有人开发利用，大量土地闲置。因此，园地面积通常可以较为广大。梅园在 1912 年建园之初即购地 150 亩；1929 年，荣宗敬先生在小箕山购地造园，为建锦园置地 250 余亩；1916 年，杨翰西购得南犊山南麓包括鼋头渚在内的山地 60 余亩，次年付款，后建筑横云山庄；

图 12–7 面积广阔的蠡园

陈仲言于 1928 年建若圃，又称陈家花园，占地 70 余亩；蠡园连同渔庄面积则达 100 余亩。在园地面积广大的基础上，园林在空间特征上也融合了西方形式（图 12–7）。

图 12-8 梅园采用钢筋混凝土结构的念劬塔

首先，空间序列简单明晰。中国古典文人园林擅长在有限的空间内营造出多变的空间层次以及步移景异的观赏效果，以期在有限的空间内得到更为丰富的体验。而无锡近代园林不仅要满足园主的需求，同时还要满足较多游人同时游览的需求，传统的空间形式及适于私人使用的尺度在这时已经不再适用。同时，依托自然界山水的墅园园地面积广大，碍于近代造园发展及造园技术等因素限制，以私人之力很难做到改山造水，处处精心布置雕琢。因此，无锡近代园林的空间序列通常较为简单明晰，空间尺度也多大开大合。

其次，空间形式趋于几何发展。无锡近代园林空间形式虽然没有达到完全的整齐划一，均匀对称并具有明确轴线关系的几何图案组织关系，但已经显现出受西方影响的几何化发展趋势。如蠡园中的颐安别业、别业前的圆形花坛沿着园路向南到涵碧亭，再到游泳池形成了一条中轴线的关系，轴线左右的建筑物、草坪、假山的布置约略对称，旁边的湖畔别墅、小岛和湖心亭也是呈一条轴线的布置；锦园中的锦堤、锦带和礼让二桥与小箕山上的别墅也呈中轴线布置；渔庄中的大面积草坪和水池也采用了矩形的几何形式。

无锡近代园林建筑在外来文化的强势冲击下，一方面表现为追求西式生活，在园中加建了具有新式娱乐功能的建筑，如薛福成宅园中的弹子房，蠡园中的露天舞池、游泳池和跳水台等；另一方面体现在建筑上则是产生了近代中西交融式的建筑风格。宅园中的一些建筑形式和材料都融合了西式，加之园中传统的中式亭、台、楼、阁，形成了东西形式相互交融，并存于一园之内的情况。如鼋头渚横云山庄中园主将原建的横云小筑进行改造，成为西洋式馆舍三间，周围建檐廊，更名为涧阿小筑，又因用原木板叠制成墙的缘故而俗称为“木洋房”；太湖别墅的主体建筑七十二峰山馆则是中西交融式样的歇山顶大敞厅，中间接出亭式门厅，三面环廊；锦园内锦堤尽头的别墅为西班牙式；梅园中的乐农别墅是前有拱形敞门，外墙为旧城墙之巨砖砌成的三间西式平房。园林建筑逐渐在材料、结构、造型、体量比例、细部装饰等方面，出现了中西交融的现象。

有的采用西式建筑结构，如杨氏横云山庄的灯塔采用了罗马式拱顶，荣氏梅园的乐农别墅、宗敬别墅和蠡园的颐安别业等，均采用了西式拱券；另有大量建筑在细部构件上，采用西式门窗、立柱、装饰等；还有些建筑，如梅园念劬塔（图 12-8）、横云山庄涵虚亭和诵芬堂等，虽采用传统建筑制式，但其结构部分应用了钢筋混凝土，相对于传统木结构建筑而言，更可应对江南地区潮湿多雨的气候，不失为建筑技术上的中西交融。

最后一种是花园洋房式，建筑通常为西式或者中西交融式，以建筑或院墙围合空间，分隔园内外范围。这一类型主要包括：荣德生旧居、缪公馆和王禹卿旧宅。荣德生旧居位于四郎君庙巷，今健康里荣耀花园内，建于民国初年。原为荣德生长婿住宅，荣德生晚年常住于此，直到离世。整座宅园坐北朝南，原有门屋、主楼、厨房、餐厅和附房，以院墙围合。主楼为中西交融式建筑，面阔六间，楼高两层，砖混结构，楼前、楼后均有花园。

应该说无锡近代园林在继承南北方传统园林的基础上，融入了一定程度的西方园林风格，处于旧秩序逐渐瓦解、新秩序正在建立的时期。由于战争和社会政治变革的影响，这一时期的园林建设，并没有完成传统园林的“现代化”转变，而是仅仅进行了探索。但是其中的公园建设和私园开放的风潮，充分体现了近代无锡社会西风渐盛的时代特征，最终形成了无锡近代园林南北相通、中西包容的独特风格，应该说这是中国园林发展史中不可或缺的独特组成部分（图 12-9）。

图 12-9 蠡园涵虚亭，建筑与环境的完美融合

下篇

第十三章 太湖园林

无锡地处江苏省南部、长江三角洲腹地，凭借着优越的地理位置、秀美的山水环境和深厚的经济基础，孕育了丰富的古典园林。20世纪初叶，由于实业思潮的大力推动，无锡率先进行了早期近代化发展，并逐步成为全国民族工商业的发祥地之一。在此期间涌现出了一批优秀的民族实业家，如荣氏、杨氏、薛氏、王氏、秦氏、唐氏等。这些民族资本家凭借自己的实业经营，在城市内外建造了一批具有近代特色的宅园，同时利用无锡独有的山水资源优势，将造园选址的目光扩大至太湖沿岸，兴建了一批巧借太湖山水环境的近代园林。其中最重要的是梅园、锦园、蠡园、渔庄，以及由横云山庄、太湖别墅、茹经堂和小蓬莱山馆等组成的鼋头渚园林群（图13-1）。

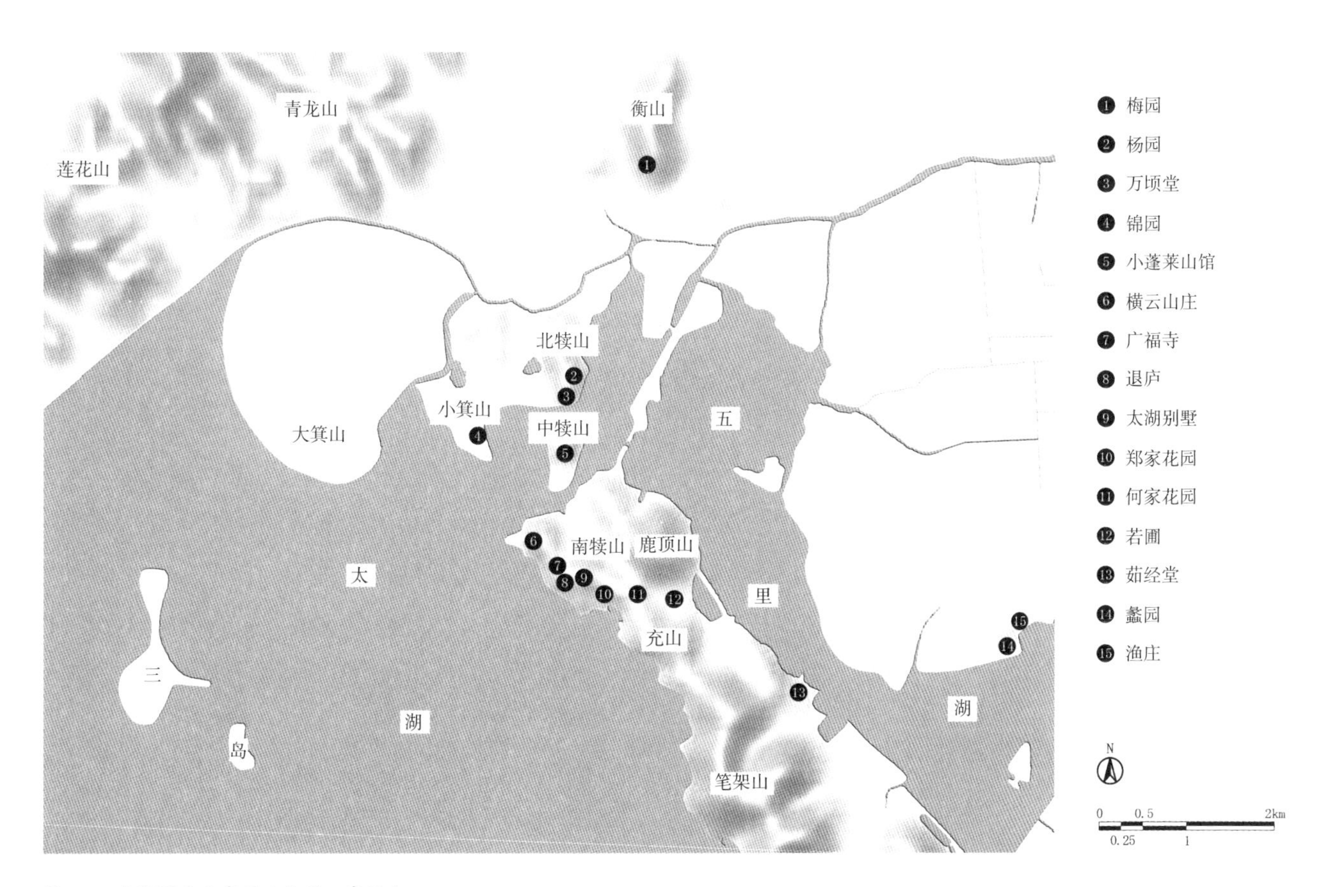

图13-1 太湖园林分布图（绘制：高凡）

一、荣氏梅园

以梅为品，开近代太湖园林之先声；与众同乐，为近代私园公用之先驱。

近代以来，受到实业思潮的影响，无锡在一批优秀民族企业家的带领下成为最早一批近代化的地区，是近代民族工商业的发源地。无锡近代的实业家出身复杂，但都对社会公益事业作出了很大贡献。其中的荣德生先生更是开无锡近代造园之先河，以"为天下布芳馨，种梅花万树；与众人同游乐，开园圃空山"为造园主旨，建造了我国第一个以花卉命名的专类园——梅园（图13-2）。

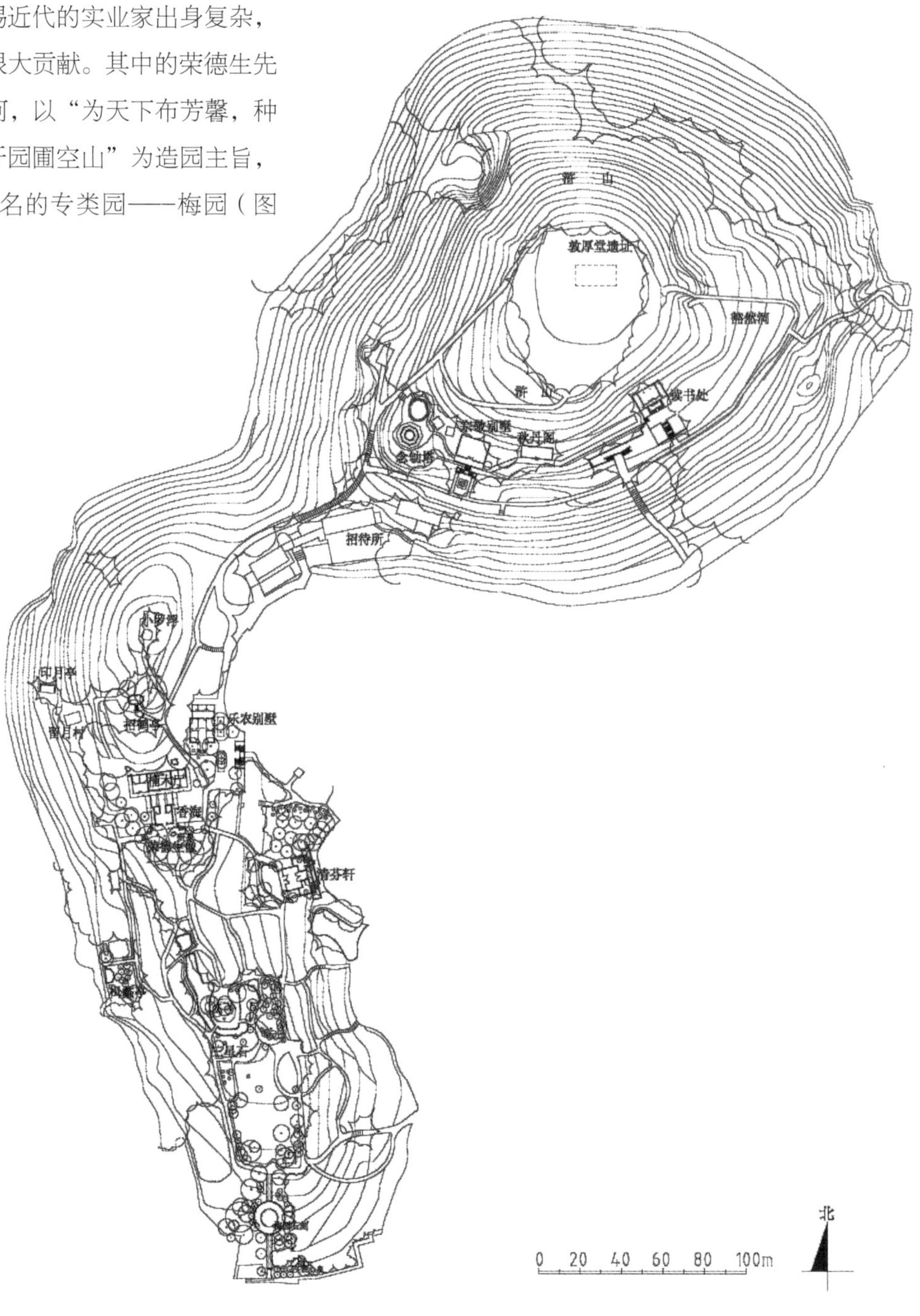

图 13-2 梅园总平面（绘制：冯展）

梅园是第一个向公众开放的私家园林。在梅园之前的私家园林都是封建性质的园林，使用性质局限于封建家族内部，梅园却开无锡近代公共园林之先河，造园之初就以服务社会为宗旨。后来建设的开原路也是为了方便城内的市民来梅园观赏游玩。建设梅园是荣德生先生“开发湖滨计划”的起点，受其影响才有了荣德生代其兄荣宗锦在小箕山建造锦园，杨翰西在鼋头渚建造横云山庄，王禹卿在蠡湖畔建造蠡园。1912年，荣德生先生在《无锡之将来》中专门提到：开发太湖风景区，修筑两条城区至湖滨通行汽车的大马路；沿湖一带建造别墅山庄，楼宇依山傍水，人们“开窗远眺，见湖水共长天一色，远山如白云在望，帆影幢幢，往来不绝”，“有山水之趣，无城市之喧，能爽人心神，益人智慧”，“真不啻世外之桃源也”。这些都是为了更好地发展无锡而作出的贡献，这种无私奉献、造福桑梓的精神在现今社会很值得呼吁和倡导。

1. 历史沿革

荣德生（1875 ~ 1952年），名宗铨，号乐农，江苏无锡人（图13-3）。他和兄长荣宗敬（又名宗锦）自1900年开始，受到西方文化影响，开始致力于实业救国，创办民族工业，成为蜚声中外的“面粉大王”和“纺织大王”。毛泽东说过：“荣家是中国民族资本家的首户”。1901年，他们在无锡与人合办保兴面粉厂，一年后改为茂新面粉厂；1905年，在无锡创办振新纱厂；1912年，在沪创办福新面粉厂；1913年，荣德生当选为全国工商会议代表，又在无锡西郊购地辟建梅园，修筑开原路，重修南禅寺妙光塔等。荣德生一生爱国爱乡，为家乡无锡的建设和发展呕心沥血，作出了重要贡献，在他60岁时，无锡《人报》刊文称：“邑人荣德生君，为我国实业界巨子，手创事业以面粉、纺织等厂设遍国内，其生平尤爱公益事业，创学校、辟公路、建桥梁，造福地方，阖邑称颂。”

据荣德生自撰年谱《乐农自订行年纪事》之“民国元年壬子（1912年）三十八岁”条目载：“是年，余兴致甚旺，至乡或在厂，与吉人叔、鄂生叔计划社会事业，决定在东山购地植梅，为梅园起点。”翌年条目又载：“梅

图13-3 梅园香雪海与荣德生雕像（摄影：王俊）

园尽力扩充，先后购地，计山粮一百五十亩，数年种梅三千株，其他花木，四时不谢。时自城至乡，已有开原马路，不一小时，可达园中矣！”荣德生建梅园的缘由，始于1906年游苏州留园时，荣德生当时认为“西边一角更胜”，表示“将来欲自建此一角”，6年后他建设梅园，由匠师朱梅春协助设计，实现了自己的园林思想。关于朱梅春的来历并无太多记载，据说出身于建筑世家。荣家建房、造桥、筑路多是由朱梅春和另一匠人贾茂青承办。荣德生称其为能工巧匠，可见其实力非同一般。

1914年梅园开辟，初有规模。建香雪海屋三间，凿涌泉处为泉，得一砚，上有“文光射斗”四字，即取名“砚泉”，请华艺三先生书篆。荣德生计划由荣巷西街起，筑路至梅园，先成土路，这样乡人就可以乘车前往，至西街下车，免去步行之苦。

1916年，楠木厅竣工，荣德生自拟名“诵豳堂”。这年又建揖蠡亭、留月村、凿洗心泉、架野桥，自金坛购得太湖奇石三峰及米襄阳拜石，立于天心台前，自山东购得“玉虹楼帖”等残碑300余方，砌于留月村壁间。这一年里荣德生还亲自物色到名贵梅花品种“骨里红”、“重台”等，自苏州购得大红枫一棵，并物色到了日本重瓣樱花，植于园内。后又建乐农别墅，建玻璃花房，

添泉石盆花等。

1922年以后梅园向浒山扩展，几年中陆续建成宗敬别墅、秋丹阁及太湖饭店，开山凿石建豁然洞，在浒山顶建敦厚堂、网球场及高尔夫球场。荣德生还把保兴面粉厂初办时用过的石磨安放在敦厚堂前，以提示后人不忘根本。在豁然洞旁建新校舍取名"经畬堂"，梅园读书处迁到此地正式命名为"豁然洞读书处"。

1930年，在浒山山腰建念劬塔，以纪念父亲和母亲石太夫人，后又由量如和尚募建开源寺。当时梅园实际建成81亩，有梅树3000多棵，是江南三大赏梅胜地之一。

1933年，荣德生在浒山东侧购地20余亩，捐资10万元建造开源寺，年底竣工。至此，荣氏兄弟以一己之力，基本完成了荣氏梅园的建设规模。之后因抗日战争爆发以及抗日战争胜利后国内战争局势动荡，荣德生又遭绑票，荣氏梅园再未有大的布局增设（图13-4）。

2. 造园思想

荣德生出生于一个江苏传统的农商家庭，到其父荣熙泰时常年在外谋生，主要靠母亲石氏维持家内事务。其母勤劳、善良，对幼年时期的荣德生产生了很大的影响，据国学大师唐文治的《荣母石恭人家传》记载："乱平归里，家产荡然，惟恃女红度日，其琐尾流离之苦，有非常人所能堪者。年十九，来归先生（荣熙泰），事堂上恪恭，克尽孝道。念戈夫人（石氏之母）茕独无依，迎之家，养之终身。乡人佥曰：'幸哉！有女如此，胜于有子矣。'先生自经兵燹后，家道中落，养鱼耕田以自给。恭人朝夕辟纑以佐之，灯火荧荧，每至夜分，凡所烹饪缝制之具，皆不取售于市，其勤俭之操，可谓难矣。"成年之后荣母对荣德生也有很大的影响，1906年，荣母在荣巷开设女校就是其中一例。荣德生后来在发展事业的同时不忘兴办公益事业，很大程度是受到了荣母的影响。

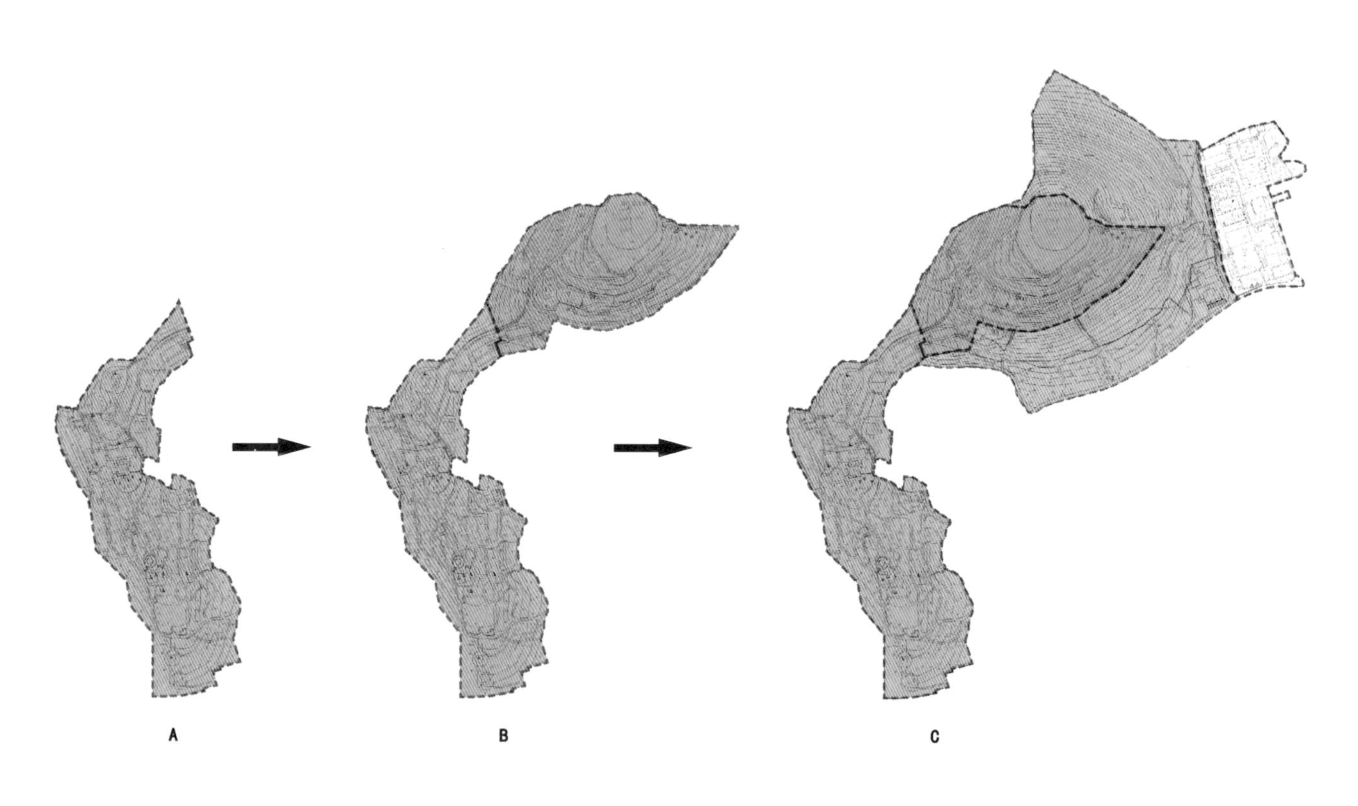

图13-4 梅园空间形态的历史演变

荣德生在致富后，并没有忘记荣母的教诲，在无锡兴办了一系列的公益事业，秉持事业有成之后帮持族人和亲戚的传统思想。《礼记·大学》云：“修身，齐家，治国，平天下。”梅园择址于荣巷的附近就是荣德生改善族人生活环境的很好体现，之后修建的开原路也使得荣巷和城市的连接更加便捷。在近代中国的时代背景下，荣德生看到国家受到西方列强的欺凌和中国人民麻木的现状，意识到仅仅是自己家族的兴盛不足以改善近代中国的现状，所以从家族的小视野上升到了整个无锡的大视野。1912 年荣德生以无锡商会代表的身份，参加第一次全国工商会议，大开眼界之后，回到无锡以“乐观子”的笔名写了《无锡之将来》，提出了无锡城市发展建设的 6 点设想，想要利用无锡优越的地理位置和工商基础，把苏锡常打成一片，建设一个雄踞宁沪线，人口数百万的“大无锡”。

梅园是荣德生公益事业的起点。梅园作为私家园林向公众开放是史无前例的，但这不过是荣德生“开发湖滨计划”的一部分。在这个时期，荣德生同时组建了“千桥会”修建家乡桥梁，布局开发太湖沿岸的风景区。他的想法是修建一条环湖公路直达蠡园，再造一座横跨五里湖的长桥，使得梅园、锦园、鼋头渚和蠡园连接起来，形成丰富多彩的环太湖景观带。梅园作为环太湖圈第一座近代风景园林，以服务社会为宗旨。该园在意境构思和造园布局上，继承中国造园艺术的优秀传统，发扬环境之长，做到了相地合宜，构园得体；又能开风气之先，在植物造园、植物造景上取得了令人瞩目的成就。

据《梅园史存》记载，1947 年荣德生重回梅园时说道：“前人不知利用风景园林，可以吸引游资，振兴商市。欧西如瑞士，即用此法，每年收入可观。”指出了风景旅游对发展社会经济的促进作用。1955 年，荣毅仁先生遵守父亲荣德生先生的遗愿，将梅园除乐农别墅外全部献给国家，体现了荣德生“开园圃空山”是为“与众人同游乐”的博大胸襟。

3. 园林布局

梅园前身是清初进士徐殿一小桃园旧址，位于荣巷的西首，枕山而卧（图 13–5）。东、北、西为群山所拥簇，南面临近风景秀丽的蠡湖，游览过梅园的郁达夫曾赞其选址之妙，“梅园之胜，在它的位置，……与太湖接而又离，离而又接……”。因受所处时代影响，梅园虽然继承了很多传统园林的设计元素，但是建筑的风格更倾向于中西交融。

梅园整体呈南北方向的带状布局。大门坐北朝南，依东山的山脊而建。东山是座南低北高的小山，因此进入园门后，园内景色就沿着山脊渐次向上展开。按照中国的传统文化，大门是园林中非常重要的一环，门的做法、朝向、位置是十分讲究的。门是园主生活情趣的表现。梅园的大门十分简朴，原为松木、毛竹的支架，因门前的马路拓宽，现已换成马头山墙式样。稍向内走就是一个爬满紫藤的花架，左侧是公益二校（现已不存），右侧是洗心泉。历阶而上，中间是一块紫褐色的黄石，高近 2 米，上刻“梅园”二字。荣德生曾提到：“‘梅园’二字，为余自书，‘洗心泉’亦同。”现在的题字是 1980 年根据照片重新描摹的（图 13–6）。刻石东侧的洗心泉，荣德生除书写泉名外，还有题跋：“物洗则洁，心洗则清，吾浚此泉，即以是名。”

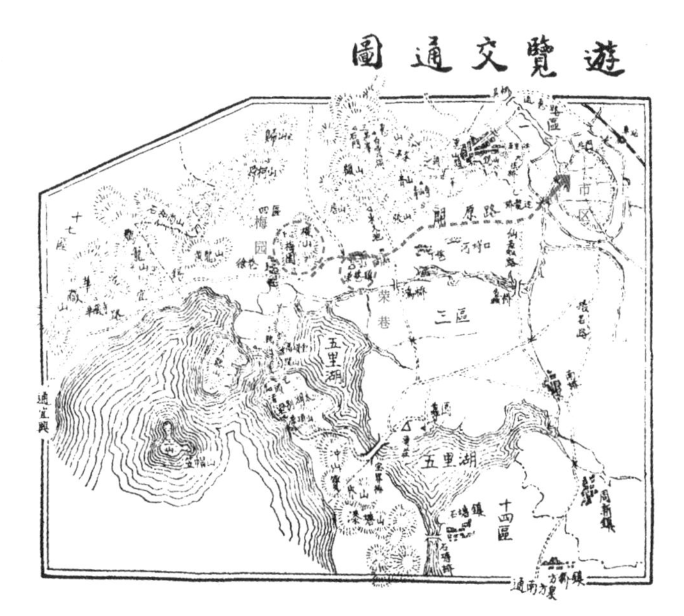

图 13–5 梅园、荣巷、市区位置关系图

前行路过草坪，有四方湖石树立在天心台前。皱瘦透漏，各尽姿态，南一北三，遥相呼应。孤峰独立的称“米襄阳拜石”，另外3座为“福”、“禄”、“寿”（图13-7），其中“福”石最大，荣德生又称其为“嘘云”，透过其中的口字形洞窍，可以望到念劬塔。“米襄阳拜石”是清初大学士金坛于敏中相国园中故物，1916年荣德生购得移至梅园，1931年民国邑报《新无锡》曾刊文介绍它的来历。石高3米多，据说石身有九九八十一孔，大可容拳，小仅纳指，是典型的水中湖石，古怪离奇，酷似米颠拱手作揖拜石模样。倘若在石下点上一炷清香，缕缕青烟会从八十一孔中冉冉升起，很是奇妙。“米襄阳拜石”在无锡留存的太湖名石中，堪称高古。关于这块石头的由来尚无定论，梅园《豁然洞读书处文存》收录胡有文的《铭天心台前立石》一文，依据诵豳堂西山坡留月村米襄阳的一方碑文，推断是“古宝晋斋之遗物”。

三星石后为黄石堆叠的天心台，为1915年所建，取“梅花点点皆天心”之意。1916年，又绕台凿溪，上架

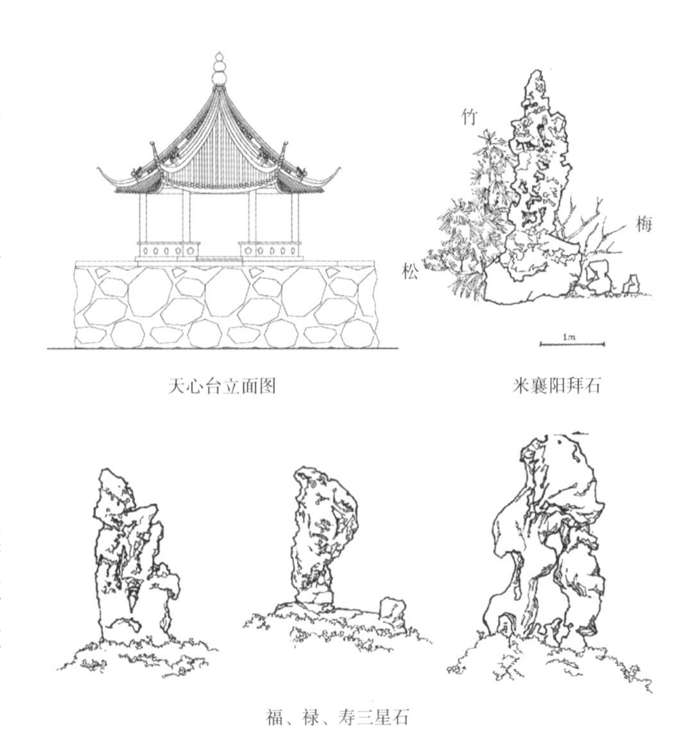

图13-7 天心台及前方立石

图13-6 梅园入口（摄影：陈超）

图 13-8 天心台六角亭（摄影：冯展）

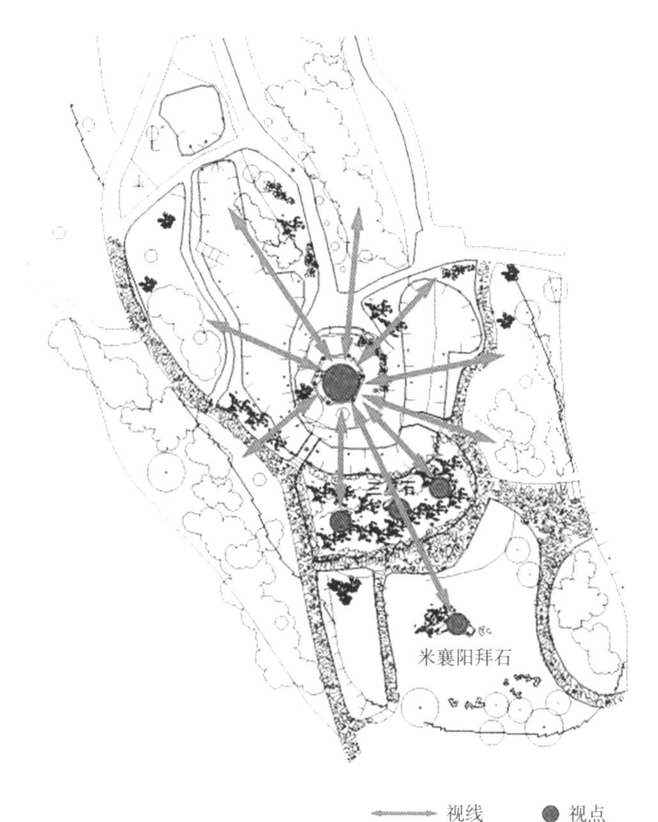

图 13-9 天心台局部平面图和视线分析图

小桥，寓意“骑驴过小桥，独叹梅花瘦”，因名“野桥”。台上有六角亭，亭内俯瞰梅林（图 13-8、图 13-9）。天心台旁有“湖蚀平台”的天然石景。西侧的水池壁上镌刻清代书家向万鑅的“冷处留踪”。天心台附近的主要植物有墨梅、宫粉梅、绿萼梅、朱砂梅、玉蝶梅等。

梅林西侧为八角揖蠡亭，1916 年依西园墙而筑，黑顶红柱，三面敞开，原可借蠡湖风光，故名揖蠡亭，从

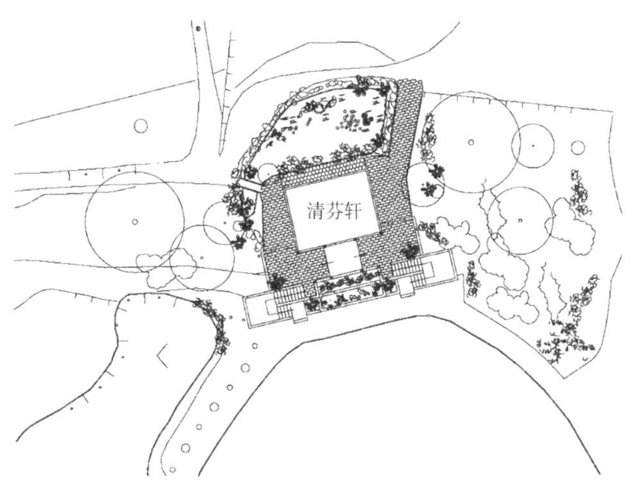

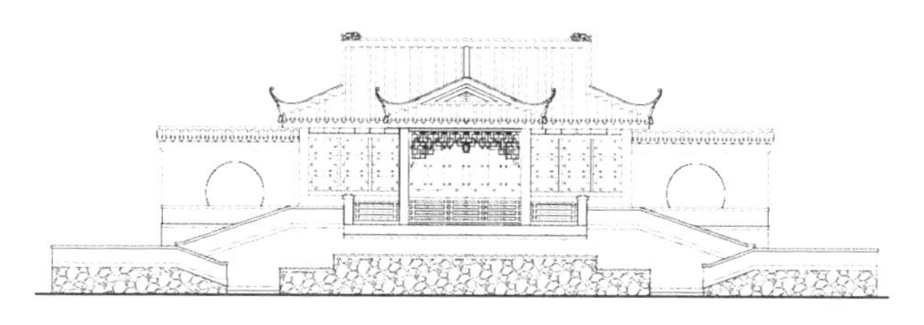

图 13-10 清芬轩局部平面图和清芬轩建筑立面图、照片

中可看出园主对商界鼻祖“陶朱公”范蠡的敬仰之情。梅林东侧莲池旁有三楹小轩，飞檐映池，池周叠石，上架曲桥，是夏日赏荷消暑佳处，名“荷轩”，后来梅园东扩，为使过渡自然，在轩后朝东南方向接出抱厦，两侧翼墙开月洞门，前置平台，以八字形台阶连通上下，更名为“清芬轩”（图 13-10）。

越过梅林是香海轩。香海轩建于 1914 年，采用中西结合的风格。在东南角岩基处有砚泉，因建屋时于涌水处得砚，背后有“文光射斗”四字，故名之。此砚疑为清初徐殿一小桃园故物。华艺三先生曾篆书泉名并题跋：“荣君德生于此间辟园林，为乡人游憩之所，浚泉得此砚，即以名之。”可惜该泉毁于“文革时期”，现为 1980 年

所浚。香海轩是梅园中赏梅最佳处之一，香海轩有三匾、二联、一碑。其中一匾为康有为所书“香海”匾额。当年荣德生建香雪海后，以五十金从他人手中觅得康有为“香雪海”手迹，制成匾额挂在香海轩内。1919年康有为来梅园游玩，发现“香雪海”三字是他人冒名伪造，于是挥笔重题“香海”二字，并即席赋诗一首：“**名园自合称香海，伪字如何冒老夫？为谢主人濡大笔，且留佳语证真吾。**”荣德生将其制成匾额重新悬于轩内。抗日战争时期康有为真迹制成的匾额下落不明，1979年康有为的学生萧娴女士受邀题写了“香海”二字。1991年，无锡园林部门在南京博物院找到了康有为“香海”的原书手迹、题诗和跋，于是依样复制过来，重新制匾，悬挂在轩内。康有为“香海”原书手迹如何会到南京博物院已不得而知，好在它终于被保存下来，成为梅园百年历史上的一段佳话。

诵豳堂在香海轩后，有连廊相通。因建筑的构件中有楠木，又名“楠木厅”。主体为本地胡埭镇西溪大厅上秦广生家的清早期建筑，迁建时向两侧接出三间厢房，于1916年完工。其所在位置，地形平坦，堂居中朝南；左有乐农别墅，右为留月村，前置香海轩，后设招鹤亭，众星托月，拱辅有力，得随势设景，堂皇焕然之妙（图13-11）。荣德生曾说：“**正厅名诵豳堂，取诗经中《国风·豳风·七月》章，余自拟也。乞李梅庵书匾。邑人孙寒崖有赠联云：‘七十二峰青未断，万八千株芳不孤’，为一时传诵。**”前庑正中悬匾“湖山第一”，为前清两广总督岑春煊所书。两侧廊柱所挂，一为集江南才子祝枝山的“**四面有山皆入画，一年无日不看花**”，另一联为1929年4月钱以振撰赠、唐肯手书的“**使有粟帛盈天下，常与湖山作主人**”。堂内中额，原由清道人李梅庵所书，毁于“文革”，现为吴作人1979年重书。

诵豳堂东北角，沿台阶向下，有一座三开间两进深的西式平房乐农别墅（图13-12、图13-13），建于1919年，前接抱厦，类雨棚，三面穹门，外墙由安庆烧制的古城墙砖垒砌而成，历经岁月的风雨，泛着历史的古朴与厚重。其内，前后厅的东西两侧，各有前后厢房，共计6间。主体建筑之后，隔开天井，另有3间小房，为厨房、

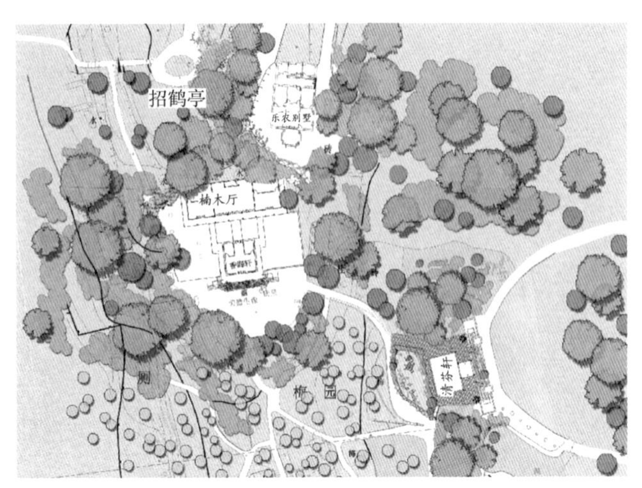

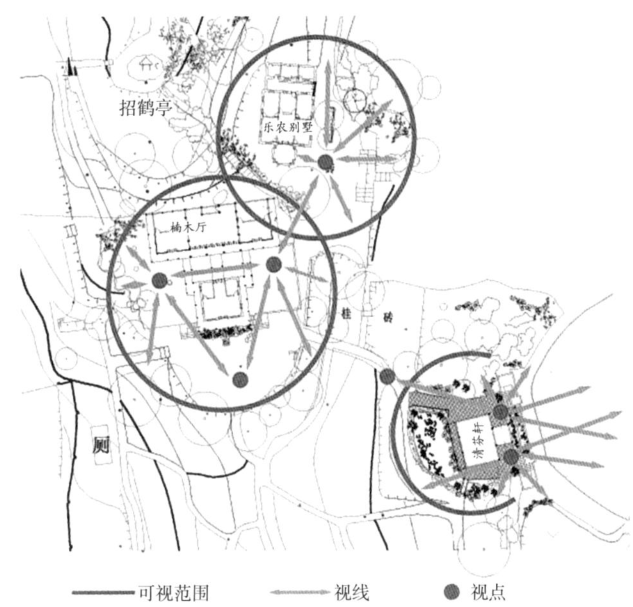

图13-11 香海轩、诵豳堂和乐农别墅局部平面图与视线分析图

茶寮之地。别墅前的石磨为荣德生创业时从法国购买的四部石磨，为警示后人不忘前人创业之辛苦，曾放置在豁然洞读书处，“文革中”被毁，后将残存的石磨拼为三盘放在乐农别墅前。值得注意的是，无论1924年出版的无锡近代第一本园林专刊《无锡杂志》“梅园号”、1932年版《杖乡导游录》、1933年版《梅园指南》，还有曾多次重版的《无锡指南》，都未将“乐农别墅”列为梅园景点作介绍。显然，在如此大的这个免费开放公园里，只有这里是荣氏家人生活起居的私密之地。

诵豳堂右侧，有石质平台和一个水塘，平台上有一栋老旧的建筑和一座旧轩，还留有从平台到水面的石质

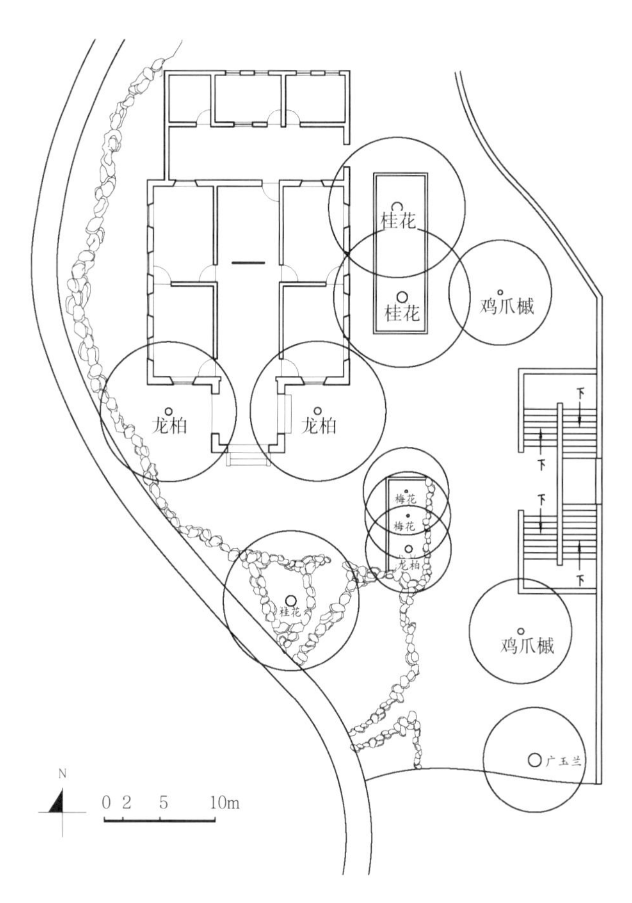

图 13-12 乐农别墅局部平面图（绘制：冯展）

台阶，应为留月村遗存。墙上还存有一部分碑文，应为当年荣德生所收集。

诵豳堂后，地形渐高，随势堆叠的石台之上有亭翼然，亭后巨石横卧，上刻“招鹤”二字。《梅园指南》记载：“**亭为八角形，建于民国四年（1915），岁次乙卯，周围石栏，中置石台，颇有古风，额为古华亭钱葆珍所题。登石眺望，四山苍翠，万顷波涛，尤足畅杯。**”（图 13-14）招鹤亭北行数十步，在地形南低北高、西陡东缓的东山海拔28米最高处，有巨石横卧。正面刻“小罗浮”三字，使人联想起广东罗浮山的万千梅树；背刻老梅一枝，旁刻“暗香疏影”，1917 年无锡画家吴观岱加墨。此地系老梅园东山游览线的收结，冠之以“小”字，既寓谦虚之意，同时又小中见大，正是中国造园艺术的精髓。1922 年，梅园扩充至浒山，该山东西走向，东高西低，北陡南缓，最高处海拔 45.6 米。荣德生曾言：“**全山开辟，将山顶削平，眼界又放一层，小罗浮已觉小矣。**”正因其小，故能以简笔起到承前启后的作用，由此铺垫烘托出全园的点睛之笔——念劬塔。

念劬塔建于1930年，位于浒山半山腰，神形皆美，“**高标突出于嵌岩之上**”，是兼有纪念和标志双重功能的高妙建筑（图 13-15）。塔前及浒山南麓，各有一大片梅林。据钱振煌所撰《塔记》记载：“**榜曰念劬，则荣氏兄弟**

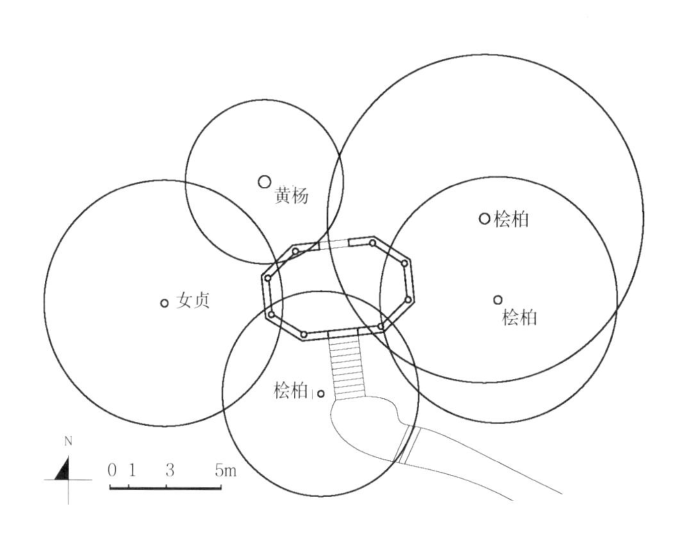

图 13-14 招鹤亭局部平面图（绘制：冯展）

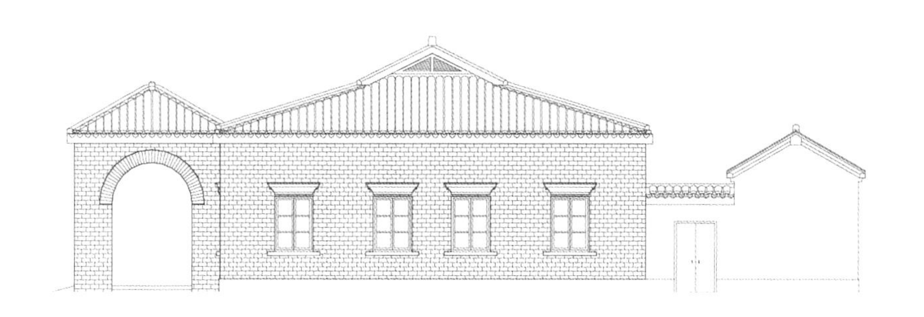
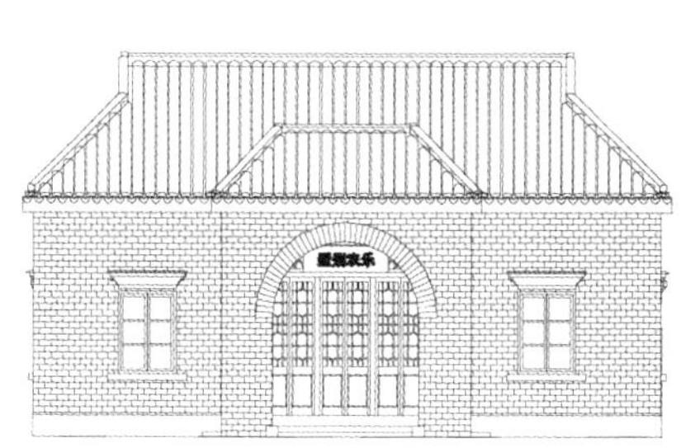

图 13-13 乐农别墅正立面图和侧立面图

图 13-15 念劬塔（摄影：陈超）

宗锦、宗铨思其父母之所筑也。”塔名据《诗经·小雅》“哀哀父母，生我劬劳”，有感激父母辛劳之意；而建塔之年，适逢荣氏兄弟的母亲石太夫人八十冥庆。该塔与乐农别墅一样，以城墙砖砌筑塔身，高 18 米，八角三层，飞檐攒尖，体量适度，高矮宜人，于古雅中透出清新，雄浑中显出秀美。人在园中看塔，“指挥云树规全局，研炼香海入壮图”；而人在塔中看园，“四面有山皆入画，一年无日不看花”，独具俯瞰梅花香雪、远眺湖山览胜的泱泱气度，不禁心潮逐浪，襟怀开阔。念劬塔旁有龟池，池畔有半亭。亭内嵌署名“回山人”的“以善济世”古碑，书于 1932 年。

念劬塔旁是为荣宗敬五十周岁所建的宗敬别墅，1923 年荣德生《纪事》云：“别墅亦完工。时有名流高人来园借住，如汪、岑、马皆是，哈同亦乐住甚久。”该别墅在浒山南坡，倚山向阳，削坡筑台，台基砌石墙，甚高，以八字形台阶连通上下。屋三间，砖木结构，室前有廊，东侧为一砖砌圆筒体装饰物，上覆铁皮半球，均为欧陆古罗马风格（图 13-16）。

在梅园宗敬别墅西南，有一排依山而建的二层楼房，是 1926 年建成开业的太湖饭店，即现在梅园管理处办公室所在地。与荣德生合开这家饭店的老板，是无锡火车站新世界旅馆的经理张德卿，当时总投资为 3000 元，双方各出一半。太湖饭店有客房 20 余间，一律按照上海新惠中旅社特等房间样式布置，兼营中西菜点，并配备了会议室、阅报室、运动场、弹子间、浴室等场所，与新世界旅馆一样，集活动、娱乐、休闲于一体。饭店还备有小汽车 4 辆，往来于开原路，规定每辆车载客 5 人，单程收费 5 角，来回 8 角。因此，太湖饭店也成为民国时期许多政府要人与社会名流的住宿与疗养地，如蔡元培、梅兰芳、胡蝶都曾在此小住。荣德生借助张德卿对旅馆专业的管理和运营经验，可谓考虑周详，成功地将太湖饭店打造成为当时无锡条件最好的旅馆。

在宗敬别墅东侧是豁然洞读书处。1927 年秋，荣德生先生于梅园留月村创办读书处，聘钱孙卿先生为主任，

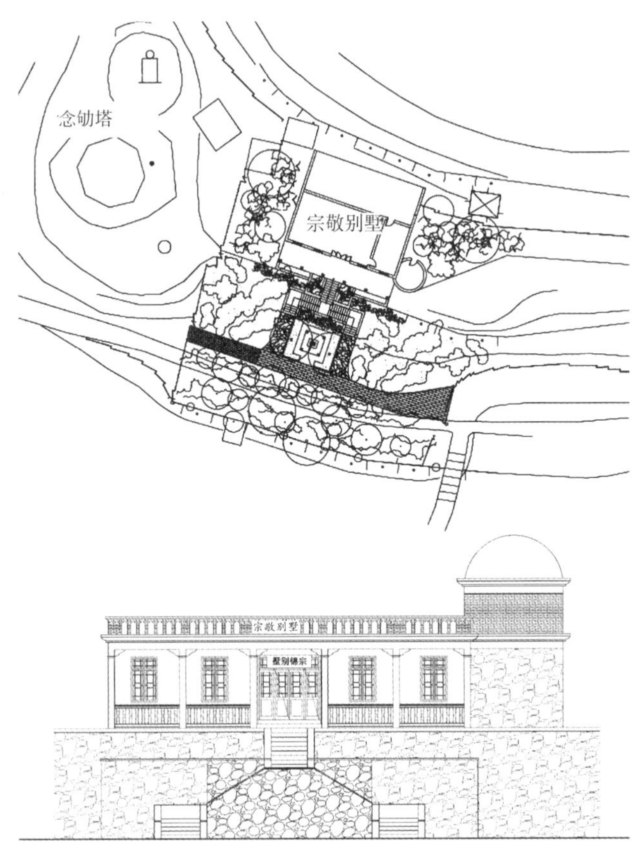

图 13-16 宗敬别墅区域平面图和宗敬别墅建筑立面图

当年招生20余名，食宿均在园中。因逐年招生，校舍不够用，1929年在豁然洞旁建新校舍。正厅三间，前有廊轩接东、西厢房，故名“豁然洞读书处”，又名“经畬堂”（图13-17），正厅悬“心正意诚”匾。“经”指社会人生的大道理，“畬”指农民辛勤耕耘土地，综合其意为读书要以经为田，日日耕种，获得丰收。堂之东厢为墨苑，西厢为图书馆。经畬堂基部东角有豁然洞，为造园时开山采石所成，后因地制宜加以修筑，始成洞景（图13-18）。洞厅甚宽敞，顶部为透空亭式建筑，以备通风、采光之用，洞内有石几、石凳及崖壁、小潭等，供游人小憩。该洞有三条隧洞通外，其中有“豁然”题匾的为主入口，西口通经畬堂，上口通浒山顶。当年削平浒山之顶，辟之为网球场，又称“高尔夫球场”；球场之北，有坐北朝南的健身房敦厚堂（后毁，已重建）。此处视野开阔，山风习习，不失为观景佳处。

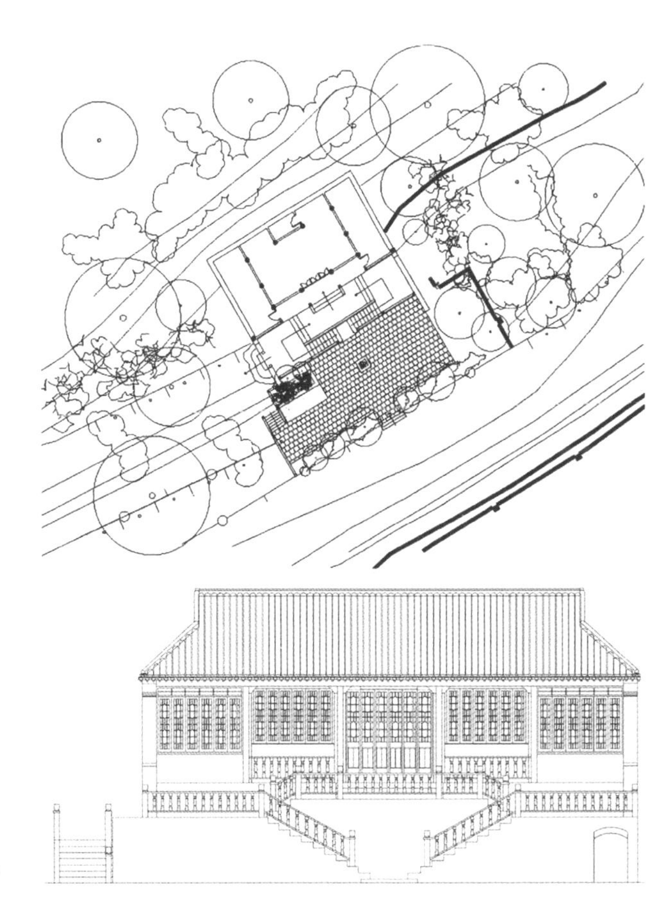

图13-17 经畬堂局部平面图和经畬堂建筑立面图

4. 造园意匠

荣氏梅园有着深厚典雅的传统文化精神，采用了朴素简洁的造景手法，虽设围墙，但任人游赏，发挥出公共园林的作用。梅园以崇高的造园理想和巨大的社会价值，成为无锡实业家广造开放式私家园林，推动环太湖风景区建设的旗帜。梅园兴造时期较为特殊，正是中国园林从古典向现代的转型阶段，也是中国历史上多灾多难的时期。荣德生情高志远、以梅为师，毕生以实业兼济天下，他建造的梅园以中西交融、继古开今的审美风格，成为特殊园林艺术与民族历史中的典范案例。

荣德生先生曾书：“意诚言必中，心正思无邪。”对联不仅概括了其原则，也透射出朴素自然的园林审美趣味。园林以梅花的人文品格为主题，将传统文化精神与现代造园手法相融合。在传统文化语境中，梅花被赋予了傲岸耿介的精神品格。时人钱振煌《梅园记》说：“凡园之植，四时之草，异域之花，无不具备……而山人独以梅名其园，岂非以鼎一阳之复，见天地之心，为群芳之先觉乎！”园中多处文字都点明了这一主题，如香海轩匾额“一生低首拜梅花”，抱柱联“万花敢向雪中出，一树独先天下春”。可见，虽然主人“无暇文学”，“读

图13-18 豁然洞（摄影：冯展）

书无多”，园林却继承了传统文人园的风雅。在国难当头之际，梅园高古的传统主题既可自我勉励，也是激励国人奋发有为的精神符号。

在造景艺术上，荣氏梅园摒弃了传统文人私家园林在封闭空间内精心营构典雅小景的范式，改用率真自然、大开大合的手法，迈出中国古典私家园林向现代风景园林转型的第一步（图 13-19）。

荣氏梅园在营造之初就不以自娱独乐为目的，以虽设围墙、不收游资、四季开放、公共享用为原则。梅园主厅诵豳堂的抱柱联“为天地布芳馨，栽梅花万树；与众人同游乐，开园囿空山”，说的正是此意。时人也常把梅园视作公园，并认为其风景较国外著名公园更胜。当时报刊《新无锡》(1916 年 1 月 11 日) 载：“记者昔年曾游日本各公园，似都未能有此 (梅园) 大开大合者。”

为丰富园景，园主还多次在赏梅时节之外举办花卉展。《新无锡》(1918 年 11 月 5 日) 载：“搜集佳种在园开菊花会，以供游人赏玩，诚所谓雅人逸趣也。闻所集名花有四千余盆，计二百数十种。”此后数年，梅园菊花会成为常例。

关于无锡与苏州园林建筑之间的差别，陈从周先生认为是“经济基础不同所致”，“苏州乃地主与退休官僚寓居之地，其住宅园林皆属封闭性……求一己之享受，不欲外人知之也。无锡则富商为多……至于建筑内部，则迎客接宾之所，尤为着眼所在”。同时，陈从周先生还以苏州园林建筑为正宗，对无锡“资本主义”富商“不欲以大量资金投于不动产”，评价无锡近代园林建筑平实简朴、无可足述。其实，质朴简洁、适用为上，正是梅园建筑设计的基本原则。

梅园西南部建筑以诵豳堂为核心（图 13-20）。整组建筑单层、单檐，脊线无装饰，四角不发戗，古朴典雅、简洁稳重，与近旁的刻石、峰石、洗心泉、天心台、揖蠡亭、清芬轩、招鹤亭等，同为传统风格的园林构筑。诵豳堂前的香海轩（图 13-21）和东侧的乐农别墅，则是木构梁架、砖石墙体、中式屋顶、穹门拱窗，属于晚近时期典型的中西交融样式。

园林东北部一带建筑布局相对分散，建筑风格也融

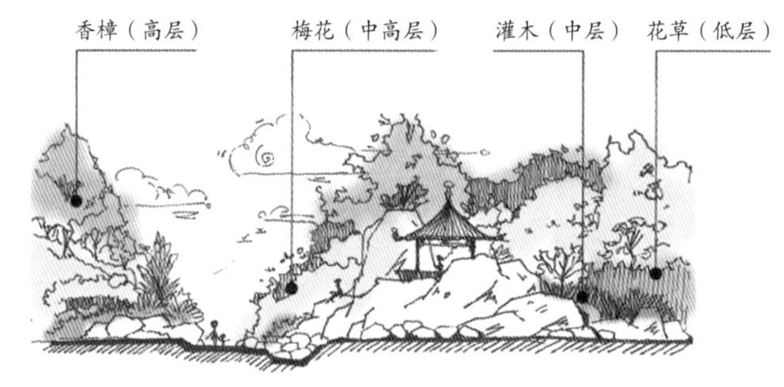

A 地植被垂直分布图

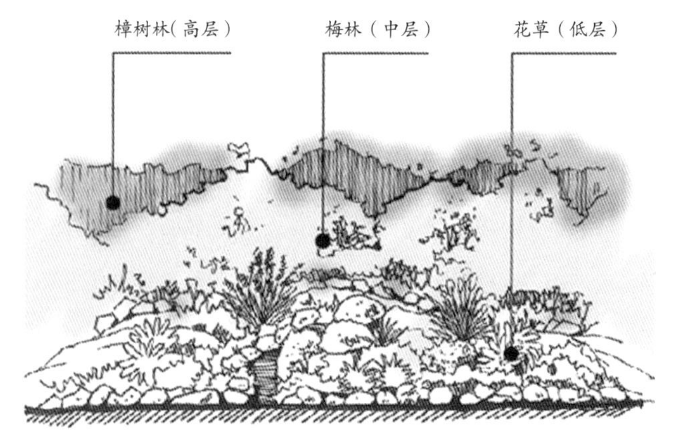

B 地植被垂直分布图

图 13-19 梅园植被分布图和 A、B 两地植被垂直分布图

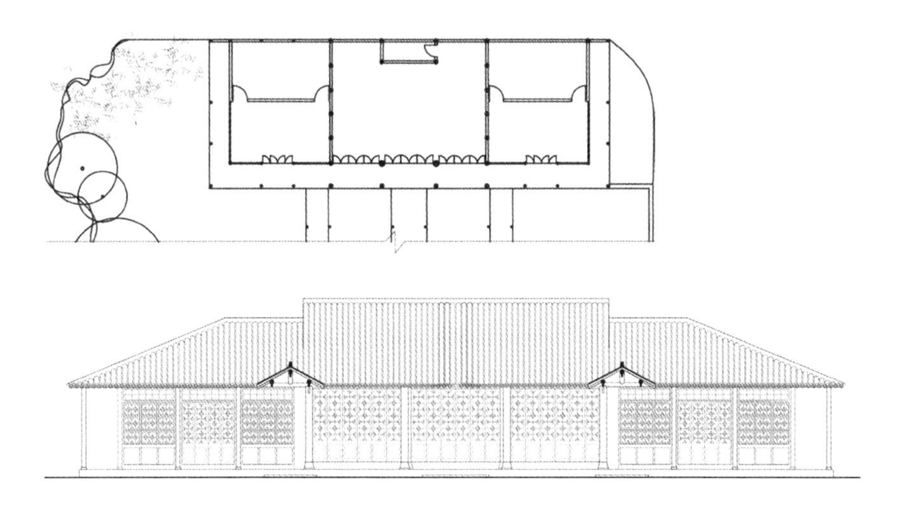

图 13-20 诵豳堂局部平面图和诵豳堂建筑立面图

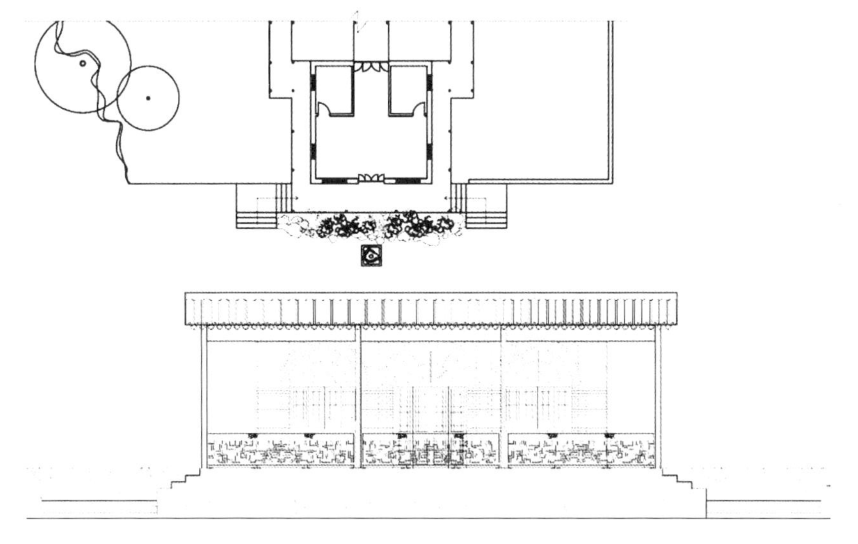

图 13-21 香海轩局部平面图和香海轩建筑立面图

合了中西古今。其中，经畬堂和宗敬别墅都依山势设计了南欧台地园林建筑的对称式台阶，经畬堂为传统中式，宗敬别墅则为现代砖混平屋，左侧披屋还采用了圆柱穹顶的罗马建筑风格；敦厚堂是青砖黛瓦、中式屋顶，轩廊却是西式的砖筑拱门；念劬塔 3 层 18 米，将现代砖混结构与传统中式风格相融合。这些建筑掩映于万树梅花之间，布置分散，且都有尺度合宜、适用质朴的特征，与园林造景的整体氛围和谐一致，因此，尽管杂糅共存于一园之内，却没有因风格差异造成视觉审美上的冲突，这是十分难得的。

5. 园居生活

自 1912 年始，前后历经 20 余年的精心构建，梅园已与苏州邓尉、杭州超山成为江南三大赏梅胜地，也成为无锡荣家和本邑士绅接待贵宾、社会名流的重要会客厅。

无锡城中薛南溟、杨翰西、钱孙卿、蒋仲还、蒋哲卿皆是梅园的常客。此外还有多位民国政要、社会名流曾先后造访梅园，如 1919 年康有为，1921 年苏社成员韩紫石、张孝若、欧阳予倩等 160 余人，1922 年前清两广总督岑春煊，1927 年蒋介石、李济深、阎锡山、何应钦、孔祥熙、王正廷、谭延闿，1928 年胡适全家、郁达夫，1932 年蔡元培，1933 年京剧大师梅兰芳、电影皇后胡蝶，1936 年钮永建、吴稚晖、叶楚伧，1948 年李宗仁、郭德洁夫妇等。蒋介石首游梅园是在 1922 年，彼时他尚未成名，在日记写道：“顺道访梅园，结构天成，涉游泉山，揽起云楼之风景，辄为临怡。”

梅园念劬塔旁还建有一个高尔夫球场。在那个时代，高尔夫运动属于一种时尚运动。荣德生六十岁大寿时，戏台就设在这个高尔夫球场，杜月笙还曾客串登场，唱上一曲。

梅园自1912年创建到1955年赠献给政府，整整43年间，没有收过游园者一分钱的门票，也从不随意闭门拒游客于外。附近村庄的贫苦百姓，时常来园内摆个小摊，卖些点心、鸡蛋、茶水之类，赚些小钱。虽有碍观瞻，但荣德生认为，他们因此能赚些钱贴补家用总是好的。由此可见荣氏兄弟襟怀之广阔。唯有一次例外，那就是1932年9月荣宗敬夫妇六十双寿之际，此时也是梅园的顶峰时期。那次，荣家在荣巷家宅、梅园、小箕山锦园普设寿堂，寿典规模宏大，军、政、商、学各界头面人物悉数到场，名流云集，如火柴大王刘鸿生、中国银行经理张公权、中央研究院院长蔡元培、“海上闻人”杜月笙、电影演员阮玲玉和王人美等。恐怕在沪宁、苏杭一带，民国时期任何一位名人的寿诞都无法与之相比。寿典从9月1日至3日，事前便发布公告，这三天内梅园不接待游客，但公告有等于无，众多市民和乡亲仍在这几天赶往梅园一睹盛况。

如此多的重要人物到场，寿筵自然也是高规格的，中西餐兼备。菜品皆由崇安寺名店迎宾楼大厨承包制作，标准为中菜四盆八大碗，每席12元，西餐每客2元。原定开席二三百桌，但因来客太多，实际开席达五六百桌。其中真正贺客不及一半，其他都是平民百姓，趁着到梅园凑热闹坐饱口福，但荣家并未就此板起面孔，而是一视同仁，热情待之，传为锡城佳话。事后算账，“寿事共费五万零四百元”，而各界的贺礼在经由上海行家评估之后，约值十万元，由荣家划出现款捐作善款。

相形之下，两年后荣德生的六十寿辰则低调节俭了许多，只在荣巷家宅办了几十桌寿宴。事后他将寿礼折款6万元，补足10万元，建造了那座无人不知的宝界桥。这些无一不体现出荣德生兄弟的开阔胸襟，为百姓造福的思想。

荣氏梅园是无锡近代园林非常重要的代表，是无锡园林从传统私园到现代公园的承前启后之作。园内有

图 13-22 从诵豳堂远眺念劬塔

香雪海、诵豳堂、招鹤亭、小罗浮等景点，都是取自中国传统文化，园林的整体营造方式也传承自传统园林的造园手法，但香雪海、乐农别墅、宗敬别墅等的建筑风格都已经受到西方文化的影响而发生局部样式的改变（图13-22）。

荣德生建造梅园并非因为有很多闲置资金。因为建园前不久荣宗敬刚在橡胶股票风波中蒙受了重大损失；荣德生担任总经理的振新纱厂也因大股东荣瑞馨在橡胶股票风波中栽了大跟头，资金告罄，三百担棉花的栈单压在恒生银行取不出来，工厂面临倒闭。荣德生费了九牛二虎之力，从恒生取回栈单，才使工厂勉强开工得以维持下来。商海跋涉，正是一步一险滩，步步如过鬼门关！在这样的时刻荣德生决定在无锡西部买地建梅园，这个决定是意味深长的。

在那个风雨如磐，封建保守势力甚嚣尘上的年代，荣氏兄弟以什么来树立起自己的社会形象？当年，荣德生站在东山、浒山的山梁上，在这里种上喜爱的梅花，再建上亭台楼阁，营建一座永久不衰的风景园林。这比

起苏州的私家园林，具有一番更宏大的气派，而这正是荣德生所要追求的。荣德生在个人的衣食住行方面厉行节俭，可他在开拓创业方面，往往都是大手笔。荣氏梅园作为家族意志的一种载体，不仅见证中国民族资产阶级颇具中国特色的儒商风范，同时把他们创百年大业的意志情怀、品格风貌，形象化、艺术化地浓缩在这一方山水的花草树木、亭台楼阁之中。

荣氏梅园反映了传统文化在近代的延续，丰富了无锡近代园林的类型和内涵。同时，梅园所在的东山和浒山是环太湖景观带的起点，是荣德生“开发湖滨计划”的重要组成部分。荣氏梅园的研究，对无锡近代园林的保护和发展具有重要意义。

二、荣氏锦园

红白荷花，续梅园胜景；烟波浩渺，为消夏佳所。

锦园位于无锡西郊小箕山，为著名实业家荣宗敬民国 18 年（1929 年）庆祝六十寿辰时所建的私人别墅，因荣宗敬先生又名宗锦，故取名“锦园”。锦园是无锡近代实业思潮下的产物，也是无锡工商业家族所兴建园林的代表之一（图 13-23）。

图 13-23 锦园远眺（摄影：王俊）

1. 历史沿革

荣宗敬（1873 ~ 1938 年），名宗锦，字宗敬，江苏省无锡荣巷人，荣德生之兄，中国近代著名的民族资本家（图 13-24）。早年经营过钱庄业，从 1900 年起，与荣德生等人先后在无锡、上海、汉口、济南等地创办保兴（茂新）面粉厂、福新面粉公司（一、二、三厂），申新纺织厂（一至九厂），被誉为中国的面粉大王、棉纱大王（表 13-1）。

1929 年，为庆祝荣宗敬六十寿辰，决定在太湖之滨建造一座私家墅园，1930 年建成。锦园原址是一片芦苇滩，四面临水，荣宗敬购下后出资建园，节假日作为荣家企业中高级职员疗养休假的场所，平时园林也向游人开放。而实际上，锦园的建造是由荣德生代其兄主持完成的。荣德生《乐农自订行年纪事》记述：“1929 年，兄有扩地造园之意，曾在后湾买地。余以为小箕山为佳，托朱毓麟买荡田 250 亩，由朱梅春建筑之。1930 年小箕山连年建筑，余代计划，款由茂新兄名下出之，至完工，共用去 11 万元。有荷花池四只，花厅一座，洋房一宅，嘉莲阁一座，平台几处，环湖马路由荡田中筑出，建二座桥通之，工程非易。头门一带颇壮观，有渡船南通鼋头渚。”

图 13-24 荣宗敬像

1937 年抗日战争爆发，荣宗敬自上海避居香港，次年 2 月 10 日病逝。此后锦园接待了众多要人。

1937 年，锦园作为第三战区冯玉祥总司令的办公地点。邓贤撰《落日》中描写的淞沪大战提到：“八月中旬，第三战区总司令冯玉祥将军率领部分幕僚随员离开南京到无锡上任。无锡为江南名城，距上海前线百余公里之遥。无锡城郊有座锦园，为无锡园林名胜，第三战区司令部就设在这座风景秀丽的锦园内。”

1946 年 10 月和 1948 年春，蒋介石夫妇先后两次造访锦园。蒋介石曾四次来无锡，其中有两次游览锦园。

中华人民共和国成立后，荣家把这座花园捐献给了国家，后改建成锦园宾馆。锦园宾馆与太湖饭店主楼配套，成为无锡市接待国宾的主要场所。60 多位外国元首政要及我国党和国家领导人均在此留下足迹。毛泽东曾多次来无锡，两次下榻在锦园。此外还有朱德总司令、周恩来总理、贺龙元帅、叶剑英元帅等。其中，1962 年 12 月 22 日和 1964 年 1 月 9 日，酷爱兰花的朱德总司令两次在小箕山接见无锡兰花名家沈渊如，交流我国兰花品种和祖国兰艺史话，并互赠兰花。

荣宗敬生平主要实业事迹　　表 13-1

年份	主要实业事迹
1887	上海源豫钱庄习业
1896	在其父与人合资开设的上海广生钱庄任经理
1900	与其弟荣德生等人集股在无锡合办保兴面粉厂，后改名茂新一厂，任批发经理
1905	与其弟荣德生及族人荣瑞馨等集股在无锡创办振新纱厂
1909	任振新纱厂董事长
1912	与其弟及无锡籍上海商人与王禹卿等人集股在沪创办福新面粉厂，荣宗敬任总经理
1915	与其弟荣德生退出振新纱厂，在沪招股创建申新纱厂，荣宗敬任总经理
1917 年后	与其弟荣德生又先后在上海、无锡、汉口创设申新二至九厂。并在沪设立茂新、福新、申新总公司，任总经理

2. 造园思想

荣氏兄弟主张“民主共和”，毕生都在以“实业救国”为宗旨，事业有成后建造锦园旨为造福桑梓（图 13-25）。

图 13-25 荷花轩（摄影：王俊）

近代的无锡，由于民族工商业的快速发展，迅速脱离了封建时代旧县城的模式，发展成为中国一大工业重镇，有“小上海”之称。此时的无锡涌现出了一批民族资本家，他们学习西方先进文化，通过发展实业积累大量财富和资本。荣氏家族便是这批民族资本家的代表之一，在中国近代民族实业发展中占有举足轻重的地位。至 1931 年，荣氏兄弟共拥有面粉厂 12 家，纱厂 9 家，约占全国民族资本面粉总产量的 1/3，纱布总产量的 1/5。荣氏兄弟还致力于家乡教育、公益事业，先后在无锡创办了公益小学、竞化女子小学、公益工商中学（后改为公益中学）、大公图书馆，还集资在无锡和常州共建造大小桥梁 88 座。可见，以荣氏家族为代表的无锡近代民族工商业的发展为近代无锡的城市建设奠定了物质基础。

图 13-26 尚未建造锦园的小箕山

20 世纪 20 年代，荣德生提出“开发湖滨计划”。几年来，他一直在谋划家乡建设，倡议开辟环湖路，布局开发太湖风景区。其构想是修筑一条环湖公路直达蠡园，再造一座横越五里湖的长桥，使湖之北的梅园、锦园、蠡园与湖之南的鼋头渚相连，形成环湖风景区（图 13-26）。1929 年，借哥嫂六十寿辰庆典，代兄经营锦园，即“小箕山建筑乐山园计划”。1930 年《锡报 · 地方要闻》报道：“小箕山辟成园林后，依缪丕成氏之主张，即定名为小箕山公园。荣君昆仲认为以地名园，不如另定名称为佳。故最近已确定该地定名为小箕山乐山花园。其第一步整理计划，除上述之筑厅堂荷亭等以外，对于湖堤，亦拟切实布置。大致拟于堤之两岸，遍植柳树，堤之中央，植杆装置直线式一行之电灯，俾游人于盛夏晴夜，沿堤于树荫或电灯下，徐徐散步，饱览湖中美景，呼吸清新空气。此外于小箕山之四周，更拟建筑四桥，二桥联缀于湖堤之中，定名长治、久安，均已与湖堤同时完工。俾往来船只，不致因湖堤障碍交通，同时亦可藉以点缀风景。另二桥定名襟带及礼让，建筑于山之西南，现正计划动工云。”

1912 年，荣德生在无锡西郊东山之上建梅园，荣宗敬建造锦园很大程度上是受到荣德生建造梅园的影响。荣宗敬锦园同样是免费对大众开放，荣宗敬的第四代子孙在国外长大，“让他们吃惊的是，私家花园竟然免费向社会开放。这在西方国家是绝对办不到的。西方的富人也有花园，有大片的森林和草地，但都挂着牌子，表明这是私人领域，未经允许，不得入内。如强行闯入或误人其内，主人可以报警，甚至于可开枪，警察可以逮捕你，法院可判你刑。西方社会对个人和私宅的隐私权看得很重。所以，祖先荣宗敬、荣德生能将私人园子像公共景观那样供任何人出入游览，在他们看来，真的是太开明太了不起了。”荣氏梅园、锦园等私家园林的半开放性无疑是无锡近代园林发展的一个重要转折点。

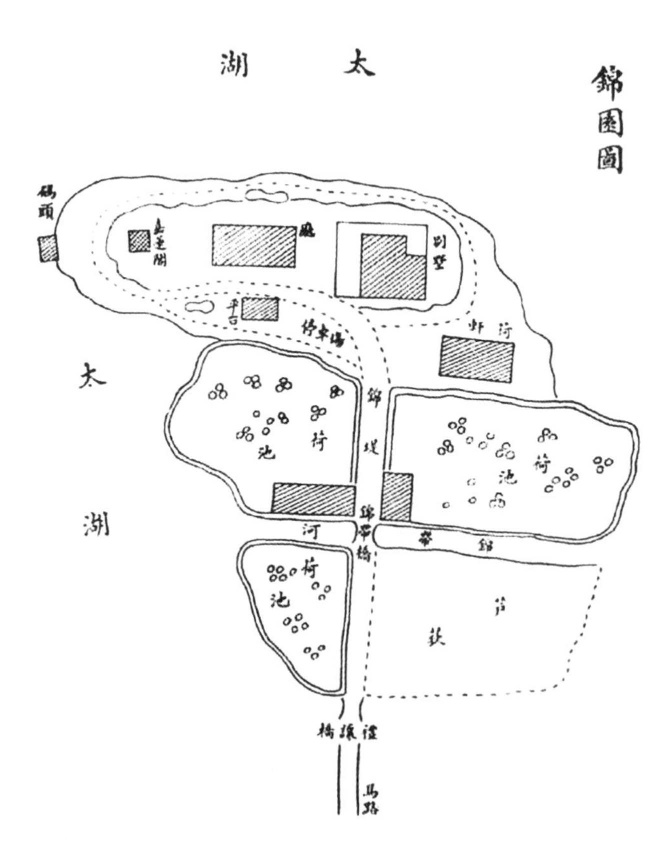

图 13-27 民国时期锦园平面图

3. 园林布局

锦园位于无锡西郊小箕山，初建时是座由北侧深入太湖的三面环水的半岛，西侧为面积约 1 平方公里的大箕山，高约 30 米，东有位于管社山南坡的杨翰西等捐建的万顷堂，东南与鼋头渚风景区隔湖相望，园北距梅园两公里左右。

锦园所在的小箕山建园前是个孤岛，周围遍生芦苇，1929 年始建时面积为 107.9 亩，位于园北侧的锦园路上建有长治、久安两座桥，锦园路至小箕山有石砌驳岸，名“锦堤”，堤上依次建有礼让、锦带二桥，堤两侧有荷花池四只，共 101.5 亩。《锡报 · 地方要闻》报道：“延至今春，湖堤大部告成，并于堤之两岸，加填泥土，辟为荷塘，遍植红白荷，延至夏间，堤工全部告成。宽约二丈，长达五六里，与湖滨联接，更由湖滨辟筑车路，通至梅园，工程之巨为其他已成湖滨胜迹所未有。”可见 20 世纪 30 年代的小箕山是通过长堤与湖滨连接，整个园呈“田”字形。至 20 世纪 80 年代，锦园部分荷池消失，基本格局仍然保留（图 13-27、图 13-28）。

建筑除西南侧部分别墅毁坏，其他保留完整。荷池

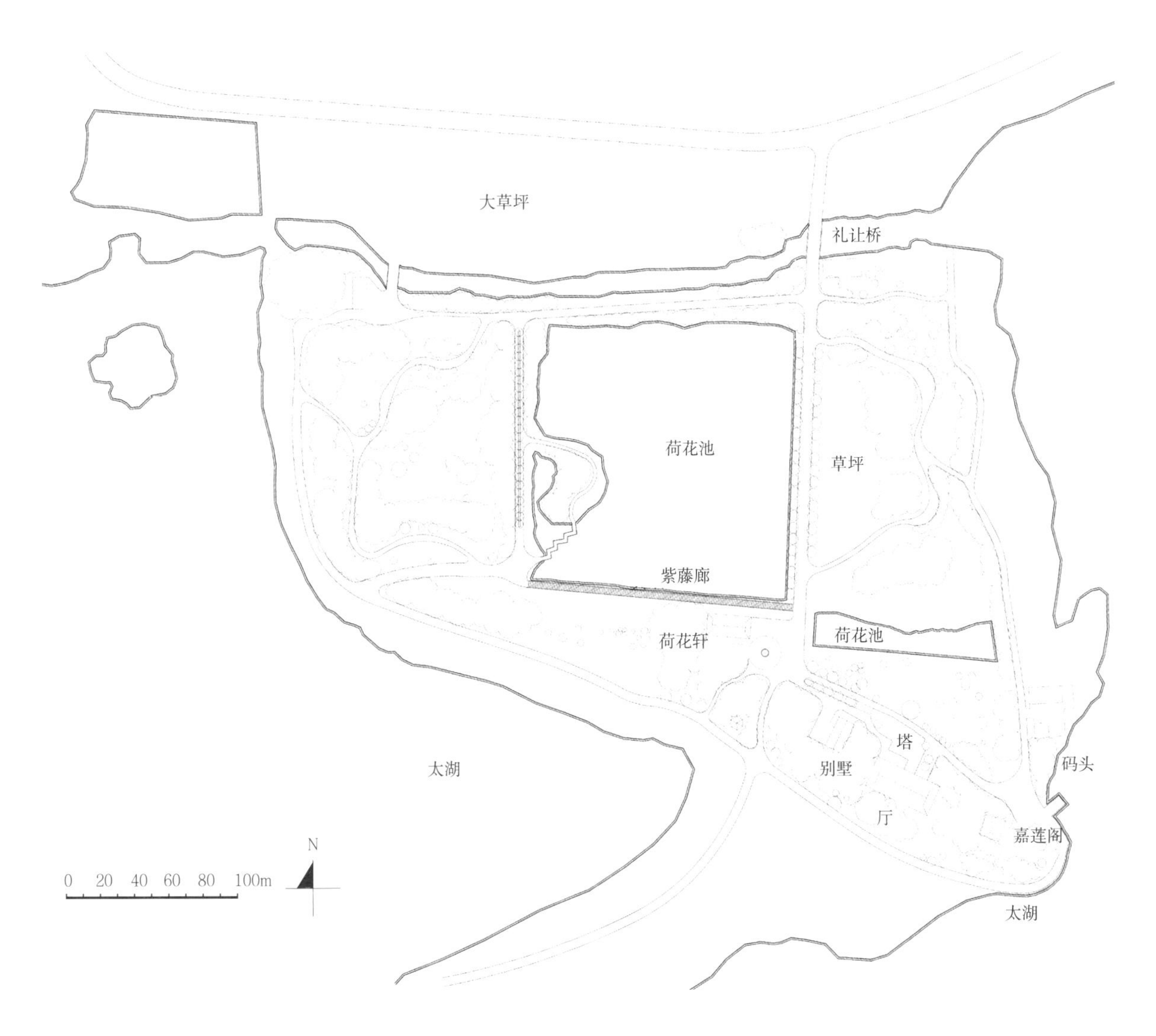

图 13-28 现今锦园平面图（绘制：张淮南）

西南，有轩五间，名“荷轩”，垂花门额署“光波云影，竹静荷香”八字，用楠木构建，屋顶为琉璃瓦，式样仿照梅园的诵豳堂，但空间要轩敞许多，供夏日游客临池品茗（图 13-29）。轩南建有望湖亭，位置绝佳，亭内可观太湖景胜。小箕山顶“复有别墅，位于锦堤尽头处，为园主人经营之别墅，建筑尽仿西班牙式。室内空气清爽，布置井然，建筑之细巧玲珑，别具一格。临窗闲眺，湖中胜概，一望无余。天际帆樯，往来如织，载沉载浮，出没如沙鸥。较西子湖边，实雄壮万倍也”。云帆楼和明漪楼便是其中的两幢建筑。别墅东侧天远楼为楠木

图 13-29 荷轩近景（摄影：张淮南）

厅翻造的二层重檐老洋房，“厅屋凡七楹。适踞小箕山中心。式样亦仿诵豳堂。而轩敞古雅则过之”，1986年宋任穷题额。别墅一侧为10米宽的方形平台，为园主人夏日登台休憩之用，但一直未为该平台命名。园东南角是中西交融式相结合的嘉莲阁，古雅精致，为园内标志性建筑，额为刘大同所题，苍古适如其阁（图13-30）。阁三面临水，东南角为滨湖码头，从锦园“有渡船，南通鼋头渚，杨翰西筑园（横云山庄）其上，规模宏大，亭台楼阁，应有尽有”。

现在的锦园也是观赏太湖风景的最佳之地，东南边是鼋头渚，西边是大箕山（现为华东疗养院所在地），南边则是太湖三岛，园林面向开阔湖面，风景视野良好。从园内的水埠坐汽船可以直接去游中犊山和鼋头渚。园北原来的锦园路已不复存在，新建的锦园路起于华东疗养院门前，向东北沿太湖到听涛园，沿山脚折向西北到渔港路，全长1.78公里，为城市支路。锦园路的北面是无锡锦园高尔夫球场，北面紧邻太湖饭店。锦园已是无锡环湖景观线路[梅园—锦园—管社山庄（万顷堂）—中犊山—鼋头渚—蠡园]重要的组成部分。荷花池只剩下西边的一整块和东边南端狭长的一小方。路东侧的荷花池填土而成大草坪。荷轩的西侧，曾有诸多名人入住的几栋红色欧式别墅，现仅存栽种的树木。虽然锦园现在的荷花池大面积减少，但是每逢盛夏，依然清香四溢，美不胜收，“锦园风荷”更是无锡的著名景点之一（图13-31）。

图13-30 嘉莲阁（摄影：高凡）

图13-31 荷池现状（摄影：张淮南）

4. 造园意匠

（1）自然山水

太湖优越的自然山水环境为锦园提供了良好的建园条件，但随着时代的发展，锦园周围的山水格局逐渐发生了变化，大致可分为三个阶段：20世纪30年代以前；20世纪30年代至80年代；20世纪80年代至今。

锦园东北部为管社山、五里湖（又称蠡湖），东南与鼋头渚隔湖相望，西南有湖中三山（图13-32）。小箕山与管社山成对景，步移景异，景象变化万千，叶剑英有诗云：“晓雾三山入望迷，震湖浩荡壮思飞。”1929年锦园建园前，小箕山与大箕山（原称小鸡山、大鸡山）为太湖中一孤岛，四面环水；20世纪30年代建锦园后筑堤将小箕山与陆地相连，遂成半岛。20世纪80年代锦园还是通过长堤将小箕山与内陆连接起来，但此时东北部的荷池已经消失；如今的锦园荷池填埋过半，仅剩下28亩左右，南部筑堤与大箕山相通，使锦园逐渐成为沿湖陆地。

图 13-32 嘉莲阁处望鼋头渚（摄影：张淮南）

（2）建筑风格

锦园建筑涵盖了厅、台、轩、楼、阁、亭等诸多形式，多采用中西结合的建筑形式，如锦堤尽头的别墅为西班牙式，园南部嘉莲阁以中式传统的阁楼建筑风格为骨架，融入了西式建筑结构、材料等形式（图 13-33）。为追求时尚，吸引眼球，园中曾在锦堤旁辟一新式游泳池，后因“风气未开，深恐因此肇生纠纷，管理困难”等原因被搁置。荷花轩、望湖亭等则采用纯中式传统木建筑结构风格。

锦园中的中西建筑形式并不是个例，如鼋头渚横云山庄中园主将原建的横云小筑改造成为“木洋房”，太湖别墅的主体建筑七十二峰山馆则是中西交融式样的歇

图 13-33 嘉莲阁细部（摄影：高凡）

山顶大敞厅，梅园中的宗敬别墅则是砖木结构，有欧式古罗马风格半球顶装饰等。外来文化的强势冲击，使无锡近代园林建筑融入西式风格蔚然成风，园林建筑从功能到形式更加丰富多样。

这批建筑多是由无锡本土匠师吸收西方文化而探索出的新形式，再加上社会时局的限制，建造手法及园林意境上相较于传统园林较为粗糙和繁杂，多采用中式内核而借鉴西式形式，属于中国传统旧建筑体系的“洋化”。这些具有独特地域特征的“中西交融”建筑，既为无锡增添了一批珍贵的近代建筑艺术遗产，又真实记录了无锡乃至中国的近代史。

（3）植物造景

锦园以荷花著称，大面积的荷池造景为无锡近代园林之特例。“堤长约里许，就湖滨筑成，工程颇巨。沿堤广植桃柳，每届盛夏，堤旁荷池满放红白荷花，散步堤上，清香扑鼻，令人心旷神怡，实消夏最宜之地。”可见昔日锦园桃红柳绿，荷叶田田的壮观景象。

荣氏兄弟在锦园广植荷花原因是：“……欲在湖滨辟一消夏新胜景。盖吾邑湖滨名胜，目前虽已有多处，如鼋头渚、梅园、蠡园之类，惟均宜于春秋，而不宜冬夏。以太湖之烟波浩渺，空气清新，构筑一消夏处所，自觉最为便易，故决定经营小箕山，即依此目的进行。”园中四方池塘红白荷花，每逢一夏，清香四溢。据记载，有一年园中一枝花茎上开放了四朵荷苞，世人以为瑞征，纷纷题诗吟咏，以记其盛。申新三厂还绘制了四莲图，作为该厂棉纱的商标。可见荷花已成为锦园的象征，才会有如今无锡著名景点“锦园风荷”。另一方面，荷花作为花中君子，“出淤泥而不染，濯清涟而不妖”，在中国传统文化中一直象征着文人雅士的高洁品格。锦园借荷之清雅表达园主自身的高尚情操。

锦堤两岸柳树成荫，也是锦园植物造景的一大特色，如今柳树全部换成香樟，不免失趣（图 13-34）。山顶别墅多植桂花，现已近百年，蔚为壮观。荷花轩周围的面积较大的空地上栽植枫杨等高大乔木。如今园内百年以上古树有桧柏、罗汉松、枫杨、桂花等若干棵，成为锦园历史的见证（图 13-35）。

图 13-34 锦园荷花池（摄影：王俊）

图 13-35 锦园植物景观（摄影：王俊）

5. 园居生活

锦园建园之初主要作为荣氏家族的休闲场所，子女常来此处度假、骑车、骑马、划船，是孩子们的一个乐园。据荣宗敬的孙子荣智惠、荣智江、荣智宁回忆："这里的家具都是当年的原物，我们都在这里住过，躺在床上都能看到太湖，在上海找不到这样的地方。每年寒暑假我们都要来这里住。爷爷说，那里空气好，还可吃湖鲜。"荣德生孙子荣智健说："那是赛马，就像赛车一样，不是我自己骑马，是由骑手驾驭的，看谁跑得快，挺刺激的。马术我也喜欢的，是一项挺绅士的体育运动。"荣宗敬的孙女荣智珍说："我到这里来，常拿德生叔公写的毛笔字当字帖，照着练字。那情景就像发生在昨天一样。"锦园虽是私人花园，但免费向游人开放，不加任何限制。锦园平时不如梅园热闹，只有每年夏天荷花开时，游客才会多一些，但仍留下了不少诗篇佳话。如无锡著名诗人、作家芮麟《藕花香里望鼋头》所记："隔湖望鼋头渚倒影，水中历历如绘，轻波动处，栩栩焉几欲浮近身来。……傍晚荷塘，景象又与午后迥别，万绿千红间，满笼着稀迷迷的薄雾，白茫茫的轻烟。而晚风过处，落红四散如雨。"又有七绝："荷塘夕照影层层，怪底锦园无俗客。湖光帆影去悠悠，难得浮生闲半日。水阁香来冷不胜，此花风骨竟如冰！近水清凉夏若秋。藕花香里望鼋头。"

锦园是无锡近代民族资本家私人园林的典型代表之一，其所具有的半开放性是无锡近代园林的典型特征。古时士大夫阶层造园仅仅为了满足自身物质享受或者避世隐居，而无锡部分近代所建私人园林旨在"为天下布芳馨"，是园主人"达则兼济天下，穷则独善其身"高尚品格的写照。

传统与现代、东方与西方相结合的造园风格是锦园另外一大特征。无锡近代"洋风"盛行，加之荣氏家族经营实业的过程中多与西方文化接触，因此锦园建筑风格采用"中西交融"的形式。近代中国是一个复杂的社会转型的时期，传统政治、经济、文化结构发生巨变，东方与西方，传统与现代既冲突又融合。锦园的独特风格反映了传统园林文化在近代的延续，西方文化对东方文化的冲击，丰富了无锡近代园林的类型和内涵。

锦园山水环境的变迁是中国近代园林命运的缩影。造园之初的良好自然山水条件，完整的堤岛关系，在时代的发展中不断被打破。昔日"每届花放，游人争往玩赏，途为之塞"，如今景色萧瑟，游人禁入。因此，研究锦园对于无锡近代园林的保护和发展具有重要意义。

三、鼋头渚横云山庄

点评：植果木开场圃，百亩荒山变绿畴；列亭馆筑楼台，万顷湖光供案前。

横云山庄是民国时期无锡著名资本家杨翰西建造的太湖自然山水园，延续传统园林风格，空间布局大开大合，气势雄伟，具有北方皇家园林的风范；园中建筑大多依照北方皇家建筑制式进行营造。园中融入西式建筑风格和近代建筑材料及技术，形成中西交融的特殊建筑风格，展现出与无锡城邑园林、惠山园林截然不同的风格特征，体现出民国时期无锡太湖园林的变化发展（图 13-36）。

对于横云山庄建设的历史记载较为丰富，除园主杨翰西撰写的《鼋渚艺植录》和《横云景物志》以外，还有社会名流游赏后留下的游记和题联，以及社会新闻报道和老照片，还原了民国时期横云山庄的历史面貌。其中以学者傅增湘撰写的《横云山庄记》最为著名，详细记叙了游览经历，横云山庄的园林布局清晰可见，对了解近代时期的横云山庄大有裨益。

1. 历史沿革

梁溪邑人醉心于鼋头渚绝佳的风景，早在明代就有风流名士踏足此处，如明代王问（1497—1576 年）在此留有“劈下泰华”、“源头一勺”等题刻。鼋头渚位于太湖梅梁湖东岸南犊山最西角，是由山势余脉伸入湖中形成的天然石渚，气势磅礴，如明代文人王永积《锡山景物略》有文：**“水石激溅，山根尽出，嵯岈苍老，绵亘数十丈许，更有一巨石，直瞰湖中，如鼋头然，因呼为鼋头渚。”**

鼋头渚一带，自古便是景色绝佳之地。早在南朝萧梁时期，后山就建有广福庵。明代，鼋头渚成为太湖名胜，苏州才子祝枝山、文徵明都曾来游。明末东林党首领高攀龙隐居蠡湖水居时，常到渚上游览，并留下**“马鞍山上振衣，鼋头渚下濯足。一任闲来闲往，笑看世人局促”**

图 13-36 横云山庄航拍图

的诗句。清光绪十七年（1891年），无锡金匮卸任县令廖纶游鼋头渚，书题“横云”和“包孕吴越”，气势恢宏，意境开阔。文人雅士游赏于此，留下诗文题咏者众多。

无锡杨氏迁城十世祖杨翰西，早年为官，曾任北京陆军部一等检察官。辛亥革命后，他弃官回锡，陆续集资建厂，于民国4年（1915年）创办广勤纺织公司，实业经营兴盛，成为无锡近代著名的民族资本家，活跃于无锡商界，并在经营企业之余，致力于太湖风景园林的开发建设。

民国初年欧洲爆发一战（1914～1918年），纱价大涨，广勤纱厂营业状况正值兴盛，为杨翰西积累了大量财富。自从1916年管社山万顷堂建成以来，杨翰西常在游览管社山一带之余，乘舟绕过中犊山，游赏南犊山，见“有充山脉迤逦而下，趾入湖间，俯瞰湖山如鼋之出水昂其首”，鬼斧神工，气势恢宏。杨翰西早年习过测绘，登滩涂勘察地形，甚是喜爱，决定购地建设。

据《杨翰西自述》记载：民国7年（1918年）“正月，以去冬购稻赢利二千元置鼋头渚山地六十亩，建横云小筑一间，灶屋二间，又筑涵虚亭于渚上”。杨翰西在建设初期，于鼋头渚设置“植果试验场”，广植花木，曾著有《鼋渚艺植录》。当时至鼋头渚的陆路交通尚不便利，杨翰西特意打造“长风号”汽轮以便水路到达，在经营纱厂之余，以开发鼋渚风景为娱。

第一次世界大战结束后，杨翰西实业发展顺利，又于民国9年（1920年）担任无锡商会会长，并陆续创办广业垦植公司、广勤肥皂有限公司等企业。1920年前后，杨翰西利用公余之暇，陆续建设点缀鼋头渚。

此阶段于山麓西坡筑屋立亭众多：山北坡建奇秀阁城关状门楼，楼额“拥青”“迎紫”；于湛碧泉旁建客馆松下清斋；改横云小筑为三间洋式馆舍涧阿小筑；又建花神庙、在山亭；北坡南部临崖建飞云阁，阁之底层为园主居所长生未央馆。

当时湖湾一带交通仍以舟船为主，风雨之夜有船只不辨方向，误入湖心。鼋头渚正处湖中收口要地，杨翰西便于渚上柱木立杆，挂灯以助船只夜航，当地船民甚是感激。1924年，作为轮船公司董事，杨翰西为贺锡湖轮开航，倡议集资于横云山庄建造灯塔，以示纪念。1926年，渚上六角灯塔告成，遂成鼋渚标志。

图 13-37 “鼋渚春涛”刻石

杨翰西舍山地十亩，捐赠僧人量如，募建广福寺；又于寺西建造陶朱阁，纪念无锡商业先祖范蠡。1927年，王心如购得横云山庄邻近山地，开始建设太湖别墅，遂与鼋头渚连成一片。杨翰西审景度势，点缀景点，使得鼋头渚初具风景。

自民国20年（1931年），杨翰西当选无锡县商会主席，直至其六十大寿（1936年）之际，横云山庄的集中建设达到高潮。

这一阶段的建设，主要集中于湖滩地和山麓南坡：1931年建云逗楼，以纪念《云逗楼文集》的作者、迁城四世祖杨度汪；园中相继点缀亭榭，如霞绮亭、藕花深处亭、净香水榭等。1933年，半山主厅澄澜堂告成；光禄祠也于清芬屿池中建成，祠后临水建榭，额曰“诵芬”。祠内供奉园主先父杨艺芳及夫人。此时，园中游人渐多，“山下并有京苏旨有居菜馆、宝光照相馆、旅馆、浴室等应有尽有”，因“廖养泉先生纶凿横云二字于石壁”，故取园名

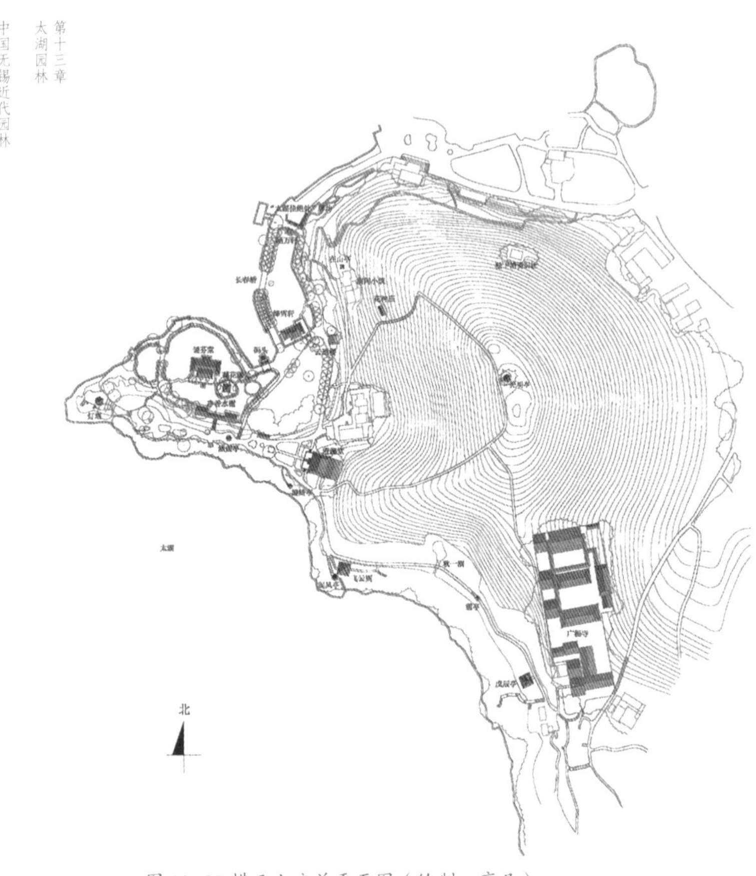

图 13-38 横云山庄总平面图（绘制：高凡）

为“横云山庄”，在社会广泛流传。

1934 年荣德生六十大寿，越蠡湖建宝界桥沟通东西两岸，杨翰西遂开辟至鼋渚的道路，可乘车直达，并改建“横云山庄”牌楼大门，增建翠微驿供停车休憩。在此前后，南犊山沿路相继有邑绅王氏、何氏、蔡氏、郑氏、陈氏等建设别墅园林，逐渐形成风气。

1935 年，会馆性质的戊辰亭建成；1936 年，无锡纺织同仁集资于园中建造长春桥，以贺杨翰西花甲寿辰。至此，横云山庄风景已成格局，达到建设高潮，春秋佳日，游者甚众，外省士绅及诗人墨客亦时有光临。园中除自用及对外营业的馆舍外，均无偿开放接待游赏。

杨翰西又购置鼋头渚北面大箕山临湖山头，拟建园与横云山庄相对，又拟建造桥梁沟通管社山万顷堂、中犊山以及南犊山，完善环湖交通。可惜，这些愿景都因抗日战争爆发而未能实现。

无锡自古名园众多，久者不过数世，不如归公得以久存。1936 年杨翰西六十岁时，便有将横云山庄公管之意。1937 年横云山庄由无锡县政府接收。杨翰西经营横云山庄约 20 年，耗资 20 余万银洋，终成近代太湖名园。日军侵占无锡后，杨翰西晚节不保，抗战胜利后，横云山庄更名横云公园。

中华人民共和国成立后，横云公园归无锡县湖山风景区管理委员会鼋头渚分会管理，并作全面修缮。1954 年更名为鼋头渚公园，1954 年在充山之巅建光明亭，1957 年由刘伯承元帅题额。20 世纪 90 年代初，公园扩展为风景区，原横云山庄作为精华景观题名为“鼋渚春涛”（图 13-37）。其范围也进一步扩大：北起“太湖佳绝处”门楼，南至广福寺，东起山顶光明亭，西至湖边石渚（图 13-38）。

2. 造园思想

谈到无锡园林“真山真水”之典范，首推鼋头渚杨氏横云山庄。此地位于太湖之滨，远离市井喧嚣，可谓是隐居避世上选之地。由于陆路不便，自古迁客骚人游览至此，均是沿水路乘舟而行，于蠡湖梅梁湖交汇之处，发现湖滩巨石嶙峋，因湖水冲刷状如出水鼋头，气势恢宏，无不惊叹大自然的鬼斧神工。泊船近观，湖滩崖壁，怪石眠空；下临湖面，吞波吐涛，气势非凡（图 13-39）。正因如此，古人才有“千金能买太湖石，难买断崖此千尺”的美誉。郭沫若在游历无锡名园之后，认为蠡园假山相较于鼋渚真山真水来说，过于矫揉造作，缺乏自然之趣，赞叹道“太湖佳绝处，毕竟在鼋头”。

图 13-39 湖滩石岸（摄影：高凡）

图 13-40 横云山庄鸟瞰

杨翰西自幼随父亲游历各地，胸中颇有山河，看中此地真山真水，古朴动人，决议购地建园，享山水之乐。造园所谓“三分人意，七分天然”，在此湖畔山麓建园，不费人工之事而纳山水入园，稍加点缀，遂成景观，园林仿佛生长于自然中，可游可憩，岂不快哉！

古典园林讲求巧于因借，无论是计成《园冶》中“构园无格，借景有因”的有意经营，或是“因借无由，触景俱是”的信手拈来，都是先人造园智慧的凝聚。城中私园，景色有限，为获不尽之感，往往煞费心思，借景园外，纳景入园。如苏州拙政园东西轴线远借城中北寺塔，仿佛绕水可达，大大加强了空间的纵深感；又如无锡惠山寄畅园，仰借惠山景色，假山似是惠山延脉，都可谓是点睛妙笔，独具匠心。

《园冶》中评价江湖地有“略成小筑，足征大观”之妙处，原因就在于可借湖山入园，万千景色，不求自得。横云山庄选址于太湖之滨，无需筑墙自得清幽，园内园外遂成一体，模糊了分界，园林空间因广借太湖景色而获得无限延伸，“悠悠烟水，澹澹云山，泛泛鱼舟，闲闲鸥鸟”，巧于因借，尽收眼底。

鼋头渚位于蠡湖与太湖梅梁湖交汇处，处于由若干环形水湾形成的口袋形大水湾收口处，南北犊山两翼对峙，中间夹中犊山、大小箕山、三山等岛屿，岸线迤逦，收放有致，可谓“湖不深而辽阔，峰不高而清秀”。鼋头渚一带，靠山面湖，近有湖中诸岛可以品赏，远有连绵山峦可以借资，山水组合紧凑多变，层次丰富，诸峰诸岛之间互为对景借景之用，山麓岛屿随视线移动而变化万千，加之晴雨晦暝，朝暮晨昏，湖光山色更是平添淡远缥缈之意境。或漫步湖岸，或登高远眺，湖山风光步移景异，鼋渚胜迹因此增色。因此，鼋头渚横云山庄与杨氏城中宅园相比，采取了外向的布局方式，既可广借山水风光，又便于湖上欣赏，园内园外不设围墙界线，互为借景，浑然一体（图 13-40）。

3. 园林布局

（1）布局

鼋头渚属梅梁湖东岸南犊山（充山）余脉，虽山不高，有平而坦，亦有峻而悬：西坡伸入浅滩，静谧幽静；南坡崖壁俊俏，气势恢宏。园主选景度势，依据地形构筑亭台楼阁于山坡之上，可谓“自成天然之趣，不烦人工之事”。

山坞西坡，其地势相比南坡来说较为平缓，其下又有浅滩湿地作为缓冲，形成水湾状地形，是藏风聚气之宝地；其朝向并非直接面对梅梁湖，可避太湖风雨；又有劲松成片，植被繁茂，环境静谧惬意。于此点缀建筑，拾级而上便可静听松风，饱餐岚翠。建设初期，园主考虑到这里环境隐僻，便于立基建造，故主要建楼阁于西坡之上，在山腰布置小筑数间，沿路形成系列建筑。以北侧旧时山庄入口小函谷（建有“奇秀阁”城关）为起始，向南依次有客馆松下清斋、在山亭、西洋式馆舍涧阿小筑（原横云小筑），以花神庙作结，建筑掩映于山林之中，

图 13-41 飞云阁远眺太湖（摄影：高凡）

图 13-43 横云山庄码头（摄影：高凡）

如为一体。观者游赏于山麓之间，近听鸟鸣蝉语，远闻涛声阵阵，于沿山楼馆中休憩小住，可修养身心。花神庙后原有藏玄洞，坡上的仁寿塔和奇秀阁、松下清斋，今都已不复存在。

山坞南坡地势险峻，峭壁直面太湖，园主于崖壁上山路旁，布置了一系列掩映于绿树翠冈之间的风景建筑，以赏太湖美景。《园冶》中指出，楼阁立基，可于半山半水之间，“下望上是楼，山半拟为平屋，更上一层，可穷千里目也”。鼋渚山麓西坡崖壁，利用山势错层高差建造两层楼阁，底层为园主住所长生未央馆，上层为飞云阁，削坡而建，可从山坡进入楼阁二层，远眺太湖壮阔景致，其建筑与山地错层结合，巧用地形，可谓是园中山地建筑之典范（图 13-41）。谐趣园中瞩新楼也采用了这样的地形处理手法。飞云阁下峭壁贴合山势构平台，建阆风亭。拾级而上，沿山路向南，穿云阶亭而过，又有山地建筑戊辰亭。因为建筑依山势而建，位于太湖峭壁之上，风雨甚大，倘若立基不稳，则存在安全隐患，施工难度很大。杨翰西在戊辰亭落成典礼上，报告建筑过程始末时提及：“因山地高处，费用人工颇多，低处前又须挖土见石。方得坚固，所用黄石脚，竟挖至三十寸深”，可见建设过程之不易。山南为广福寺、小南海、陶朱阁等建筑组成的寺庙区。

这些山地建筑沿山路布置，高低错落，可循山路拾级而入，从不同角度观赏太湖风光；建筑之间又互为对

图 13-42 长春桥东侧水面（摄影：黄晓）

景，可在园中相望；而于湖上乘舟观赏，这些风景建筑又可成为景观焦点，点缀湖滨峭壁景色，可谓是一举多得。

石渚以北为浅滩地，建设初期，园主将湖滩低地辟为植果试验场，有第一果园、第二果园，后因土质瘠薄，又屡遭水灾，在建园过程中被淘汰。后来逐步改造湖滩地，形成了山庄北部重要的湖堤亭榭区域。

1926 年 10 月 7 日《锡报·地方要闻》报道了横云山庄的建设计划：“开辟菱荡，地点已择定近于小函谷，俾致荷池相辉映……预备将沿湖浅滩填高若干丈。”园主巧借湖滩临水低地，筑堤围内湖，堆山为岛屿，适当架桥连接堤岸，点缀厅堂亭榭，以水码头为界，营造出两个以水景为主导的空间。

北侧一带，自横云山庄入口处“太湖佳绝处”门楼起，临湖外侧构筑长堤拱桥，围合狭长形水池（图 13-42），可沿堤上行走，亦可顺山下道路前行，隔水建造亭榭，种植花木，形成引人入胜的入口空间。

西侧一带，园主利用湖湾洼地，筑堤围池，池中遍植荷花，堆清芬屿，筑有一座重檐方亭藏于荷塘深处，名为“藕花深处”。在横云山庄集中建设时期，园主又于荷池中央建光禄祠（即杨艺芳祠），造型优美，装饰精当，成为荷塘空间的视觉焦点。光禄祠南面对岸坡地为牡丹坞，临水建净香水榭，与祠堂隔水相望。总的说来，南侧浅滩挖池堆屿，以水岛堂榭为中心，荷塘、亭桥、芳堤共同形成了核心景观区，优雅清淡，颇有江南私园中水景构建的韵味。

两个空间交接处，利用两侧堤岸夹出一处内凹港湾，此处为园主私人码头，亦是横云山庄水路入口，码头上立有“具区胜境”牌坊，以应太湖“具区”古称，背额“横云山庄”（图 13-43）。园主于此处修建码头，巧借长堤，自成水湾，可避太湖风浪，停舟直入荷塘，甚是妙哉。码头东侧原为果林，后辟为草坪，地势疏朗，略有西式园林之风范。

鼋头石渚处横云山庄最西端，因湖水侵蚀而形成独特的地质景观，三面抱水，冲波兀立，为凭眺太湖及湖中仙岛的绝佳之处。渚上矗立六角灯塔一座，成为鼋渚标志。筹建之初，为利太湖船只夜航，结合横云山庄地处水路要道，杨翰西便倡建灯塔于鼋头石渚之上。灯塔

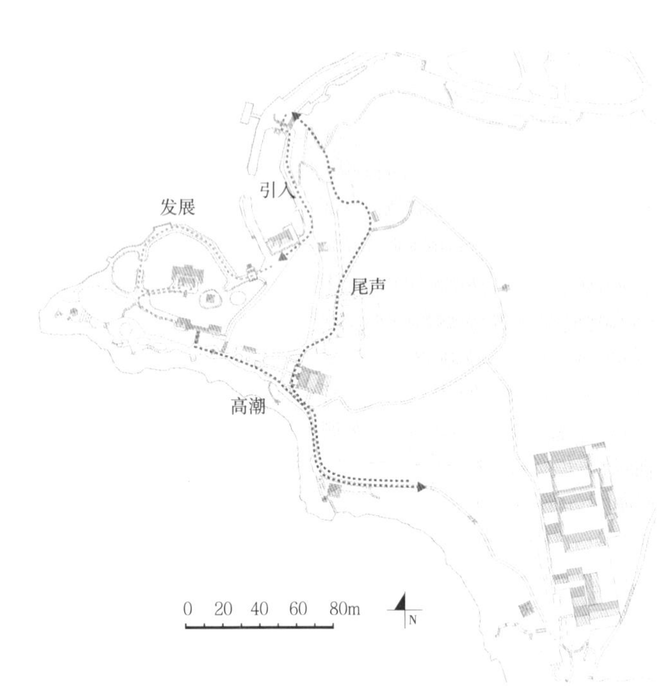

图 13-44《横云山庄记》游览线路图（绘制：高凡）

图 13-45 长春桥的“藏”与“漏”（摄影：黄晓）

由于自身功能上的需求，具有一定体量，这正巧与鼋渚恢宏气势相称，成为太湖水上游览线路中充山一带的视觉焦点。自灯塔向南沿石渚而行，植被繁茂，有六角“涵虚亭”点缀风景。向东拾级而上，山腰平台处建横云山庄主厅澄澜堂，厅堂西侧临湖有歇山顶方亭霞绮亭临壁而建。石渚一带建筑点缀若干，数量不多，且消隐于鼋渚景色之中，与环境融为一体，不喧宾夺主，担当从属的角色。

（2）游线

与城中宅园相比，横云山庄因不受占地所限，空间营造更加开放，具有北方皇家园林的风范，但仍然注重景色的收放藏露。1936 年园主杨翰西于鼋渚庆祝六十大寿，此时横云山庄的建设已达高潮，形成了较为完备的园林布局。近代著名学者、杨氏亲家傅增湘，于《横云山庄记》一文中，详细记叙了他与园主一同游览横云山庄的过程，展示了一条园主精心布置的游览线路（图 13-44），自北侧入口进入，依次历经湖堤、石渚、山地各区，最终返回起点，游览情绪层层递进，景色开合引人入胜，恰如一部情节曲折起伏的古典小说，让人回味无穷。

1）引入：1936 年傅增湘游览横云山庄之时，园林入口已由原来北部山腰奇秀阁城关，改为山脚下门楼处，故其游览线路，自翠微驿至门楼前开始。门楼内设障景

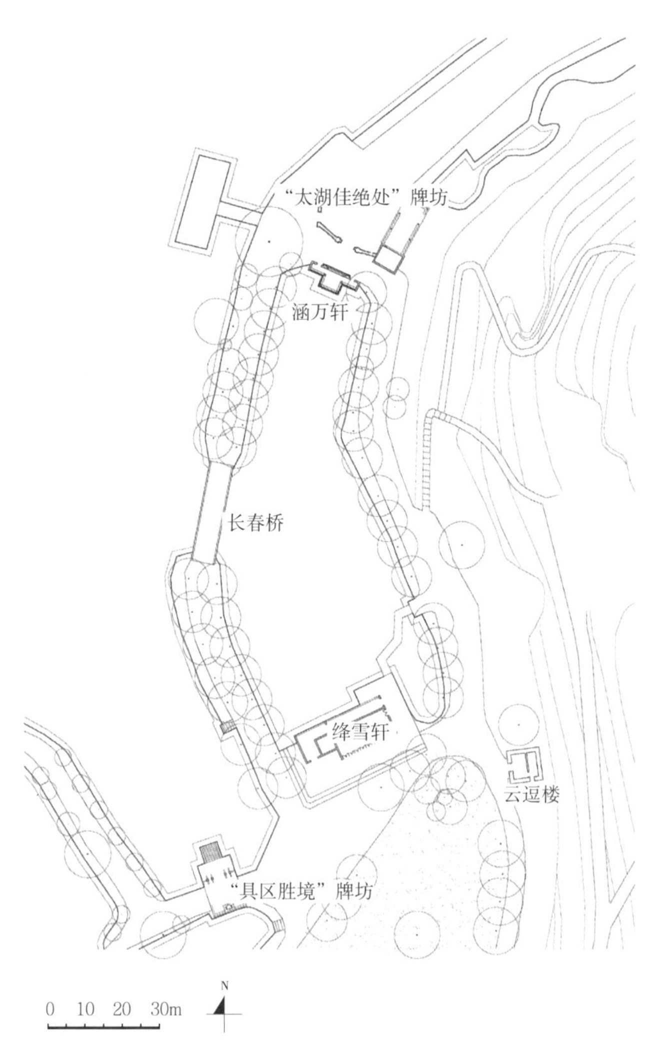

图 13-46 横云山庄北部入口区平面图（绘制：高凡）

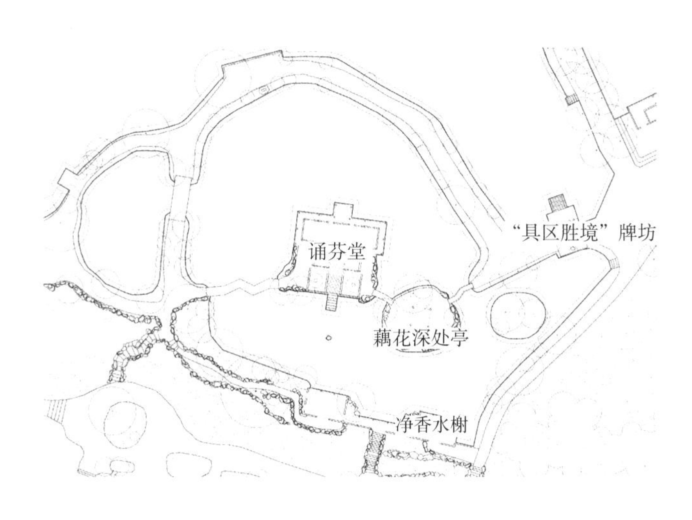

图 13-47 横云山庄中部藕花深处亭区域平面图（绘制：高凡）

的妙境。但这足以吊起观者的胃口，略探湖光而知更有美景藏于园林深处，对于主题点到即止，留有余地，巧妙地起到了整个观赏游线中引入的作用（图 13-46）。

2）发展：向南而行，经云逗楼，过码头"具区胜境"牌坊，来到藕花深处亭一带池屿堂榭区（图 13-47），北侧围有堤岸，东临山麓西坡，南面背依石渚高地，加之堤上成排垂柳以及石渚、山脚坡上茂密林木，共同围合营造出一个内聚的空间，遮挡住观者观赏太湖的视线。这个空间以静谧的水景为主题，围堤成池，池中布满荷花，沿折桥步入池中亭厅，曲径通幽。中央岛屿矗立光禄祠，

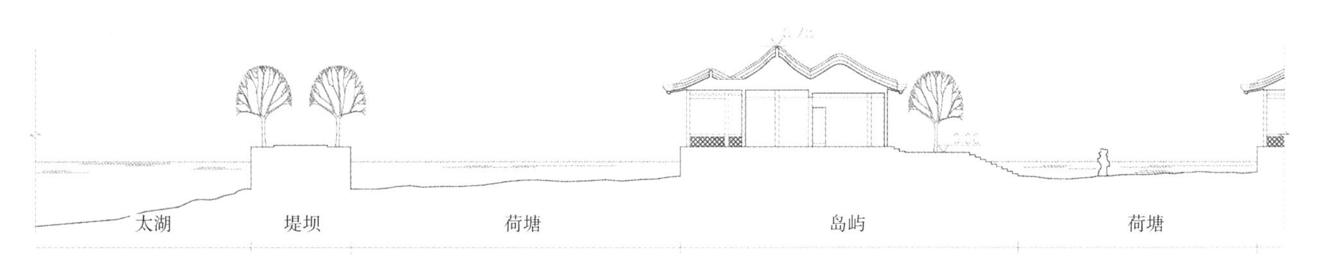

图 13-48 藕花深处亭区域剖面图（绘制：高凡）

之照壁，上有"凤穿牡丹"图案，避免一览无遗。

绕过照壁，别有洞天。壁后临水为涵万轩，半挑出水面，涵波万顷，以小喻大。傅增湘于轩中观赏眼前景致，其《横云山庄记》称："凭栏聘望，云容水态，纷霏来集。"轩前利用低洼芦苇滩地建筑桥堤，分隔出狭长形水面，与堤外浩瀚的湖面产生了大小、动静对比。傅增湘循池左行，沿山下道路布置店铺售卖饮食器玩，一应俱全。涵万轩与旨有居隔水南北相望，长春桥则与东侧山坡相对，围合出以水面为中心的内聚空间，避免了原本一览无余、景物涣散之感。

向堤外湖面望去，长春桥高耸于湖堤之上，与堤上成行樱花一同遮挡住了向西观赏太湖风光的视线，却又透露出连绵远山，这在立面上丰富了观景层次，产生藏露之美，让观者期待太湖美景（图 13-45）。若是移步至桥上，则可面对梅梁湖与五里湖交汇收口之处，直面对岸大箕山，水面虽广阔却不深远，尚不能面向梅梁湖观赏到一望无垠的壮丽景象，如有"犹抱琵琶半遮面"为杨翰西所建杨氏家祠，奉祀其父杨艺芳，建筑造型优美，装饰精当，成为池塘空间的视觉焦点所在。傅增湘入祠瞻拜，回想起艺芳公对其提拔赏识的恩德，忆昔怀古，追思先贤。

藕花深处堂榭空间的营造，万顷太湖风浪涛声，均被南面石渚遮挡在外，四周地形植被围合空间，将观者的视线引导至园内；水景布局精致，呈现出静逸和谐的水院氛围，意境深远。观者可沉浸其中，领受荷香，一时忘记了园外太湖的存在（图 13-48）。如此游览线路

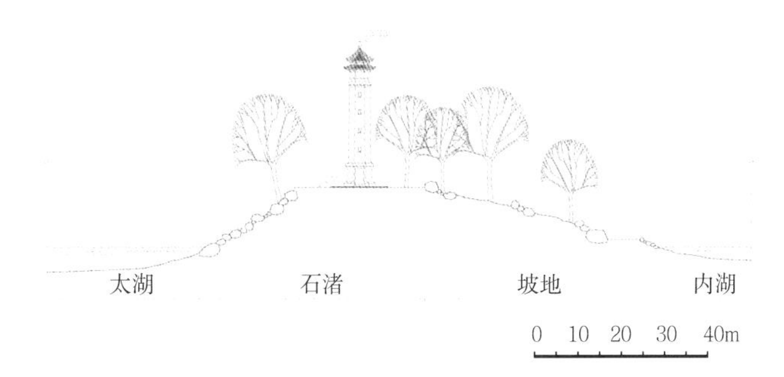

图 13-49 灯塔、石渚区域剖面图（绘制：高凡）

的发展，在空间上可谓是深藏不露，实则是巧用欲扬先抑的妙招，为前方游览序列的高潮进行铺垫。

3）高潮：傅增湘《横云山庄记》称：“**出屿沿山椒果园而南，拾级登山**”，经过前面的铺陈，眼前景致豁然开朗，令人拍案叫绝，心旷神怡（图 13-49）。太湖碧波万顷，一望无垠，湖中三山岛隐约若现，观者无不对眼前壮丽景色惊叹不已。立于鼋头石渚之上，向南直面梅梁湖水湾，湖面最为开敞壮阔，且有东西两翼连绵山峦可观，岸线蜿蜒有致，烟雨朦胧，如入仙境。正如园中涵万轩题额“湖山罨画”，眼前山水景致，宛若一幅全景长卷，引人驻足观赏（图 13-50）。至此，太湖美景一览无余，游览序列达到最高潮。

石渚之上，视线开敞，以太湖为主要观赏界面，间或点缀景点。渚上涵虚亭，取名自唐代诗人孟浩然的名句“**八月湖水平，涵虚混太清**”。傅增湘《横云山庄记》称：“**望山脊尽处，一塔巍然，压于鼋首，明炬在中，辉光四达**”，进而沿湖岸而南，欣赏崖壁石刻，景点的体量、意境都试图与太湖雄浑的气势相契合。涵虚亭旁拾级而上，半山为横云山庄主厅澄澜堂，依山势而建。其选址恰到好处，厅前视野开阔，近可赏鼋渚，远可观太湖，园内园外，皆能兼顾。其厅堂的命名也具情景交融之妙，“澄”乃平静清澈，“澜”则是波浪起伏之意，两者结合，生动地描绘出太湖山水景色变化无穷。太湖之景，朝夕、阴晴、四季皆有不同，于澄澜堂中观赏，夏雨、冬雪、晨曦、暮霭，万千景色尽收眼底。

图 13-50 远眺太湖三山岛（摄影：黄晓）

“出堂依山而左”，临湖崖壁之上，沿山路直至山

图 13-51 横云山庄水景营造

庄岭头之边界秋一涧。这些观景建筑掩映于芳林之中，下临无地，高低错落，若进入飞云阁中观赏太湖，视野开阔，纵目无际。

总的说来，南侧石渚及山崖一带，视野开阔，前无遮拦，为万顷太湖之最佳观赏面。游赏至此，观者的情绪达到最高潮，胸襟亦如太湖般宽广辽阔。

4）尾声：傅增湘“取原径返澄澜堂，转而右行”，循返山林，沿山路游赏。自花神庙、涧阿小筑、在山亭、松下清斋，徒步至山庄北界奇秀阁城关，“升阁四望，苍茫万顷，缥缈三山，如列几案”，整个游赏由此作结，傅增湘《横云山庄记》感慨：“环游既竟，欣玩靡穷。”游览序列的尾声，园主与宾客于山林之中静听松风，饱餐岚翠，静谧惬意，悠闲自得，观者的情绪逐渐平复；登临高阁，又回味起太湖景色之壮美，流连忘返。

4. 造园意匠

（1）理水

鼋头渚独具天然山水之胜，山脉雄浑，湖面广阔，无须多余营建便可自成一景。因此，园主在横云山庄的构建中，不必如私宅园林一般模拟自然江河湖泊，而更需要考虑如何利用场地基址，对浅滩地稍加改造，营造园内水景，形成“湖内有湖”的丰富层次。

园中筑堤围池，湖堤勾勒出水面的几何形态，不同于传统园林自然式水体，略有西方规则式水池的面貌：北侧带状池塘狭长，构成入口空间序列；南面中心水池则形状圆滑，营造水中岛屿祠堂的核心景观。两片水面的形态体现出强烈的人工痕迹。驳岸处理，也并未采用江南宅园中常见的自然叠石驳岸，以显示凹进曲折的水湾效果，而是以湖堤、建筑基座为人工垂直驳岸，边界形态延续了堤岸的直曲。园内水池的人工制式，与太湖水面的自然之趣，形成了内外水景的鲜明对比。内湖规制，建筑花木沿池对景布置，便于形成更加明确的空间秩序，更可衬托出太湖的天然纯粹。

同时，园内水景的营造，还注重了空间处理手法的变化：南侧水池架桥以分隔大小水面，并于池中布置岛屿、厅堂，以曲桥相连，水面层次丰富，收放有致，避免一览无余（图 13-51）；北侧水面与太湖相通，以示借引湖水入园，长堤上架拱桥遮挡视线，使得内外水面动静相宜。

横云山庄的水景营造，构成了园内布局结构、位置经营的基础，朴实无华，意图清晰，避免喧宾夺主，抢占太湖的风头，可谓是恰如其分，体现了人工与自然对比之妙。

（2）建筑

园中建筑，兼有中西。传统建筑融合南北风格，又局部采用近代建筑结构与材料，亦有少量西洋建筑点缀其间。

横云山庄虽处江南，但园中传统建筑，却大多仿照北方风格而建，与北京颐和园等皇家宫苑内的建筑形制、营建手法有诸多相似之处。究其原因，恐怕与园主的自身经历不无关系。由于其父杨艺芳在外为官，杨翰西自幼便跟随父亲奔波各地，在北京、天津等北方地区学习生活过很长时间；后来杨翰西留京，任北京陆军部一等检察官等职，这些北方生活的经历对其人生产生了深远的影响。可以说，宫殿式的建筑制式、北方皇家建筑风格，是在彰显园主特殊的人生经历，诉说着曾经为官的辉煌。

园中传统建筑大致如下：

1）牌坊。入口门楼，北式仿古风格，以斗栱承托琉璃顶，檐角起翘，古朴典雅，后集郭沫若手迹而成“太

图 13-52“太湖佳绝处”牌坊（摄影：高凡）

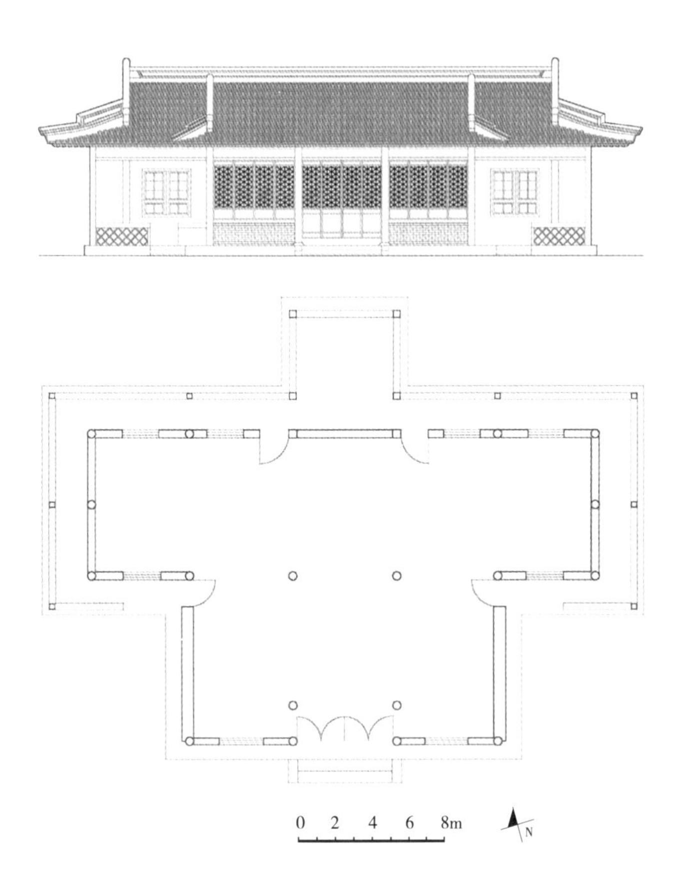

图 13-53 诵芬堂南立面图与平面图（绘制：高凡）

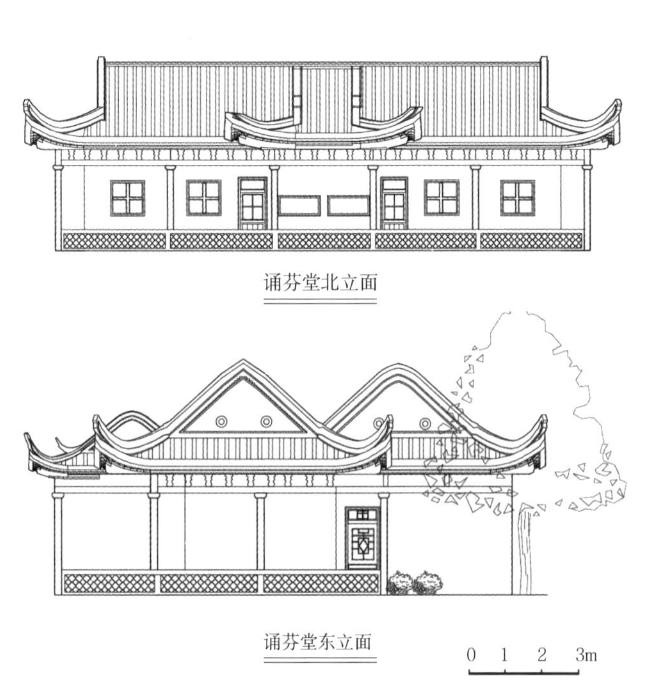

图 13-54 诵芬堂北立面图和东立面图（绘制：高凡）

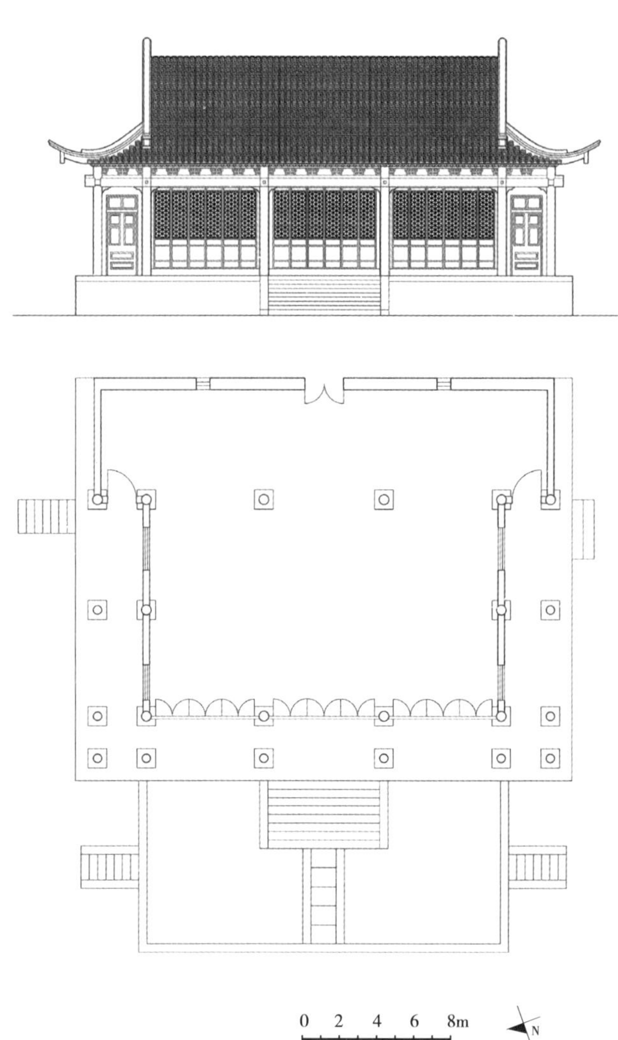

图 13-55 澄澜堂平面图与西立面图（绘制：高凡）

湖佳绝处”匾额（图 13-52）；码头上“具区胜境”牌坊，四柱三门三楼，黄琉璃顶，明间悬山式，次间庑殿式，斗栱飞檐，色彩艳丽，似颐和园排云殿前临湖“云辉玉宇”牌楼。

2）厅堂庙宇。祠堂建筑光禄祠（现诵芬堂）（图 13-53、图 13-54），可谓是“完全具体而微之宫殿式”，面阔五间，三面回廊，歇山顶，墙体厚实，北立面采用近代建筑门窗，临水砌丹陛露台，护以石栏，宛若颐和园乐寿堂前水殿水木自亲。主厅澄澜堂为仿北式殿堂，面阔五间，三面回廊，歇山顶重拱飞檐，规制恢宏，傅增湘《横云山庄记》称：“写放出自旧京，营造咸依法式”，于山腰筑高台面湖而建，似有颐和园万寿山山地

图 13-56 澄澜堂（摄影：黄晓）

图 13-58 绛雪轩（摄影：张炜）

图 13-59 涵万轩

建筑之气势；花神庙为三间硬山式庙宇建筑，墙体厚实，好似颐和园南湖岛广润灵雨祠（图 13-55、图 13-56）。

3）亭榭。园中净香水榭 1999 年在原址翻建，改为开敞式廊榭（图 13-57）；绛雪轩为 1982 年在原旨有居旧址上重建（图 13-58）；涵万轩（图 13-59）、阆风亭（图 13-60）、霞绮亭（图 13-61）的屋顶形制、挂落装饰，皆为北式风格；藕花深处亭（图 13-62）重檐四角攒尖顶，似颐和园知春亭；六角涵虚亭（图 13-63）飞檐翘角沿袭南方园亭风格，似拙政园荷风四面亭，但其形态比例、挂落装饰、宝顶、颜色皆有北式风范，可谓南北相融，独具特色；在山亭（图 13-64）为园中最具江南风格的园亭建筑，体态轻盈，朴素典雅，似沧浪亭。

4）楼阁。飞云阁原为两层重檐，四方攒尖黄琉璃顶，立面结合近代墙体门窗，后由李正主持翻修，下层改为敞口，形制色彩均不变（图 13-65）；戊辰亭建成时式样似仿照紫禁城三角楼及沈阳隆恩殿，立面为现代风格（图 13-66）；云逗楼为朱门黄顶二层建筑，仿乌斯藏式石楼。

此外，长春桥仿颐和园绣漪桥而建；原入口小函谷奇秀阁城关，似颐和园万寿山城阙；原有仁寿塔作喇嘛

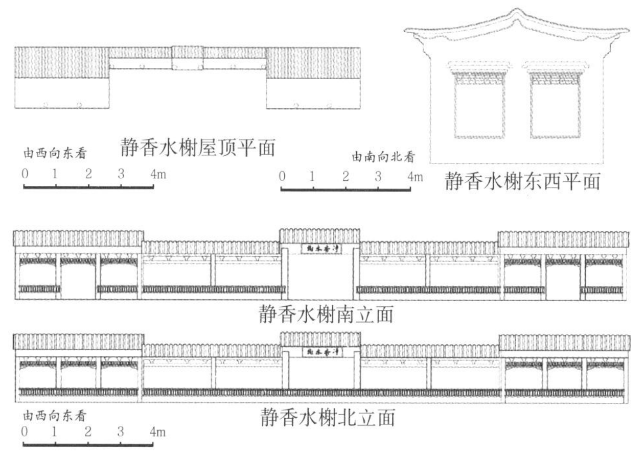

图 13-57 净香水榭平面图和立面图

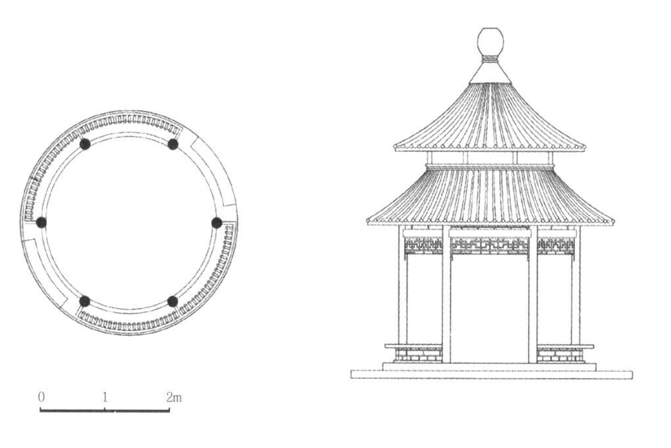

图 13-60 阆风亭平面图和立面图

图 13-61 霞绮亭

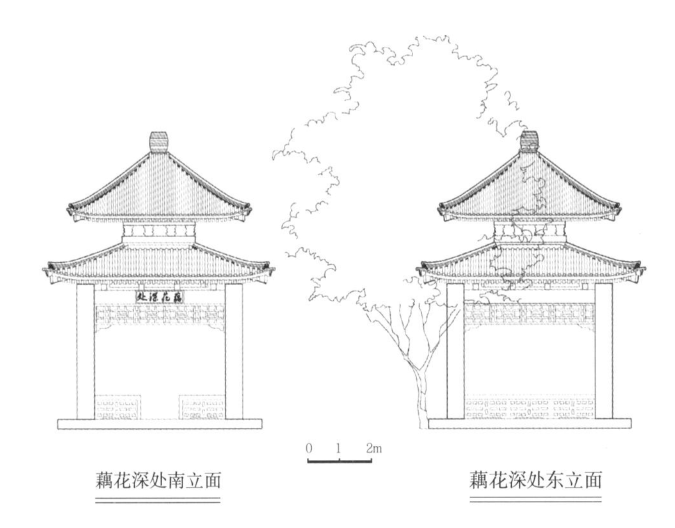

图 13-62 藕花深处亭南立面图和东立面图

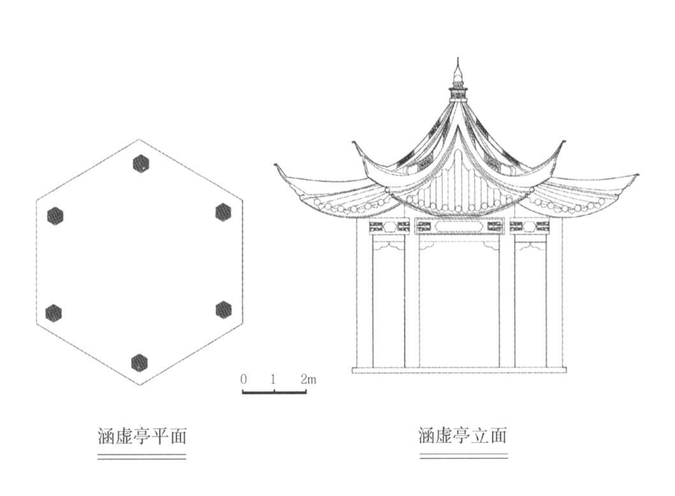

图 13-63 涵虚亭平面图和立面图

图 13-64 在山亭

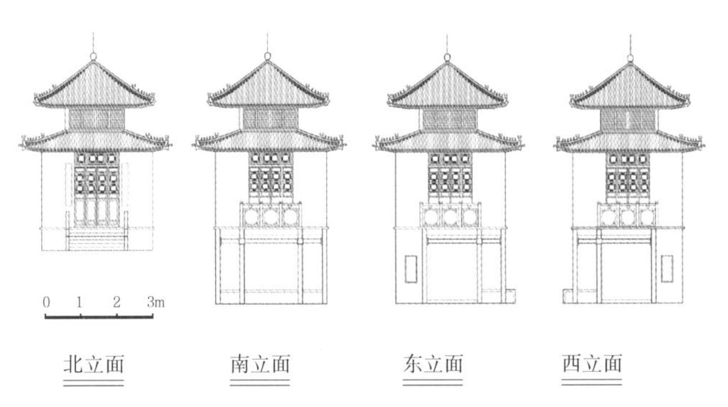

图 13-65 飞云阁立面图

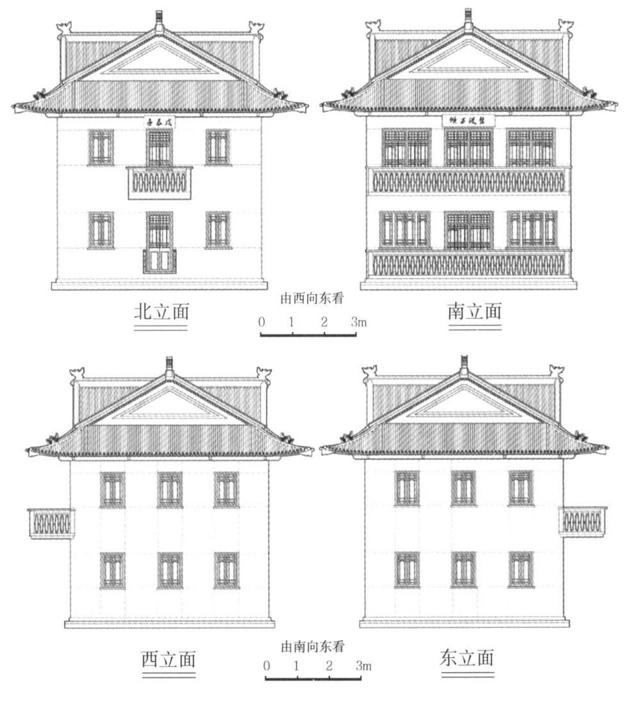

图 13-66 戊辰亭立面图

塔，仿北海白塔式样所建。

江南一带园林建筑由以苏州为胜，造型讲求轻巧玲珑，与环境相得益彰；建筑形式亦无定式，极少采用斗栱，装修力求朴素大方，不雕鸾贴金，粉墙黛瓦，素净明快。而横云山庄内的园林建筑，因仿北式，基础敦实，廊柱粗壮，飞檐翘角较低，体量较大，体形比例不如江南园林建筑轻盈，造型略给人厚重之感；多用斗栱，讲求制式；细节上来看，门窗花格也仿照官式；建筑色调浓艳。总的来说，横云山庄园林建筑少一份轻盈，多一份沉稳，倒也与太湖恢宏气势相得益彰，别有韵味，这也反映出园主作为近代民族资本家，与明清江南传统文人在造园理念上的明显区别。

除传统建筑以外，园中还有少许近代西洋式建筑。园主杨翰西自幼于北洋武备学堂学习，接触西式教育；年轻时有出国学习的经历，为官期间也多负责洋务事宜；后回乡经营企业，购西洋机器设备，建西式厂房，受近代西洋文化影响颇深。故其园中有西式风格建筑，也不足为奇。

横云小筑是园中最早建造的一批建筑之一，作为园主起居场所，后改为涧阿小筑西洋式馆舍三间，为宾客住宿所用，别有风情。而鼋渚灯塔，则由邑绅集资建造，原塔高 12.6 米，红砖砌筑，西式塔体，顶部半球形。1982 年灯塔改建，李正主持设计，考虑到横云山庄及鼋头渚风景区的整体风貌，将顶部改为北式重檐琉璃顶，优化塔体外形，贴面采用浅红色金山石，才有灯塔今貌（图 13-67 ~图 13-69）。

可以说，横云山庄内出现西洋式建筑，是近代资本家造园逐渐西化的一个缩影。以杨翰西为代表的近代民族资产阶级，是中国最早接触西方文化并且实实在在经营洋务的群体，他们对于西洋式建筑的接受能力，相较于整个社会来说是超前的，并通过自身的实践开启中西交融的建筑风潮。

但从横云山庄中我们也可以看出，这些西式建筑不过是园中个别点缀而已，整个园林的风格特征基本沿袭了传统园林的相貌。这充分体现出近代园林无法脱身于传统园林的本质，其背后的根源，是中国近代社会处在封建思想的束缚和西方思潮的冲击下夹缝求生的艰难处境。

图 13-67 灯塔旧影

图 13-68 灯塔今貌（摄影：张炜）

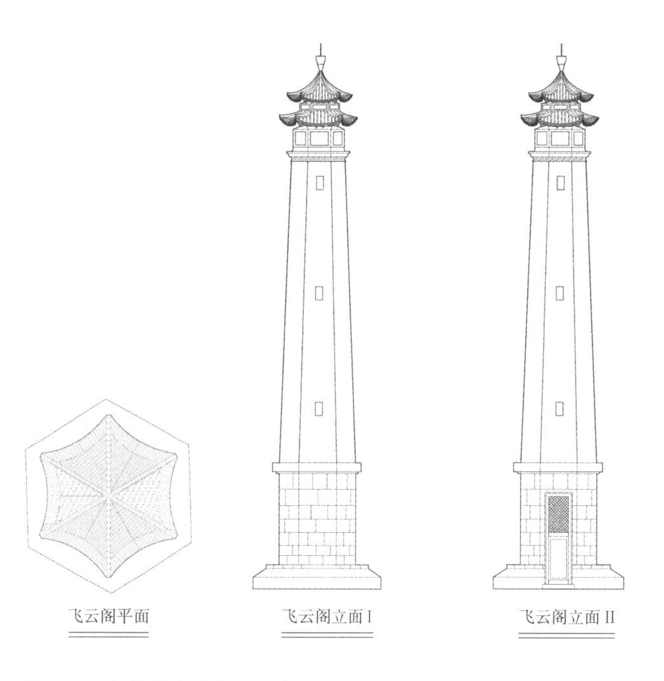

图 13-69 灯塔平面图和立面图

（3）花木

横云山庄建设选址于天然山水之间，自然植被丰富，园主又于建设初期广植果树花木，为造园打下了基础。后逐步造景形成特色植物景观，主题分明，可赏四时之景。园内许多景点也以植物命名，借花木寄情，以花木言志。

或因园主曾赴日本考察陆军军制，长春桥两端长堤上列植了日本樱花名种染井吉野，每到春季花开之时，烂漫如锦，形成“长春花漪”之景。净香水榭前崖下辟有牡丹坞，特从洛阳迁来名品，取牡丹“花开富贵”之意。沿湖围堤密植垂柳以固基，树影婀娜，因风摇曳。堤旁

图 13-70 摩崖石刻“横云”、“包孕吴越”

水面遍植莲花，与藕花深处的主题呼应，水中岛屿掩映其中，如入画境。

（4）匾联题刻

横云山庄各处亭台楼阁，题额名联不胜枚举，景名亦寓意深刻，烘托景色意境，以达“问名心晓”的效果，同时也寓意园主的品性情怀。

横云山庄建筑内点景楹联甚多，为近代和当代社会名流游赏题写所得，烘托景色意境。以主厅澄澜堂为例，园主杨翰西认为，园中景点大多为一联一景，唯有堂兄杨味云所作澄澜堂联，可以涵括一切景色：“傍连岭，带长川，西南诸峰，林壑尤美；送夕阳，迎素月，上下一碧，波澜不惊。”堂内亦有景题横额“天然图画”，山水盛景皆含其中，阅毕余音绕梁，回味无穷，足见山水情怀。堂两侧抱柱有陈夔龙联，“山横马迹，渚峙鼋头，尽纳湖光开绿野；雨卷珠帘，云飞画栋，此间风景胜洪都”，赞美澄澜堂景色媲美洪都（今南昌）滕王阁。

横云山庄有两处摩崖石刻，为人称道。一处为临湖峭壁之上，清末无锡金匮卸任县令廖纶书题“横云”和“包孕吴越”石刻，先人题字气贯古今（图 13-70）；另一处为涵虚亭下“明高忠宪公濯足处”，为抗战后邑人朱松阖所篆刻，以纪念明末东林党首领高攀龙，后有人补刻高攀龙诗句：“马鞍山上振衣，鼋头渚下濯足。一任闲来闲往，笑看世人局促。”（图 13-71）

5. 园居生活

图 13-71 摩崖石刻“明高忠宪公濯足处”

傅增湘《横云山庄记》总结了横云山庄之“四善”：宜颐老，宜俊游，宜招隐，宜乐志。横云山庄环境优美，乃颐养天年之地；交通便利，乃快意游赏之地；山水为伴，乃出世归隐之地；景致晖丽，乃文人雅集之地。园居生活，舒心惬意，云游其中，怡然自得。

杨翰西平日经营实业，公务繁忙。闲暇之余，便乘“长风”号小轮，巡查太湖周山，停泊于横云山庄水码头，休闲小住于园中长生未央馆，自得其乐。鼋头渚建设初期，杨翰西因地制宜，于低洼地凿池栽种莲花，于平地园圃种植果树，保留原有山松野栎。不过数年，花木长势甚佳，呈现一派欣欣向荣之景。杨翰西于园中修剪花木，尽山水园林之乐，撰写《鼋渚艺植录》，记录其花木种植试验心得，并称“树艺虽小道，实饶至乐”。

园主曾携族人同游，含饴弄孙，共享天伦之乐，也曾与堂兄杨味云共游横云山庄。杨味云为《横云景物志》做的序中提及：“撷山果以侑酒，采溪毛以供馔，鸡黍之精洁，虾菜之芳鲜，都非城市所有”，如此天然野趣，唯有山水园林中才可获得。

作为无锡名门望族，杨氏家族两代名园中，杨艺芳和杨翰西父子不约而同地将祠堂作为家族精神传承的场所，供族人相聚共忆先贤。杨艺芳于惠山潜庐前建四褒祠，祭祀杨翰西的祖父杨菊仙和夫人、叔祖父杨菊人和夫人；杨翰西于横云山庄中建光禄祠，祀奉其父杨艺芳和三位夫人。父子两园联系三代族亲，家族精神世代延续。

1933年《新无锡》报道：“古历九月九日，相传为观世音诞辰，邑绅杨翰西君，特为其尊人艺芳先生暨德配孙、龚、沈三太君之神主祀入鼋头渚新建光禄杨公祠”。杨翰西虽对外严格保守秘密，当日现场除杨姓族人外，竟有二百余人慕名而来恭送先贤，场面甚是壮观。神主入祠后，同族后代、邑绅、民众集聚，依次序祭祀，秩序肃穆，礼节隆重。

横云山庄除少数建筑供园主自己起居使用以外，其余部分均向社会公众开放。原有水路可达，随着1934年环湖马路开通，横云山庄可于城中由陆路交通到达，更加方便，引得社会各界人士慕名而来，只为一睹鼋渚风采。园内馆舍涧阿小筑、松下清斋可供宾客留宿，条件优越，又有菜馆、照相馆、浴室、商铺等，设施一应俱全。

随着湖滨风景开发，太湖横云山庄一带公共活动渐多。每逢端阳佳节，龙舟竞渡，原先只于城外运河黄埠墩一带开展，后来用汽船将龙舟拖至太湖中犊山、南犊山之间竞赛，“横云码头有天然船坞”，舟船云集，游人极盛。鼋渚胜景，地方人士无人不晓，随着园林的对公开放，中外人士前来借用横云山庄澄澜堂行结婚礼者甚多，园主为此“特就堂后添建‘清燕斋’一所，平屋三楹，布置景致，以备结婚者休憩化装之用”，足见当时横云山庄的人气旺盛。

园主杨翰西作为近代无锡商界著名人物，担任商会要职，具有广泛的影响力，社会各界名流，常雅集园中，见景赋诗作对，不乏传世佳作。鼋头渚陶朱阁、戊辰亭均为士绅筹建，落成之时，社会名流汇集园中，举行庆贺典礼，留下游记、楹联者诸多。

横云山庄择鼋渚湖滩山地而建，广借太湖三万六千顷和湖中七十二峰，可谓“略成小筑，足征大观”。从时代背景来看，横云山庄选址南犊山鼋头渚，突破了城市范围对园林相地选址的局限，开启了近代无锡太湖别墅园林建设的风气。相较于父辈所建的私宅园林潜庐而言，无论是相地的胆识，还是空间营造的气魄，横云山庄都体现出杨氏后人更为超前的思维和更加开阔的眼界。

横云山庄的建设讲求“涉门成趣，得景随形”，遵从“高方欲就亭台，低凹可开池沼”的手法，构园因地制宜，形成横云山庄之整体构架。横云山庄的构园布局，似一部情节跌宕起伏的小说，引人入胜，耐人寻味。

受园主杨翰西早年间北方官宦生涯的影响，横云山庄延续传统园林风格，空间布局大开大合，气势雄伟，具有北方皇家园林的风范，与传统江南地区别墅园林咫尺山林的造园风格大相径庭；园中建筑也大多依照北方皇家建筑制式进行营造，彰显园主的显赫身世。同时，园中融入西式建筑风格和近代建筑材料和技术，形成中西交融的特殊建筑风格，体现出近代资本家勇于创新的积极面貌。

作为民国时期无锡太湖园林的代表之作，横云山庄无论在选址视野、造园风格、思想理念等方面，相较于城内和惠山园林来说，都反映出明显的变化与发展，体现出无锡近代造园者从文人官宦向民族资本家的身份转变。这种园林风格的发展变化，可以说是近代无锡社会变迁的缩影。

四、鼋头渚太湖别墅

点评：踞鼋头之巅，尽赏湖中奇峰；临万方之楼，长忧家国劫难。

自1918年实业家杨翰西于鼋头渚建筑横云山庄伊始，众多无锡工商业者相继在此购地筑园。与王问同为琅琊王氏后人的王心如相中了鼋头渚南坡得天独厚的景致，于此营建太湖别墅。尽管太湖别墅在名气上不及横云山庄，却是一座尽得山林之秀、太湖之巅的近代园林佳作。

1. 历史沿革

太湖别墅的建设主要由王心如、王昆仑父子主导（图13-72）。

王心如系书圣王羲之六十六世裔孙，少年时代“好读书，涉猎渊博，急公好义，乡里称贤”，为无锡爱国士绅，夫人侯受真为侯翔千（国民党元老吴稚辉的老师）之女，“知书达理，深明大义，乐于助人”。王心如长期在外当官，为免迁徙之累，将家庭安置于北京城内。1927年王心如回到家乡无锡出任厘卡局局长（相当于税务局长），次年年初全家迁回无锡城内居住。同年王心如从谢家购地，开始兴建太湖别墅，造园活动持续到1936年王昆仑修建的齐眉路和门楼。

图13-72 20世纪20年代王家合影，中排左一为王心如，后排右一为王昆仑

王昆仑（1902 ~ 1985年），原名王汝玙，字鲁瞻，王心如长子。少年时在北京生活学习，接受进步思想，积极参与爱国主义运动，1922年由孙中山先生介绍加入中国国民党，1933年秘密加入中国共产党。1935年王昆仑掩护宁沪锡中共地下党员和工会负责人，在万方楼内召开秘密会议，共商救国大计。抗战期间王昆仑撰写的《红楼梦人物论》，具有针砭时弊的现实意义和战斗品格，给他带来了学术上的声誉。

1950年，王昆仑征得父亲同意，将太湖别墅（除了方寸桃源作为王心如夫妇佛堂）捐献给政府，安排为华东军区伤病员疗养院。1958年七十二峰山馆、万方楼、天倪阁、万浪桥等七处房地产划归鼋头渚公园，后由李正主持万方楼、万浪桥的修复设计。1986年，七十二峰山馆被列为无锡市文物保护单位，1987年辟为王昆仑故居，时任全国政协主席的邓颖超为故居亲笔题名。1999年七十二峰山馆落架翻修，2009 ~ 2010年再次修缮，馆内更新《王昆仑生平事迹展览》，万方楼增设“万方楼会议旧址”和“王昆仑与红楼梦”两个展览。2002年，横云山庄及七十二峰山馆被列为江苏省文物保护单位。目前太湖别墅范围大致是：北起“太湖别墅”牌坊，南至万浪卷雪胜景，存有七十二峰山馆、万方楼、天倪阁、“太湖别墅”牌坊等建筑和万浪桥。

2. 造园思想

王心如、王昆仑父子的造园思想，体现在建筑名称、对联匾额中，主要表现为三点：一是对鼋头渚自然山水的钟情，二是躲避战乱、隐逸避世的愿望，三是心怀天下、忧国忧民的情怀。

图 13-73 太湖别墅航拍图

七十二峰山馆南临太湖，早期可遥望三山、马山、拖山、椒山等七十二峰，山馆由此得名（图 13-73）。建园时栽植的雪松、龙柏、桂花和山茶如今已长大，形成浓郁的山岭森林景观，后山的毛竹林，粗壮挺拔，幽寂倍增，昔日湖中岛屿缥缈浮动之景不可得（图 13-74）。山馆西坡堆叠假山，造型多变，亦可得七十二峰之趣。山馆北侧平台今置石一块，上有“解梦山馆”题字，为红学家冯其庸题名，纪念王昆仑在红学研究上的贡献。一勺泉旁的山门，北面题额“聆涛”后，通向万浪卷雪，南面题额“听梵”，通向广福禅寺。前者与自然相关，后者与人文融合，以题额的方式预告了下一处景致。

明代嘉靖年间进士王问亦为琅琊王氏后裔，辞官后隐居在鼋头渚西南的宝界山。王心如借陶渊明“桃花源”之意，将归隐修身之处命名为“方寸桃源”，在山坡地片植桃树，自蜿蜒而上的齐眉路走来如入桃源之境，体现出王心如不问世事和崇尚隐逸的思想。

另一重要建筑万方楼建造时，正是日寇侵占中国东北，亿万同胞身处水生火热之际，王昆仑引杜甫《登楼》诗句“花近高楼伤客心，万方多难此登临”之意，将此楼命名为“万方楼”。二层可极目万千风景，历览风云古今，与“万方”之境相合；二层大门左右两侧的草隶对联“月从水底出，船自天上来”，由原国民党元老于右任（1879 ~ 1964 年）撰写，也印证了“万方”之景。万方楼二层室内现悬挂有半幅隶书上联“在家忧国书生事”，右上方可见“王昆仑”三字，但下联不知踪迹，据有关回忆及资料佐证，下联为“临水登山节士心”。这一隶书对联充分体现了王昆仑深沉的忧国忧民之情。

图 13-74 七十二峰山馆南侧植被（摄影：戈祎迎）

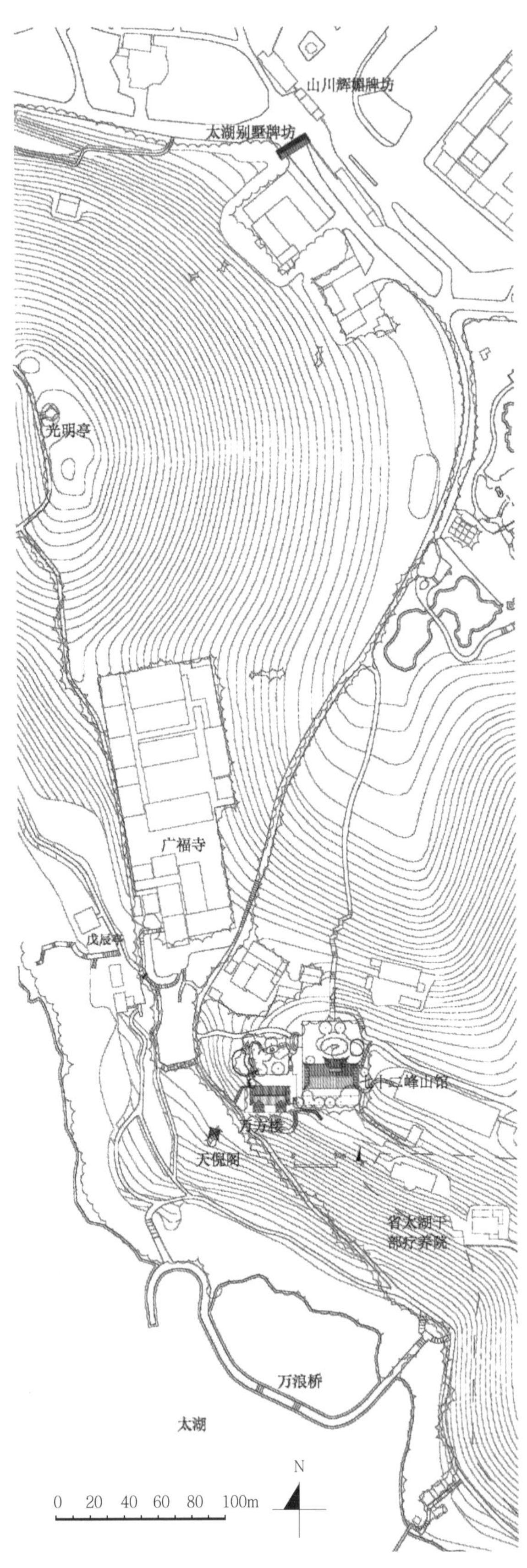

图 13-75 太湖别墅总平面图（绘制：戈祎迎、高凡、顾怡华、耿福瑶）

3. 园林布局

杨翰西横云山庄占鼋头渚前部之胜，王心如太湖别墅得其后部之广。王、杨两家在造园时明争暗斗，尽其所能，为鼋头渚人工美与自然美的融合增添了不少故事性。

太湖别墅原有面积为 72 亩（另一说为 70 亩），有方寸桃源、松庐、七十二峰山馆、万方楼、辛酉斋、天倪阁、“太湖别墅”门楼、万浪桥等构筑，此外还有坡地桃林。太湖别墅历经时代变化，辛酉斋等少数建筑已无迹可寻，面积缩减，但重点建筑仍存（图 13-75）。

1934 年前鼋头渚不通陆路，从太湖水路运来的建筑材料泊于万浪桥堤坝处，游人可能也是在堤坝西侧上岸。1934 年荣德生建造宝界桥，方便游人走陆路去往鼋头渚，1936 年，“太湖别墅”门楼和齐眉路落成，从“太湖别墅”门楼亦可入园。

“太湖别墅”牌坊在鼋头渚今“山辉川媚”牌坊西南侧，琉璃顶，拱券式三洞样式（图 13-76），为王昆仑所建，正面题“太湖别墅”，背面题“齐眉路”，由近代高邮书画家王荫之书写。齐眉路即自“太湖别墅”牌坊起，东南折而向西。

南面的山道，与横云山庄南部相接，其岔路通向广福寺和小南海。路名取东汉梁鸿孟光举案齐眉相敬如宾之意，是王昆仑为贺父母花甲之寿而建。齐眉路逶迤于苍松古竹之间，空气清新，环境清幽，人行其间，须眉尽碧（图 13-77）。

图 13-76 “太湖别墅”牌坊正面与齐眉路入口（摄影：戈祎迎）

图 13-77 齐眉路（摄影：戈祎迎）

沿路走至半山腰是倚山而筑、林木葱茏的方寸桃源，院子南面为山石峭壁，建筑面阔五间，左为女卧，右为男卧和卫生间，中间作客厅用。方寸桃源之西为小院松庐，作书斋用，三开间，拱门入室，前临竹林，后依崖壁，小巧玲珑，氛围幽静。

山顶坐落着主体建筑七十二峰山馆（图 13-78），作聚会待客的场所，馆名为 1930 年国民党元老胡汉民手书。建筑坐南朝北，五开间敞厅，面积约 250 平方米，为中西交融砖木结构，北接亭式门厅，东西南三面环廊。七十二峰山馆北平台新增王昆仑半身像一座，以及两株古树麻栎，东北有山泉小池一方，南有老桂和广玉兰，林木翳然，朴素清幽。

沿七十二峰山馆北平台西侧的假山而下，可至万方楼二层北平台。万方楼现为两层钢筋混凝土结构，二楼楼层与北侧山路相平，一层掩于路下，沿东侧台阶或西侧山石磴道可至一层（图 13-79）。重修时在保持原状样式基本不变的基础上，二层左右加接一对敞亭，整栋楼辟作茶室开放使用。现一层展出“万方楼会议”油画和“王昆仑与金陵十二钗”玻璃画，二层有半幅对联“在家忧国书生事”。

图 13-78 七十二峰山馆现状（摄影：王俊）

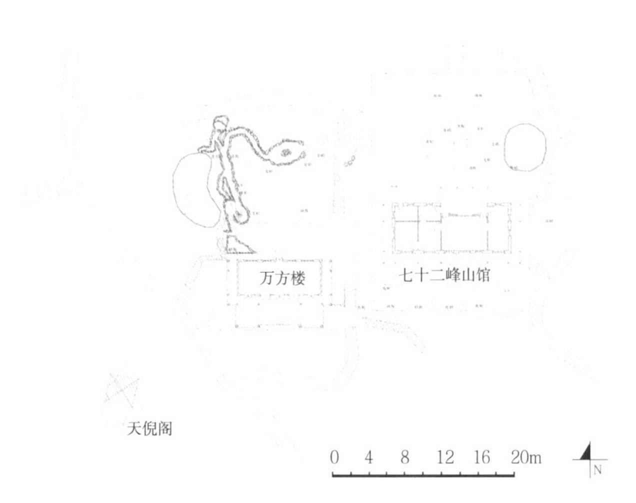

图 13-79 太湖别墅局部平面图（绘制：戈祎迎、高凡、顾怡华、耿福瑶）

图 13-81 一勺泉（摄影：高凡）

万方楼下方，东有辛酉斋，西有天倪阁。天倪阁前出半圆形平台，阁小若亭，重檐攒尖顶，飞檐翘角，秋水晚霞，尽归眼底（图 13-80）。天倪阁的西北处有一勺泉（图 13-81）和太湖别墅山门。万方楼南下有一处小小的湖湾，王心如利用沿湖巉岩下的一曲水湾芦荡，围堤架桥，沿陡坡修筑上下磴道以作亲水之游，曾在其旁设轮船码头，架风车作别墅汲水之用。万浪桥因被浪打断过，曾称“断桥”。

图 13-80 天倪阁

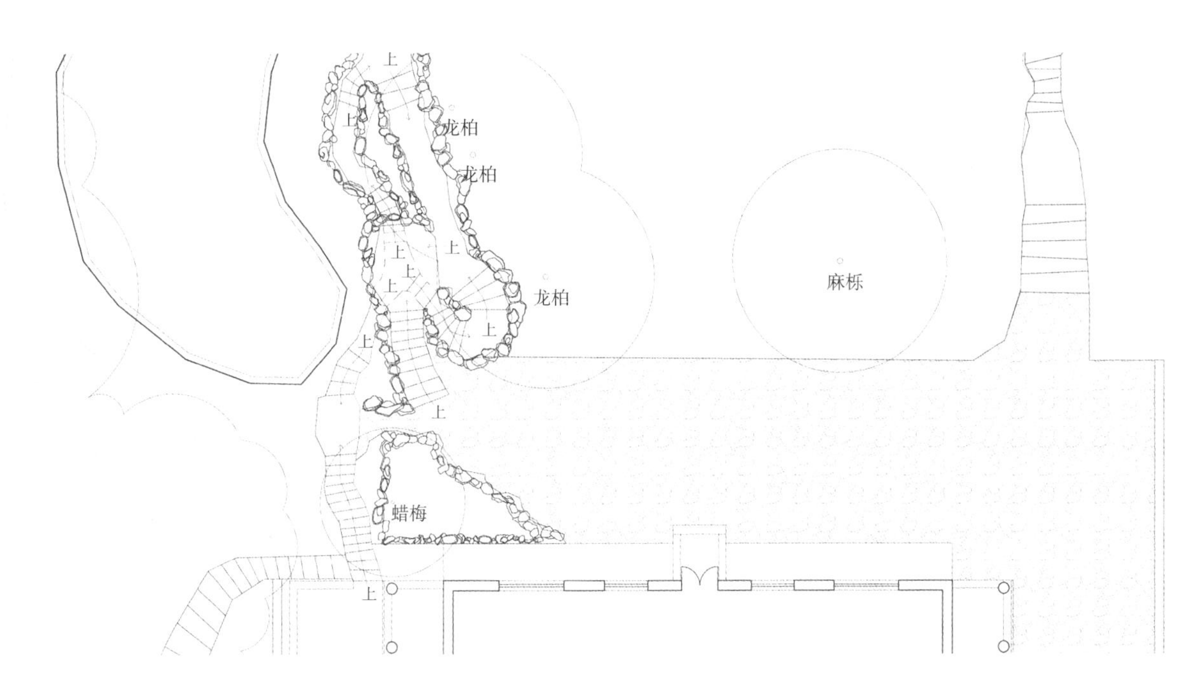

图 13-82 太湖别墅假山局部平面图（绘制：戈祎迎、高凡、顾怡华、耿福瑶）

4. 造园意匠

（1）叠山

计成《园冶》认为园林建于山林地上，“自成天然之趣，不烦人事之工”。园主王心如深谙此理，太湖别墅的营建并未对真山做过多的改造，仅在七十二峰山馆之西、万方楼之北的坡地上选用湖石和黄石，混合堆叠土石相间的假山，整体风格略显琐碎。西望假山立面，略有峰峦兀立之感，但缺乏山石体态的衔接和浑然一体的气韵。

山间设两条路径往返于两座建筑之间：假山东侧路径直上直下，较为简单，另一路径自七十二峰山馆北平台西行再南下，曲折有致。山体西南部有一平台，东南入山洞中腹而西南出可至万方楼一层，北登山洞平顶再南下可至万方楼二层，这段路径如万方楼的户外楼梯，在有限的空间里灵活地布置了上下交通，丰富了游赏假山的乐趣（图 13-82）。山洞顶部用黄石压顶，部分顶部较平整，部分顶部类拱顶，内部山壁似墙壁，山顶如屋顶平台，表现出清代中叶以后假山建筑化的倾向。山体西北部似有一处山洞，现不可进入，与常见的传统园林叠山手法不同，原因不详。

（2）理水

太湖别墅所在范围内有两座小水池，一座在七十二峰山馆和万方楼之间的假山西侧，轮廓较为规则，现无水，有磴道可通向池边，雨天水流顺山石跌落入池，可形成似瀑布跌落的瞬时景观，与颐和园画中游区域叠石挡墙的雨季景观有异曲同工之妙（图 13-83）；另一座在七十二峰山馆东北侧，大致为圆形，原为建筑采石的宕口，又可用于积存雨水便于山地用水，这是营建园林就地取材便于人事的例证。

园主借自然之水营造园林景观体现在两座“万”字构筑上。万方楼二层南向和西向视线开阔，因借太湖，有“欲穷千里目，更上一层楼”的意境，可得最为广阔的太湖之景：湖中三岛在碧波之中荡漾漂浮，远处群山

图 13-83 假山西侧水池（摄影：戈祎迎）

图 13-84 万方楼西望太湖，可见湖中三岛（摄影：戈祎迎）

在江南雾雨中若隐若现，山长水阔，摇曳人心（图 13-84）。1947 年，戏剧家周贻白登临此楼时，留下了“**群山高拱万方楼，看尽江南景色幽。七十二峰都到眼，春云霭霭水悠悠**”的赞叹。

1930 年，王心如利用万方楼下南向的一处天然水湾，建堤坝和万浪桥，形成了一处与外湖相通的避风港。20 世纪 60 年代做修复设计时，考虑到万浪桥迎面正对风口浪尖，故加宽加固堤坝，同时将万浪桥设计成民族形式的钢筋混凝土拱形桥梁，桥拱下可供渔船出入。风霜雪霁之景、四时更替之景，变幻莫测，乐趣各异。万浪桥与堤坝围合出的小水湾，与浩大的湖面产生了大小、虚实、动静的对比，堤内风平浪静波澜不惊，堤外烟波浩渺蔚为大观（图 13-85）。

园主巧于结合园外之水，冶内外于一炉，纳千里于咫尺，突破了园林本身的空间限制，万方楼、万浪桥两座“万”字构筑分别面水、压水而构，从万方楼到万浪桥，视点虽降低，境界却愈加开阔，可从不同的高度和距离欣赏太湖之水，延长了视觉景深且增强了园林的空间感。借景手法体现出计成在《园冶》中强调的“**园虽别内外，得景则无拘远近**”的思想，将园外景致纳入园内，实现了人工景物与自然风光的和谐统一。

（3）建筑

太湖别墅之建筑在整体上服从山水，山水在局部中照应建筑，随山就势，灵活多变（图 13-86、图 13-87）。通过崖壁、植物、矮墙等围合成庭院，以齐眉路串联若干个独立小院，形成了自北向南的院落空间序列，在观游之路上营造出北奥南旷的节奏变化：松篁夹道的齐眉路形成悠长的线形空间，表现为空间的“奥”，游线上的若干个小院是为空间组合上暂时性的“放”，经回环迂曲的假山路径到达万方楼二层，可借景太湖是为“旷”的小高潮，终至万浪桥堤观无垠太湖而得无界限的“旷”。一路观游，旷奥互济，曲折多致，游人的心理也随着空间的变化而收放交替，游兴大增。

建筑中以七十二峰山馆地势最高，以万方楼得景最阔。七十二峰山馆为中西交融式建筑（图 13-88、图 13-89），运来进口水泥和钢筋建造。新材料的应用对江南潮湿多雨的气候和白蚁的危害而言，是一种创新的尝试，

图 13-85 万浪桥水湾处（摄影：高凡）

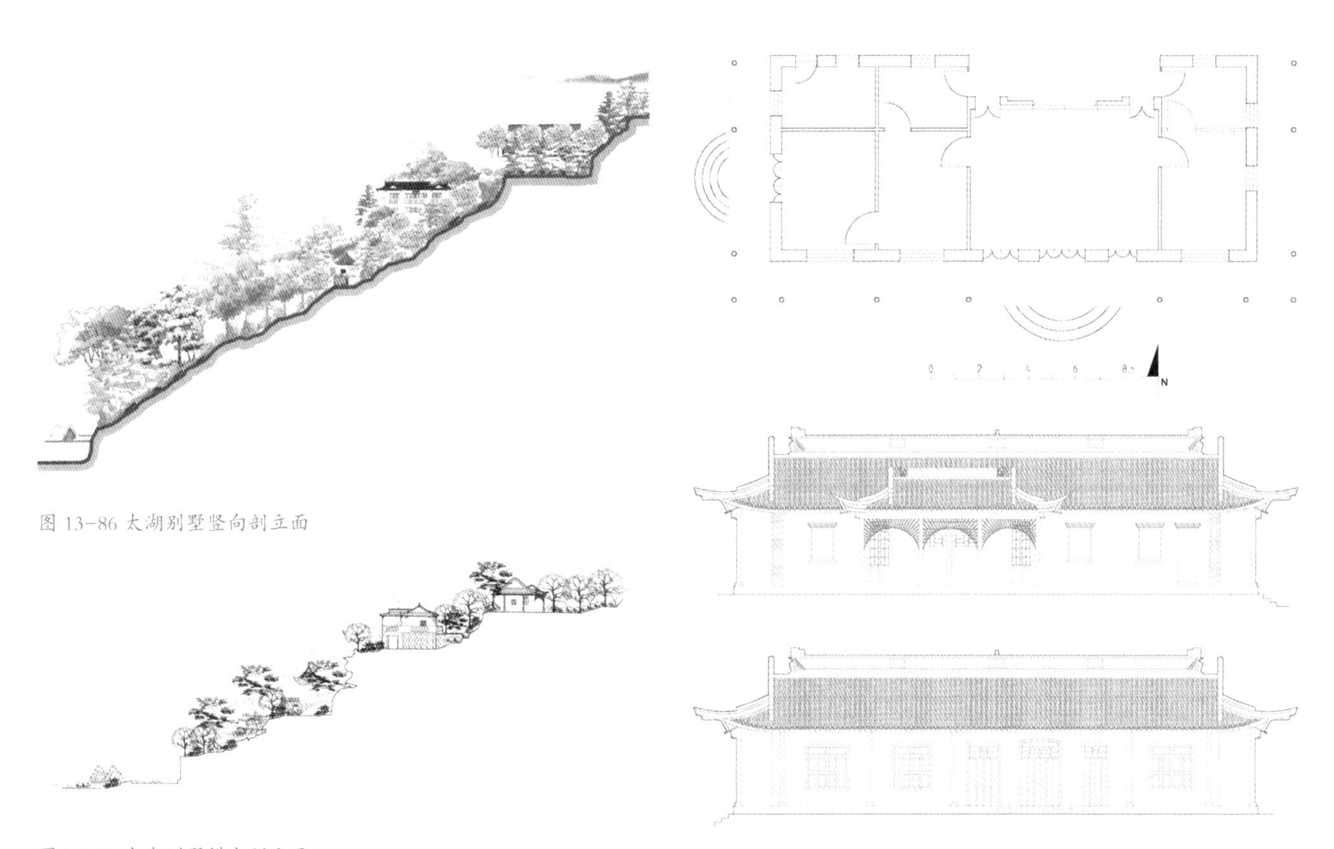

图 13-86 太湖别墅竖向剖立面

图 13-87 太湖别墅横向剖立面

图 13-88 七十二峰山馆建筑平面与北立面、南立面（绘制：戈祎迎、高凡、顾怡华、耿福瑶）

图 13-89 七十二峰山馆效果图

反映出近代建筑工业发展对传统园林的影响。其屋顶为飞檐歇山顶的变式，门厅亦为歇山顶，屋脊上有松竹梅等传统图案，间以筒瓦装饰，增添了屋面轻透、玲珑的气息；屋脊正脊不与垂脊相交之处相接，与传统歇山式屋顶做法不同。东、西、南三面以青砖饰面，北面门厅的门楣带有西方建筑风格，门洞上方采用弧形砖拱过梁，窗洞上方亦模仿西式建筑样式做窗过梁。七十二峰山馆在地方风格中掺入欧式风格，于方便观景及提高园居的舒适程度上有所发展。中西融合的风格反映出当时西方建筑对近代园林营建的影响和传统民居在形式和材料等方面的革新，山馆体量适中，上为中式屋顶，结构和修饰上仍沿用传统建筑的方式，门窗造型不过于花哨，使得中西结合的建筑与清淡素雅的环境相得益彰。

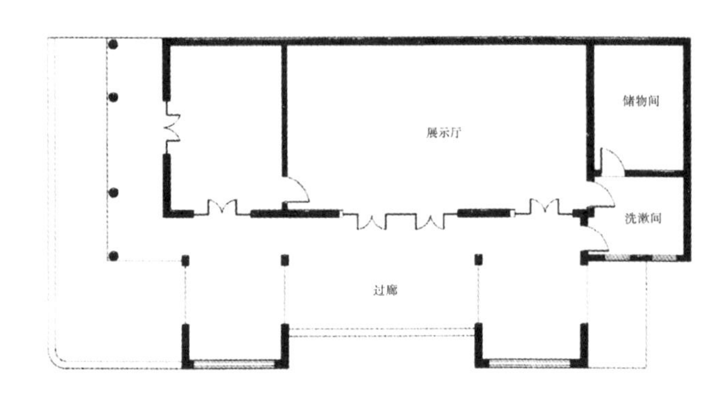

图 13-90 万方楼一层平面图

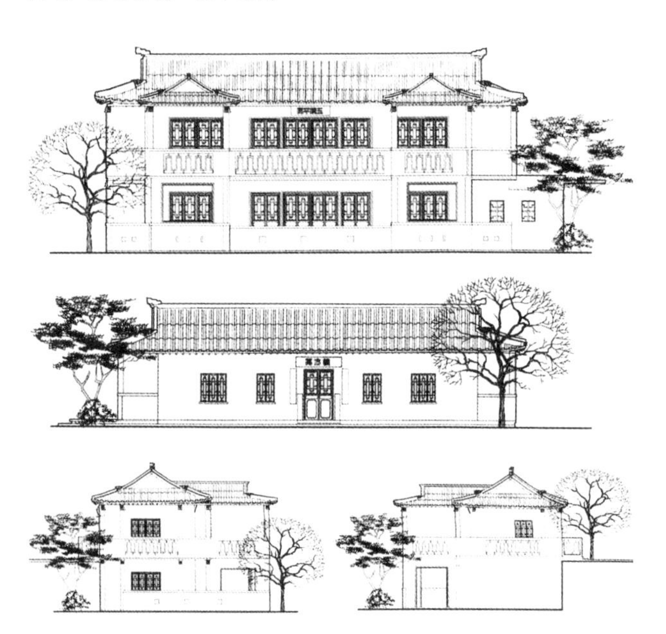
图 13-91 万方楼立面图

万方楼原为倚山面湖而构的两层砖木结构楼房，后改为钢筋混凝土结构。万方楼北望为一层南望为二层（图 13-90、图 13-91），其建筑形式契合《园冶》议“楼阁之基”之语：“**何不立半山半水之间，有二层三层之说：下望上是楼，山半拟为平屋，更上一层，可穷千里目也。**”这种巧妙利用地形的建筑空间构思与颐和园画中游景区澄辉阁、同里退思园山亭等实例同出一源，加之敞厅的增设，使得处于山林之中的建筑更易通风，提升了建筑的观景功能和立面形象；一层以矮墙围合而易享私密安静，二层西南向视线无阻而美景壮阔，在不同高度的空间内营造了多样化的感受。

（4）花木

鼋头渚在新中国成立后经大面积绿化和林相改造，林木生长较好（图 13-92）。太湖别墅范围内林木葱郁，植物景观富有天然野趣。现存麻栎、石栎、龙柏、桂花、雪松、白玉兰、红籽冬青等古树名木，为太湖别墅增添了一份厚重的历史气息。历史上园主曾于天倪阁至太湖边的面湖梯田处广植桃花，对水蜜桃采取杯状形整枝修剪技术，能有效控制树冠高度，不妨碍观景，春天桃花流水，红霞浮动，美不胜收。

（5）小品

1927 年为建设太湖别墅开山修路时，明代王问书写的“劈下泰华”重现于世。王问（1497 ~ 1576 年），明无锡人，字子裕，号仲山，与子王鉴筑湖山草堂为隐所，以书画见长。王问醉心于鼋头渚风景，留下了“劈下泰华”、“天开峭壁”和“源头一勺”等摩崖石刻（图 13-93、图 13-94）。这些流传下来的石刻以跨越时空的笔力描绘着太湖自然山水的神韵，是自然景观和人文景观交相辉映的见证。

5. 园居生活

太湖别墅为王心如夫妇、王昆仑等王家人生活修养之地，具有一定的私密性。半山腰的方寸桃源是王心如夫妇归隐修身之地，院落内植老桂、枇杷，院中有花坛、小石子路和酱油大缸等。王心如曾于 20 世纪三四十年代负责重庆北碚同心酱油酿造厂厂务，以满足江浙流亡人

图 13-92 太湖别墅南侧山坡植物景观（摄影：戈祎迎）

图 13-93 王问“天开峭壁”题刻

图 13-94 王问“源头一勺”题刻（摄影：高凡）

士的调味习惯。万方楼下的路两侧有桃园两座，王心如曾在山坡地种植水蜜桃，亲自嫁接培育出无锡水蜜桃良种。湖边堤坝内种有菱角，堤西原是王心如修建的游泳池，筑风车为山上别墅供水（图 13-95）。湖湾中种有荷花和从马来群岛引种来的莲花，品种名贵。王家儿童少时

图 13-95 湖边风车

在此摸螺蛳采菱角，尽享田园风光。园主于院中酿造酱油，种植花木，架车供水，体现出太湖别墅浪漫的山居氛围和近代民族资本家注重实用的特点。

太湖别墅也是王昆仑研究共产主义的场所之一。1928 年 9 月后王昆仑在方寸桃源和松庐内研读了许多革命书籍，为走上马克思主义道路奠定了基础。

太湖别墅优美的环境吸引了慕名而来的游人，别墅也有部分建筑对外开放。社会各界名人来此聚会小坐，欣赏太湖风光。七十二峰山馆南向的万方楼曾作招待客人和售卖桃子之用，楼上可作旅馆，楼下用作茶室。1935 年 8 月下旬，上海、南京等地抗日救亡骨干以王昆仑亲友到无锡消夏交游、品尝水蜜桃的名义，在万方楼内集中开会。这使得太湖别墅与中国近代史的联系更加密切。

王心如、王昆仑父子的太湖别墅依山而筑，巧借优美的自然风景，与太湖群山互为对景，山外有山，湖外有湖，以“七分天然，三分人巧”成为构筑于无锡秀山丽水间的近代园林佳作之一。太湖别墅既与壮美的自然景观相统一，也与激荡的历史洪流有交集，具有典型的中国传统园林艺术特点和重要的历史意义。太湖别墅的建造采用得景随形的传统手法，虽现存建筑不多，但在相地、借景、问名和建筑风格等方面上都很有代表性，且对西洋建筑风格的借鉴能与传统园林相融合，这些都值得今人加以研究。

五、鼋头渚茹经堂

点评：尊师重教，硕德懿范垂千古；傍水近山，鼋渚烟波畅心怀。

茹经堂位于宝界桥南堍的琴山之坡，是我国近代著名教育家唐文治晚年寓居无锡的别墅书院，占地二亩余，背山面湖，环境幽静，建筑精美，为鼋头渚蠡湖之滨增美添胜。1986年，茹经堂被列为无锡市文物保护单位。2010年，鼋头渚风景区管理处对纪念馆进行了修缮和重新布展，纪念馆以全新的面貌向社会开放，成为五里湖之滨一大人文圣地和文化景点。

1. 历史沿革

唐文治(1865 ~ 1954年)，字颖候，号蔚芝，晚号茹经，江苏太仓人，1912年定居无锡（图13-96）。清光绪十八年(1892年)唐文治中进士，任户部主事，以后迭经升迁，光绪三十二年(1906年)以农工商部左侍郎署理尚书事。他在清政府任职期间，1901年出访日本，1902年以参赞身份参加英王在伦敦举行的加冕典礼。回国时还访问了比、法、德、美、日等国家，考察了工农业生产以及科学教育事业。他从1907年起就致力于教育事业，直至病逝。他曾在上海创办南洋大学(今交通大学)，在无锡创办无锡国学专修学校，并任两校校长，为培育人才作出了巨大贡献。新中国成立后，上海市市长陈毅对他非常关心，尊他为“上海十老”之一。

图13-96 唐文治像

1934年，唐文治七十寿辰时，原南洋大学和无锡国学专修学校校友胡粹士、张贡九等，集资在无锡五里湖琴山腰购地10亩许，建造茹经堂，以纪念唐文治先生为教育事业鞠躬尽瘁的功绩和风范。茹经堂的主体建筑，由著名的建筑师、南洋大学校友杨锡镠设计，交通大学校友江应麟主持的无锡实业建筑事务所承建，其弟江一麟工程师(交通大学毕业生)设计了门头和围墙，并负责施工。当年3月动工，次年12月落成，无锡国专校友钱钟联撰写了《茹经堂碑记》。

1983年，无锡市人民政府将茹经堂交园林局管理，进行修葺，改称“唐文治先生纪念馆”。门头“茹经堂”横额，由全国政协副主席陆定一书写(图13-97)，背额“人伦师表”，系朱世溱书。厅堂改作陈列室，上悬“唐文治先生纪念馆”匾，系时任全国人大常委会副委员长周谷城书写，内有“人伦师表”篆书匾额，为朱东润教授书写。1985年为唐文治诞生120周年，无锡国专第一届毕业生，曾任无锡国专代校长的王蘧常教授为“茹经堂”书额，并撰写《重修先师蔚芝先生茹经堂记》，请胡邦彦书写立碑，还有刘海粟的“山高水常”题额等。

图13-97 陆定一书题“茹经堂”砖额

2. 造园思想

茹经堂的造园思想，体现在造园缘起、匾额和选址等方面。主要用于纪念唐文治先生为教育事业鞠躬尽瘁的功绩和风范，展示唐文治先生的教育精神与国学文化。

唐文治号蔚芝，晚号茹经，茹经堂以唐文治先生的号来命名以示尊重。茹经堂原本拟建在无锡国学专修学校校园内，由于学校已在太湖边购入几十亩地，计划在三年内迁移，因此又“相地于五里湖宝界桥畔”，此地

图 13-98 茹经堂图（绘制：蔡光甫）

为前明王仲山先生的读书处，在此地“**构茹经纪念堂，以与湖山共垂不朽**”。

在茹经堂建成前，无锡已建成多处名园，如鼋头渚、梅园、蠡园等，这些都是无锡富商营建的大型园林，茹经堂则是学生为了庆祝唐文治先生七十大寿而营建的小型私家别墅庭院，如华艺山老先生所说，“**略谓无锡名园甚伙，而关于风教者则少**”，正是由于这种特殊性，让“**茹经堂所有千古不朽云云**”。

在茹经堂的建设发起之初，唐文治先生一再推辞，但由于众学生的坚持，唐文治先生同意接受，“凡我及门，最为团结，所以有此建筑者，将树之风声，以资观感”。中国文化的复兴，向来是以京沪为起点的。无锡地居中心，唐文治先生提倡国学文化，“**兹堂之建，可谓复兴吾国文化之发轫**”。

3. 园林布局

茹经堂总面积约 2500 平方米，其中茹经堂建筑面积 370 平方米。作为一个别墅庭院，茹经堂各种园林要素设计显得极其丰富。

茹经堂面临湖山，风景绝佳（图 13-98）。总体布局分为三部分，第一部分为相对平整的入口空间，主景为一潭清泉；第二部分为坡度较大的植物景观区，有丰富的植物层次；第三部分是主体建筑茹经堂（图 13-99）。

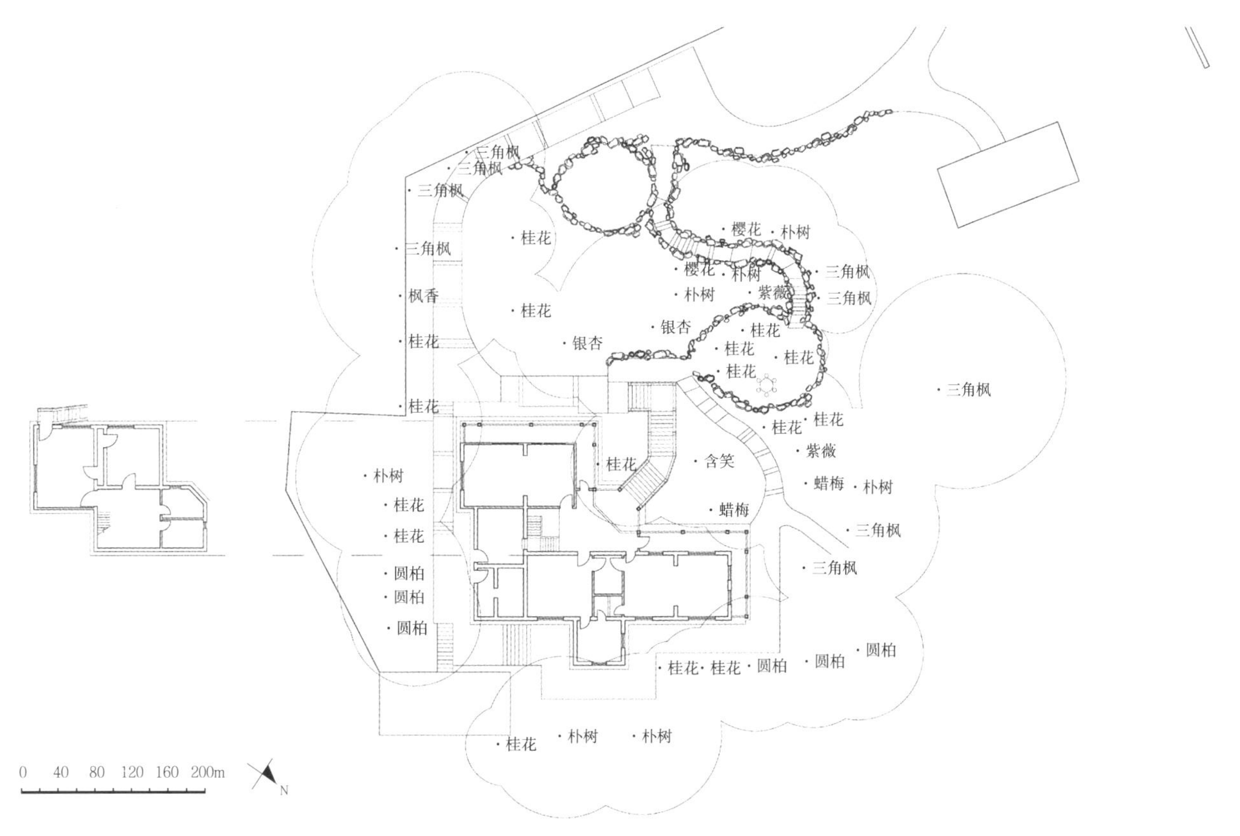

图 13-99 茹经堂总平面图（绘制：储一炜、毕玉明、王小兰）

图 13-100 茹经堂入口外侧（摄影：储一炜）

从入口进入茹经堂，门首为牌楼式，门上“茹经堂”三字为石遗老人所书，内面有“人伦师表”四大字（图 13-100）。

进门有一池塘，称日芝泉，四环湖石，如镜照影，清澈可鉴。入园后，东西各有一条道路通向茹经堂。由东侧园路拾级而上，四周树木葱郁，沿着块石台阶行走几十米便可看到一处休憩平台，平台上种有四棵高大的桂花。经过休憩平台，转过弯来便为主体建筑茹经堂。茹经堂建筑为民族形式的楼房，飞檐翘角，上下两层错落有致，整个建筑小巧玲珑，曲折多变，厅堂书斋亭廊及起居用房，一气呵成。

4. 造园意匠

（1）叠山理水

计成《园冶》称：“园地惟山林最胜，有高有凹，有曲有深，有峻而悬，有平有坦，自成天然之趣，不烦人事之工。”茹经堂正是一块五里湖滨的山林地，设计师认识到场地条件的优越性。茹经堂的营建并没有对原始的山体进行过多的改造，茹经堂建筑也采用了山地建筑的形式，分两段对地形进行了平整处理，减少了土方的搬运。

茹经堂假山的堆叠总共包括三个主要部分。第一部分为水池驳岸。《园冶・山林地》又称“入奥疏源，就低凿水”。茹经堂内唯一一处水体位于全园的最低点，为一个黄石假山堆叠的圆形水潭，名为日芝泉（图 13-101）。江南多雨，茹经堂又为单坡山林地，这种处理手法可以将园内的雨水尽可能多地收集到日芝泉中。日芝泉水面与陆地高差较大，留出了足够多的蓄水空间。第二部分为入园后的日芝泉东边，有一条通往主体建筑的道路，路两侧堆放黄石置石（图 13-102）。沿着道路上行，置石变少。为了挡住因雨水冲刷而带下来的沙土，道路右侧叠石显得更为丰富些。全园第三处叠石位于茹经堂主体建筑南侧，处理因平整地形而带来的高差（图13-103）。

（2）建筑

茹经堂的主体建筑，由著名的建筑师、南洋大学校友杨锡镠设计，交通大学校友江应麟主持的无锡实业建筑事务所承建。

建筑师杨锡谬擅长将中国传统建筑与西方建筑风格相结合。茹经堂采用了传统的屋顶形式，又做了创新（图13-104）。屋顶为木结构组合式歇山顶，但在主入口处做了一个六角半亭（图13-105）。半亭位于中心，它的屋顶又为整个建筑的最高点，独特的组合让六角半亭成为立面构图的中心。屋顶整体起翘明显，线条轻盈。建筑二层为传统的木结构建筑框架，中间通过混凝土墙体进行空间分割。建筑首层下半部分采用大石块，混凝土勾缝，上半部分面层则直接将混凝土露出，进行简单处理，线条直挺，并在转角处做了适当的花纹处理，透露出明显的西方建筑风格（图13-106）。

（3）花木

茹经堂由傅志章布置花木、点缀胜景。根据现场的调研，现存的主要乔木有桂花、含笑、紫薇、蜡梅、三角枫、

图13-101 日芝泉（摄影：储一炜）

图13-102 山石蹬道（摄影：储一炜）

图13-103 茹经堂建筑群与坡地的关系

图 13-104 茹经堂建筑立面图

图 13-105 茹经堂建筑主入口

圆柏、朴树、枫香、樱花、银杏等。由于1935年建园距今已数十年，树木已生长得郁郁葱葱。从树种上可以看出，傅志章先生主要选择的是观花和秋季色叶的乡土植物。

（4）铺地

园中主要有三种形式的铺地。入园处采用的是石板铺面。而入院后从西南方向上山道路以及建筑前的铺地则显得极其精细。首先通过大块石在外圈围一圈，正中心使用一块平整的矩形花岗石铺地，在花岗石与大块石中间，采用了小卵石，均匀地排列，并且通过一些黑色的片状石材构成各种图案，变化丰富（图13-107）。而园内其他地方多采用大块石通过混凝土填充的形式，显得厚实自然。

图13-106 茹经堂建筑转角（绘制：储一炜）

图13-107 茹经堂山路铺地局部（摄影：黄晓）

5. 园居生活

1936年1月茹经堂建成并举办了落成典礼。前来参加典礼的宾客众多，与会者有裘维裕、傅焕光、杨翰西、荣德生、唐星海等200多人。典礼首先由筹备会张贡九、胡粹士报告筹备经过。而后华艺三演说，称誉茹经堂："无锡名园极多，怡情适性者多，关于风教者少。茹经堂所有千古不朽云云。"最后唐蔚芝演说，张贡九答词，摄影散会。

落成典礼时，多方友人发来贺电。如福开森："岳明水秀，堂构是营，轮换一新，颐养精神。"徐承燠："本三达德，祝七秩寿，六合四方，咸仰儒风。"沈庆鸿："华堂落成，遥祝茹经万岁。"王伯樵："唐蔚老（指唐蔚芝）为当代大师，贵会特建华堂，藉示敬仰，功在百世，敬此电贺。"

1936年，学校举行毕业典礼放假后，唐先生偕妻子赴茹经堂避暑。茹经堂依山临水，兼有长桥之胜，风景极佳。可惜蚊蚋甚多，起居饮食亦稍有不便，唐先生夫妇住半月后回城。1937年花朝（阴历二月十二日，俗称百花生日），全校学生以行军方式徒步三十里到宝界桥茹经堂及新校址植树。时春寒料峭，雨霰交加，校长亦冲寒而至，大众激励，成为当年教育界的一项重要活动。

茹经堂巧借太湖优美的自然风景，合理地利用了原有的山林坡地，主体建筑突出，独特的风格使其成为无锡众多近代园林中的佳作之一。茹经堂是学生为了庆祝唐文治先生七十大寿而营建的别墅庭院，无锡名园甚多，而关于教育的则比较少。茹经堂作为这类园林的代表，值得进行深入研究。

六、鼋头渚陈家花园（若圃）

点评：近代专类园的先驱，聂耳作曲的胜地。

陈家花园位于鹿顶山东南山麓，又名“若圃”，始建于1924年，后在该园林的基础上，建成充山隐秀一景。充山隐秀是鼋头渚内重要景点，位于充山与鹿顶山之间的山谷坡地，东起绿芸轩，南至湖山路，北至鹿顶山南坡，西至挹秀桥，“两山合抱翠会和，花木深深隐秀色”。这里有平缓低丘上的各种造型花木和茂林修竹，有开阔平坦的绿茵草坪和各色品类的地被植物，亦有涧溪清流及品种繁多的水生植物，还有年代久远、树龄达五六百年的一级保护古树苦槠，品种名贵、树龄达80余年的茶梅等。这里的植物世界，让人有回归自然的亲切感。

1. 历史沿革

1924年无锡民族工商业者陈仲言在该处辟地70余亩，广植中西花果、树木，包括柿、橘、梅、杨梅、枇杷等。1946年，陈菊初用其中的15亩土地，辟鹿顶农场，种植桃树、山芋、葡萄、小麦等。1949年，王承祖又租地18亩，辟辛乐农场，种植桃树、小麦、马铃薯等。新中国成立后，市园林部门辟为育苗基地。1976年设充山苗圃，扩大至200多亩，培植雪松、龙拍、香樟、玉兰等树木，并培育花卉。1984年按照观赏植物园的格局，占地面积4公顷，建成“充山隐秀”一景，设春花、夏荫、秋色、冬景四个区（图13-108）。

2. 园林布局

（1）春花区

春花区，由鼋头渚大门前行右转。可从游览车停车场以南石径迤逦而行，通过疏林草坪到达。四周有人工堆积的土山，高低错落，广植桃李、杏梅、玉兰、杜鹃、月季等花卉，缀植杨柳、香樟、毛竹等观赏树木，春季可观赏百花齐放。西侧山坡，草坪右侧有顺流而下的山涧水，聚积而成翠湖。在翠湖水面上，架两座小桥，一曲一直，曲桥名“俯青”，直桥名“跨绿”。在翠湖南，横跨一桥亭，八柱、歇山顶，根据“翠叶藏莺，珠帘隔燕，柳细柔，春雨细，池上碧苔三二点，鱼拨荇花游”的诗句命名为“荇春”

图13-108 陈家花园航拍图

图 13-109 荇春桥亭

图 13-110 苦槠古树（摄影：冯展）

（图 13-109）。翠湖临水建有两层楼，三开间，青瓦粉墙，上层悬“醉芳楼”匾；下层有“春风入座”额，有“花不醉人人自醉”的意境。品茗赏景，凭窗眺望，满目青山照眼明。花木扶疏中，隐隐杏花楼仿佛可见红杏梢头挂酒幡。楼旁水边，有方亭，名“蓼风”。绕过蓼风小亭，循俯青曲桥而行，在凤尾声声中，有仿竹而构的竹亭可驻足小憩。竹亭建在满植翠竹的土山上，六角形，以六根仿制的毛竹为柱，以假乱真，富有韵味，名为“个亭”。个为半个竹字，形如竹叶。杏花楼为山坡上的古典建筑群，面积有 980 平方米，共六幢，后辟为旅游饭店。

（2）夏荫区

夏荫区紧傍春花区，即鹿顶山下。这里遗存着陈家花园内一批珍贵的古树名木。以古树乔柯、浓荫匝地为特色，百年茶梅繁花如雪，大王松拔地凌空，针叶长而披佛，是当年“若圃”旧物。苦槠有二株，浓荫匝地，高 20 米，四五人合抱，已有六七百年树龄（图 13-110）。有大可合抱、茂如翠盖的鸡爪槭。另有一株冷杉，生长在陈仲言的书屋前，已 50 多年。它原来只生长在我国西南海拔 2000 ~ 4000 米的高山上，树形美观，主干

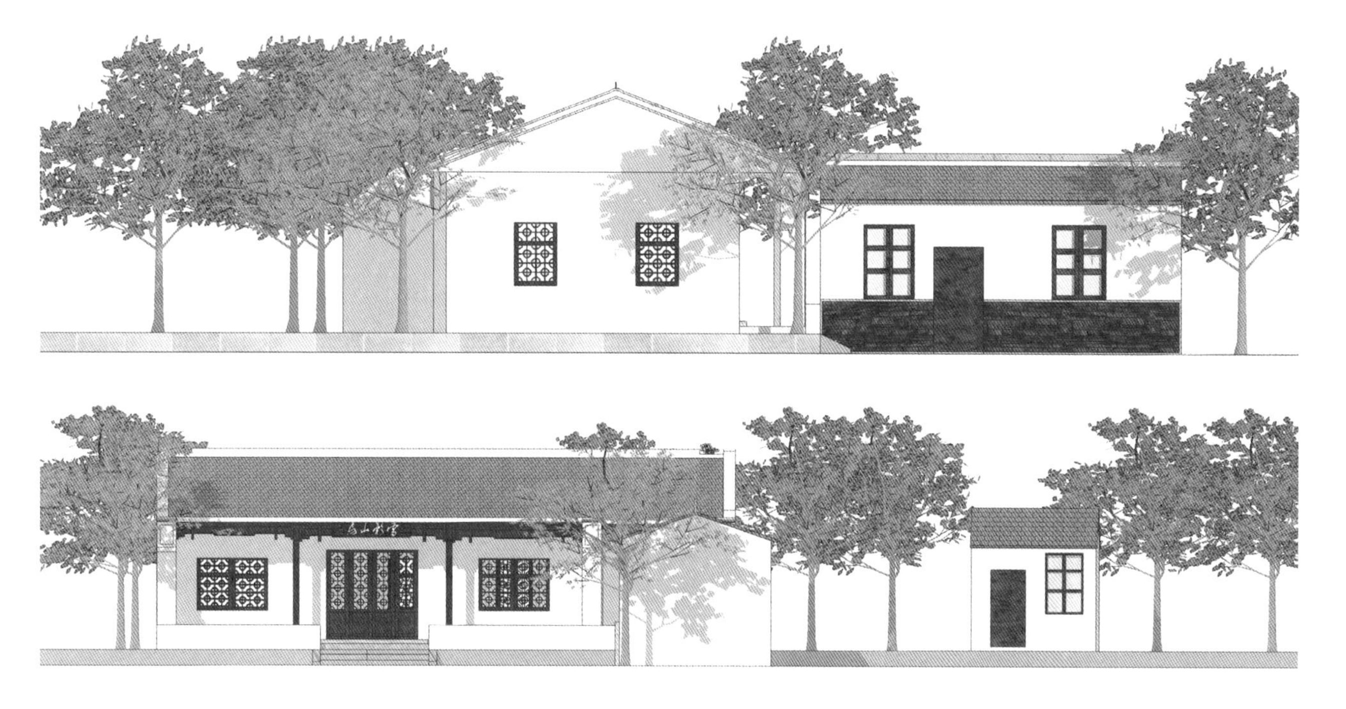

图 13-111 雪影山房西立面图和南立面图

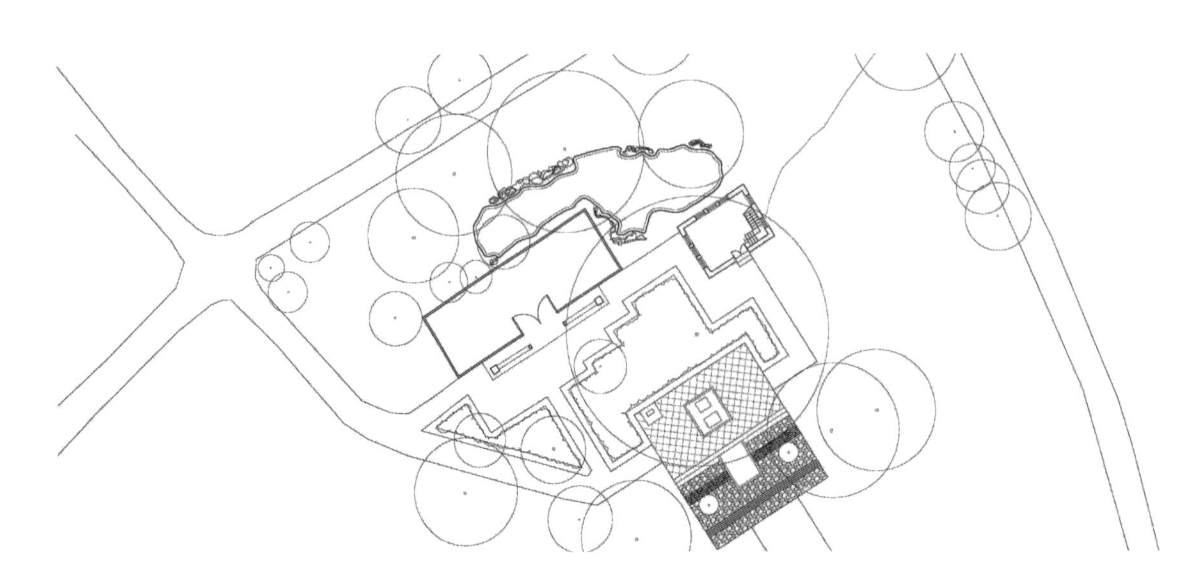

图 13-112 聂耳亭区域平面图（绘制：刘琪琪）

挺立，长势良好，为无锡所仅见。原有三株龙松（又名大王松），高十七八米，姿态盘曲，松针长 30 余厘米，三针一束，深绿色，细柔下垂，一团团如刺猬，这个树种是 1928 年从国外引进的。可惜大王松和鸡爪槭今已不存，还有一株百年茶梅，姿态优美，花开如一片白雪，连茶梅边的一幢建筑也被命名为“雪影山房”（图 13-111）。中间有一条 10 米长的棚架，满攀花藤。园艺布置颇具东瀛风格。这些都显示出夏荫区的特色。

（3）聂耳亭

在夏荫区，还有著名的胜迹——聂耳亭（图 13-112）。聂耳亭为江南楼阁式，两层，长方形，四面有窗，歇山顶（图 13-113、图 13-114）。1934 年，上海联华影片公司到鼋头渚附近拍摄电影《大路》外景，导演孙瑜，剧作家于伶，演员张翼、金焰、王人美、韩兰根等聚集到这里，由聂耳为影片作曲。《大路歌》和《开路先锋》就是在这个江南亭式小屋里谱写完成的。当时聂耳独自住在这幢小阁楼上，面对水乡美景，创作出举世闻名的中国工人阶级音乐形象的歌曲。

新中国成立后，无锡市人民政府为缅怀聂耳，把这幢小阁取名为“聂耳亭”，并进行了修葺和保护。1961 年，于伶旧地重游，作《太湖陈园忆聂耳》（调寄减字木兰花）词一阕：“鼋头独立，旧地重游何悒悒。断续歌声，水天遥忆故人劫。行行何去，湖畔尽多留情处。《先锋》《大路》，灼灼陈园春长驻。”

1981 年，于伶应无锡日报副刊部之请，为聂耳亭书匾。1985 年，新塑了洁白的聂耳半身像。连座高约 2.5 米，重现当年聂耳创作《大路歌》的形象。旁配建硬山墙厅屋三间，作为纪念室，取名“聂耳遗踪”。这里四周绿荫浓密，花木葱茏，东望五里湖，柳堤成行（图 13-115）。

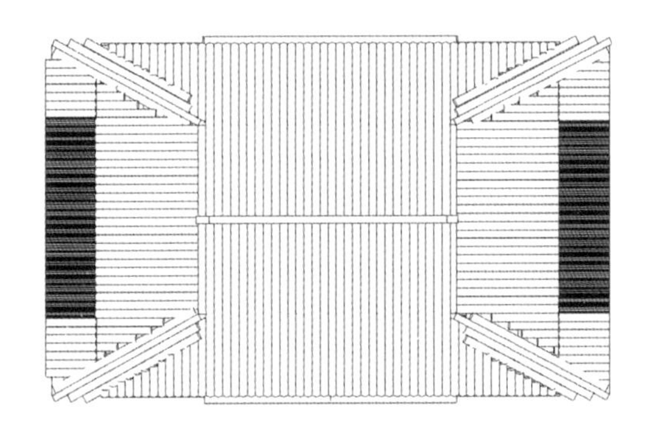

图 13-113 聂耳亭屋顶平面图

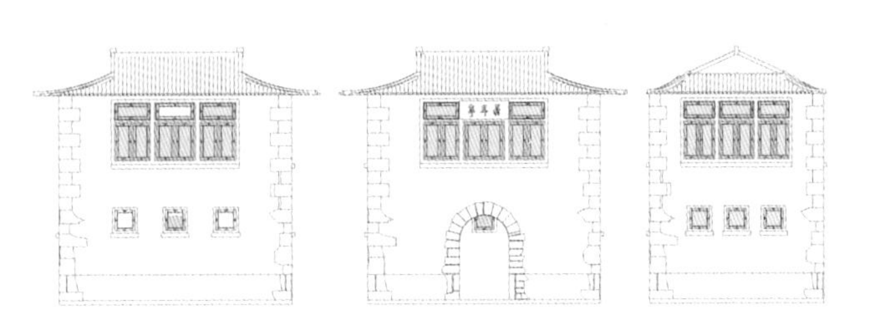

图 13-114 聂耳亭立面图

图 13-115 聂耳亭现状（摄影：冯展）

图 13-116 花菖蒲园现状（摄影：张淮南）

（4）花菖蒲园

夏荫区西侧草坪，山坡低洼处，有花菖蒲园，是1995 年与日本佐原市合作建造的，占地 1 公顷，依托天然地形和池沼水面，又加改筑，植花菖蒲 200 多个品种两万余株。初夏花开时，点缀水边林下，一片姹紫嫣红，花开如蝴蝶飞舞。

花菖蒲是日本佐原市的市花，1995 年落户无锡鼋头渚，见证了中日两国人民的友好往来。花菖蒲属鸢尾科，宿根花卉，6 月上旬为盛花期，花开万千，纯美艳丽，摇曳生姿，恰如万千彩蝶，翩翩起舞，令人神往（图 13-116）。

（5）挹秀桥

桥址位于充山与鹿顶山之间山谷收狭处的咽喉地段，状若关隘要津。为解决诸景间的相互连接，集点景、

图 13-117 挹秀桥

图 13-118 梠秀桥景色（摄影：王俊）

引景及交通枢纽于一身的梠秀桥便应运而生（图 13-117）。首先，结合桥址所在地自然形势和使用功能，因地制宜建成立交桥形式。即桥身两头分别经上山磴道、石桥和隧洞，向北、向南通往鹿顶迎晖和湖山真意；桥洞恰为充山隐秀西入口，往前则为中日樱花友谊林，穿花而行，可达江南兰苑 (1987 年始建) 和以横云山庄、太湖别墅为核心的鼋头渚主景区。其次，考虑到该桥处于沟通几大景点的枢纽位置，周围又有茂密蓊郁的竹林、树丛，必须赋予恰当的体量，使之成为位扼形胜的点景建筑，否则就站不住脚。为此在桥身上建亭廊，设计成风雨桥样式，上为琉璃顶，强调其夺目感观，又紧贴桥台设台阶，方便上下（图 13-118）。游人登桥驻足，凭栏观望，周围景色隐约于树罅林杪，有引人探幽之妙。

梠秀桥造型别致、典雅，桥洞拱券形，上镌“梠秀桥”三字，像雄关耸峙在深谷中。桥上接连造两亭一廊，亭上悬匾，一为“幽草鹿过”，一为“深树云来”。由此穿林登山，前有陈仲言所建小屋三楹，名“雪影山房”。后有涧池名“甘泉”。旁有百年茶海。上坡有照影池、西子轩、浮翠亭，均为纪念西施的风景建筑。桥东南为陈家花园故址，即今之充山隐秀，西南通江南山村——犊山村（现已拆迁）。桥亭通登山石级，左盘右旋，一路青松翠柏。林隙间，时见太湖一角，蠡湖踪影，有移步换景之妙。登临峰顶，新建有三层舒天阁，在此极目远眺，太湖万顷，湖中七十二峰，湖西十八湾，湖东十二渚的几十个山峰，以及三山、马山、拖山，尽在一望中。东望，十里长的蠡湖，一派鱼米之乡的风情。鹿顶山南侧，见有古屋一幢，面阔五间，檐高五米，歇山顶，雕梁画栋，这是 1982 年从城中大王庙迁来，改成风景建筑，名“范蠡堂”。

循级东下，湖堤上架有拱形石桥，这是从城区北塘迁移而来的。如西行从梠秀桥洞穿过植有千树樱花的中日樱花友谊林，长约 800 米，可达鼋头渚。这座设计巧

妙的亭桥，既能点景、引景，又能观景，使鼋头渚风景区东西南北各景点融会贯通。

3. 造园意匠

陈家花园没有叠山置石，其造园意匠主要体现在理水、建筑小品、花木和铺地四个方面。

充山隐秀内水体分为两部分，一是由西侧山坡顺流而下的山涧水聚积而成翠湖，二是聂耳亭旁的泉池。泉池水岸石矶以黄石为主，其上有藤本植物攀爬，岸边有树木点缀。石矶与植物、建筑将水面围合成较为私密的幽静空间（图 13–119）。

聂耳亭为江南楼阁式建筑，两层，平面长方形，面阔 6.2 米，进深 4.7 米，建筑面积 58 平方米，四面有窗，歇山顶。后有泉池，绿树环抱。

夏荫区存在很多古树名木，孤植树现有百年茶梅、五六百年的苦槠两株，另有五六十年的冷杉等。还有一棵朴树，树龄达 160 年，长势极好，与聂耳半身像交相辉映。其他区域有群植树木，如白玉兰、香樟等。

聂耳亭庭院铺地有几种样式。聂耳像正前方以黑白色相间鹅卵石铺地为主，其他样式有鹅卵石拼接正方形图案铺地（图 13–120）。其他院落靠近泉池处为黄石不规则铺地。

朱鸿翔《金陵吟草》有诗曰：“秀隐充山景物幽，豪华游艇杏花楼。江南特色湖光美，近水云天万顷秋。”充山隐秀作为鼋头渚景色之一，在空间处理上参照了日本构建亭园的法则，以汀渚小岛为中心，木质曲桥连接小河两岸，无形中扩展了水面的景深感与空间感。花园中的主体水生植物——花菖蒲，原产于日本，本是日本佐原市的市花。每当 6 月之际，姿态万千，令人物我相忘。不管是花园的营造方式，还是园内的主景，陈家花园（今充山隐秀）都体现出东瀛文化对无锡园林的若干影响。

图 13–119 泉池（摄影：冯展）

图 13–120 聂耳像前方铺地（摄影：冯展）

七、鼋头渚小蓬莱山馆

点评：幽处辟园，遥望蓬莱仙山；重楼藏书，遍览前贤教谕。

小蓬莱山馆位于太湖中犊山西侧，始建于20世纪30年代，系荣鄂生出资建设。荣鄂生出身于书香门第，从小就受到家庭良好的儒学熏陶，同时又受到当时国力衰微、社会动荡的影响，投身于商场之中，是一名典型的“儒商”，心怀家乡和祖国，为近代工业和教育事业做出了卓越贡献。他按照传统园林风格建造的小蓬莱山馆，作为私家园林，同样有西方建筑的元素，是鼋头渚园林群的重要组成部分。

1. 历史沿革

中犊山景点在清末时期就名声在外。当时无锡新安人孙叔莲曾在此读书，筑楼三折，称“曲尺楼”。曲园居士俞樾曾来此游览，并为楼题联：“**仙到应迷，有帘幕几重，阑干几曲；客来不速，看落叶满屋，奇书满床。**”上联写书楼之美，连神仙都为之迷倒，下联点明主题，落叶满屋，奇书满床，乃是红叶读书楼的特色。曲尺楼旁有“观旭楼”，因可观日出而得名。俞樾本想在此观日出，可当夜呼呼大风，浓云密布，遗憾撰联：“**高吸红霞，最好五更看日出；薄游黄海，曾来一夕听风声。**”

图 13-121 荣鄂生像

图 13-122 自鼋头渚望中犊山（今太湖人工疗养院）

1929年，荣鄂生出资在中犊山西侧建小蓬莱山馆，据记载有醉乐堂、观旭楼，六角亭等共12间，约8000平方米。

荣鄂生（1889 ~ 1967年）字棣辉，别号思庵，出身于开原乡荣巷镇七报弄书香门第（图13-121）。梁溪荣氏迁锡后裔确立了耕读传家的族风，在家族中开设私塾，教授子弟。荣鄂生的曾祖父荣阳春幼受庭训，家学渊源，同时能顺应当时经济发展变化，开设手工印刷作坊，开创了“儒商”的先河。他的祖父荣雅山、父亲荣椿年都继承了这一思想。荣椿年由于有文望、医德以及处事公正，被尊为荣氏族长。荣鄂生的兄长荣吉人为县学生员，后任私立公益小学校长、大公图书馆馆长等职。近代动荡的社会和频繁的战事在荣鄂生幼小的心灵留下深刻印记。族人荣福龄和荣吉人“教育救国，中西融合”的思想，对荣鄂生青少年时期思想的形成产生了影响。此后，

荣鄂生走上了教育救国、实业救国的道路。

荣敬本、荣勉韧等编著的《梁溪荣氏家族史》记载，1907年，荣鄂生在南京两江师范学堂就读，涉猎多个学科，有农学、博物、地理、历史、英语、德语等。1912年辛亥革命胜利，两江师范学堂解散，荣鄂生回到无锡成为乡学务委员，帮助地方办学，为物色师资、教育经费、办学场所竭尽全力，主办和协办一大批学校，深得侄子荣德生与荣宗敬的尊敬。1912年，荣鄂生随荣德生参加全国工商会议，1921年专任申新三厂的副经理，并出任无锡纺织联合会董事。1922年荣鄂生东渡赴日本考察，先后到长崎、神户、大阪、东京、横滨等地，考察日本先进纺织业技术和教育事业，吸取管理经验，写成东游日记一册，但在抗日战争中遗失。1924年，他任开原乡乡董，创办开原电灯公司。1931年任上海申新六厂的经理。1956年，在实行公私合营后，荣鄂生担任申新常务董事，主要从事历史资料整理和研究工作。

1967年荣鄂生逝世，留下的遗训是"善续善述"，即善于继承、善于发展，并出版《思庵行年随录》，惠赠少数亲友。他的一生，从商而具有士大夫的气质，热心地方公益事业，以实业赈济社会，兴办小学、安老院、医院，救贫恤孤，具有儒商的特点。

2. 造园思想

荣鄂生的一生可以分为四个阶段：1912年之前属于知识储备、思想形成时期。他从小接受儒家思想，同时受"教育救国"思想的影响，其《思庵行年随录》记曰："余之赴沪就业，华叔（荣福龄）与长兄本不谓然，而长兄主之尤烈，续而有信到沪，极言弃学就贾之非计，父亲为之动容，遂从余回锡之请，此为余学商两途之转折点，于余一生出处进退最关重要。"此段时期，为他以后建设家乡，服务群众打下了铺垫。1912 ~ 1931 年为重建乡贤时期，他以“老吾老以及人之老，幼吾幼以及人之幼”为主要思想。1931 ~ 1956 年为经商奔波时期，恪尽职守，守护“申六”。1956 ~ 1967 年主要从事文史资料编写。小蓬莱山馆建于 1929 年，受到荣鄂生作为文人学士和心怀大众思想的影响。

1912 年，荣鄂生就参与梅园的建设。《荣氏梅园史存》中记载：“**1912 年，余兴致甚旺，至乡或在厂，与吉人叔、鄂生叔计划社会事业，决定在东山购地植梅，为梅园起点。**”梅园主要仿照中国古典园林，但也受到西方思想和生活方式的影响，部分建筑具有西方的特色。其后荣鄂生于小蓬莱山馆内所建的入口处也有西式建筑的元素。

荣鄂生喜读书，常手不释卷，《思庵行年随录》记载：“**年来读宋元学案及明儒学案，有一时期感觉身心至愉快，遍体通明，若有一旦豁然开朗贯通之景象者。**”他继承家族遗训“潜德勿曜”，“耕读世家”，振兴实业，挽回利权，虽然经商，但是不丢儒者本色，服务社会，热心公益，都体现出儒家思想对其的熏陶。

无锡中犊山与鼋头渚一衣带水，是一座远离尘嚣而又非偏远冷僻的岛屿，矗立在五里湖和太湖交界处的水中央。鼋头渚所在之山称南犊山，同中犊山隔湖相对是北犊山。早年南犊山、中犊山、北犊山连接在一起，形成一座巨大的笔架山。中犊山四面环水，树木葱翠，景致优雅，自古就是文人雅士创作和隐居之处（图 13-122）。由于其地理位置，起雾时如东海神山，故荣鄂生以“小蓬莱山馆”命名自己的私人墅园，作为自己修身养性，博览群书的地方。

3. 园林布局

小蓬莱山馆为山地造园，园林建筑布置在中轴线，从低处的“小蓬莱山馆”门坊到高处的醉乐堂均依山势而建造（图 13-123）。园林空间具有丰富的变化层次，

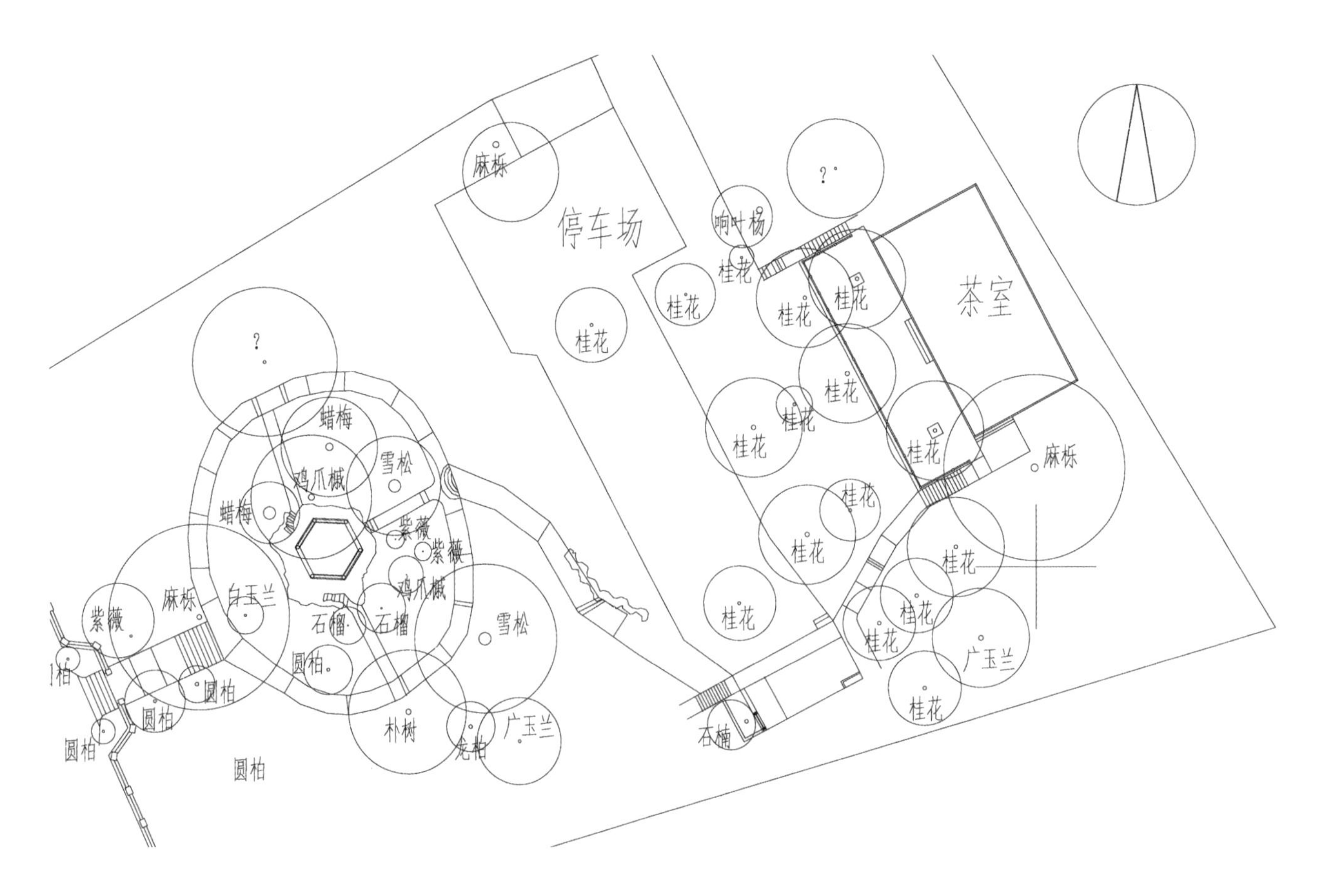

图 13-123 小蓬莱山馆的现状平面图（绘制：卢静、冯展）

图 13-124 小蓬莱山馆门坊

醉乐堂处视线开阔。建筑与周围的自然环境密切结合，并少量点缀峰石花木，人工雕琢的痕迹较少。园林氛围安静优雅，幽奇神秘，拾级而上，绿色盎然，充满野趣。

入口处的小蓬莱山馆门坊（图 13-124）为中西结合式。台阶两边运用中国古典园林的手法，叠石做成门墩，栽植攀缘植物薜荔、低矮的南天竹和地被麦冬等，营造了野趣十足的园林入口，同时运用西方的建筑形式和花纹（图 13-125）。

入口两边各有一条登山道，用卵石做成缓坡，旁植花木，营造了安静优雅的环境。沿登山道可到达养心苑。养心苑是座六角攒尖亭（图 13-126），上覆绿色琉璃瓦，以求与周边环境相融合。在养心苑中眺望，林木层层叠叠铺陈而去，远处的鼋头渚若隐若现，空间富有层次感和深远感。

通向醉乐堂的蹬道石壁上挂满青藤、拂萝，颇有野趣。醉乐堂共五开间，中央三间设门，两梢间设木雕窗格。东面一间门框上方嵌“枕流”小匾，对应西边一间“漱石”小匾（图 13-127）。醉乐堂原是园主与亲朋好友的雅集之地，登台可赏月，炎夏可避暑。现室内摆设中式红木家具，作茶室之用。檐廊挂有对联，由史可风先生于 1992 年仲夏撰书：“苍茫溢彩，万顷烟波连吴越；帆影贴天，满怀壮志驰乾坤。”堂前设平台，视线通透，可远观到绵延的山峦。

图 13-125 小蓬莱山馆门坊立面图

图 13-126 小蓬莱山馆养心苑六角亭（摄影：冯展）

图 13-127 小蓬莱山馆醉乐堂“枕流”“漱石”小匾（摄影：卢静）

图 13-128 醉乐堂数字模型

平台周边栽植桂花，秋季桂香满溢，是观景赏月的好去处（图 13-128）。

4. 造园意匠

（1）叠山

芮麟曾在小蓬莱山馆喜占一绝，表达他对此地湖山的情有独钟：“偷闲又结独山缘，占得蓬莱便欲仙。一事年来堪自慰，看山从不让人先。”中犊山自古以来就以风景优美著称，也是历来文人隐士喜好之地。明代计成《园冶》曾称：“园地惟山林最胜，有高有凹，有曲有深，有峻而悬，有平而坦，自成天然之趣，不烦人事之工。”小蓬莱山馆在满足一定的活动空间情况下，尽量保持山林的韵味，分三段对地形进行了平整与缓坡的处理，减少了土方的搬运。

小蓬莱山馆的假山堆叠主要包括两个部分。第一部分为以黄石假山堆叠作养心苑平台基座。这种处理方式，既可以在进园时突出视觉中心，同时塑造了可登高远观的景观平台。第二部分是在登山道两侧散置黄石。沿道路种植

图 13-129 道路旁黄石

攀缘植物，增加山林趣味（图 13-129）。

（2）理水

朱偰的《具区访胜记》曾记载“下为小蓬莱山馆，正对三山，外则水天茫茫，浑无际涘；洪涛澒洞，直扑山脚，于幽静之中，别有壮伟之观。”小蓬莱山馆自身并未进行水系的营造，主要是远借太湖之景。三山深居湖心，自小蓬莱山馆望三山，一沉二浮，罗列湖心。自醉乐堂门前，远望太湖，湖波浩渺，山色空蒙，不觉有潇洒出尘之想。湖边天水相连处，风帆渐渐逝去，而白云在青山峰峦处飘闪而过，因其后衬着湖水，格外透亮，就如富有情趣与诗意的山水画。芮麟的《立小蓬莱望小箕山》绝句就铭记了当时的意趣：“湖天一碧绝尘寰，片片风帆自往返。等是园林新入画，小蓬莱对小箕山。”

（3）建筑

现存的小蓬莱山馆仅仅保留两座建筑——养心苑和醉乐堂。养心苑六角攒尖亭体态轻盈，朴素典雅（图 13-130）。醉乐堂除正面墙体以砖石和混凝土砌筑外，其余三面墙体以混凝土填补大块黄石间隙而筑成，建筑转角处黄石与砖石交错（图 13-131），体现出精致与质朴相融合的独特之美，可视为当时先进材料和乡土材料相结合的一次大胆尝试。两侧梢间正面窗户采用少量西式建筑形制，窗框内部仍采用中式传统纹样（图 13-132、图 13-133）。

图 13-130 养心苑平面图和立面图

图 13-131 醉乐堂建筑转角处（摄影：黄晓）

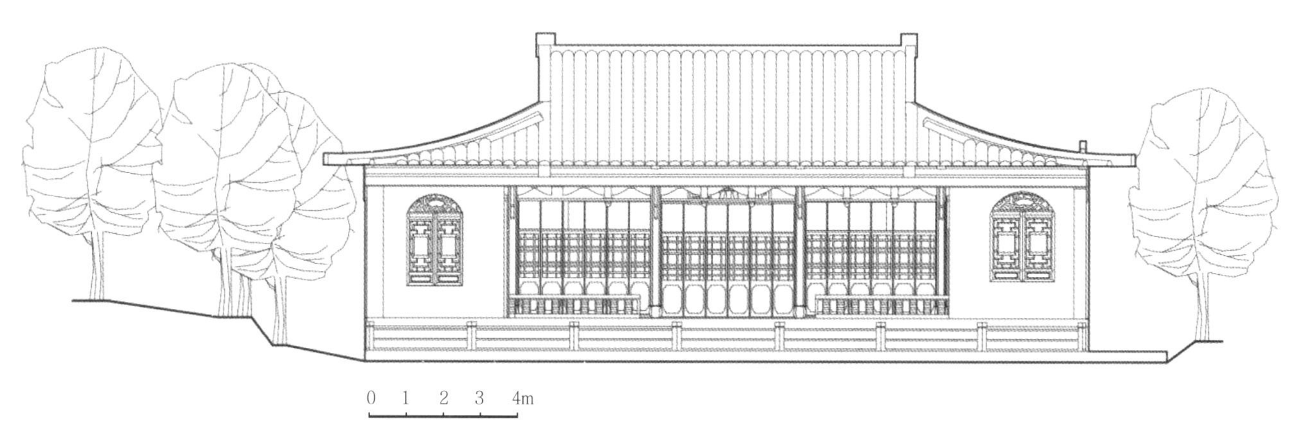

图 13-132 醉乐堂正立面图

图 13-133 醉乐堂现状（摄影：王俊）

（4）花木

小蓬莱山馆的园墙栽藤本植物加以绿化，即所谓“围墙隐约于藤萝间”，隐约透出几分园内消息。入口处两侧的路沿石缝中种植麦冬，对植几丛南天竹，与攀缘在墙上的薜荔相衔接，连绵不断，渲染了山林气氛。垂藤蔓萝，半透半隐，院内植物探出墙外，枝干斜影，园林融于山林之中，模糊了园林的内外空间。入口对植的圆柏，笔直高耸，强调出入口景观。

养心苑周围种植白玉兰、石榴、紫薇、蜡梅、鸡爪槭、松柏类植物等，季相景观丰富：春季玉兰盛开，夏季紫薇簇拥，秋季丹桂飘香，冬季暗香浮动。四周的竹林强调了空间的向心性，使养心苑成为空间的视觉焦点。登山道周围援以薜荔，常荫处苔藓蔓生，处处表现山林的野趣氛围。醉乐堂前的平台，种植多棵桂花，视觉效果和嗅觉刺激兼而有之，树丛紧密，具有很好的遮荫效果（图13-134）。

中犊山林木幽幽，绿竹繁茂，青松苍翠。小蓬莱山馆周围林木葱郁，除竹林外，有多种“干合抱以隐岑，杪千仞而排虚”的树木，如松、柏、栎、桐、榆等。这些植被共同构成了浓郁的山林气氛，烘托出园主超俗的隐士形象。

（5）铺地

园中有几种形式：登山道主要是采用以水泥和碎石相结合的路面或石板铺地；围绕建筑的铺地采用规则式的青石板铺地，部分平台和道路的衔接处以碎石铺面为主。整体来讲，小蓬莱山馆的铺地使用现代材质和要素较多，仅仅在登山道路中运用自然式的铺面。

图 13-134 自登山道看醉乐堂前平台

5. 园居生活

1929 年小蓬莱山馆刚建成时，孙肇圻感叹小蓬莱山馆之景让人心胸开阔，大开眼界，为荣鄂生撰联："结构踞中峰，三山咫尺，万顷汪洋，胜景当前皆入画；登临逢九日，鼋渚烟波，蠡园风月，俊游到此欲忘归。"

许多文人游览中犊山后，也为小蓬莱山馆撰写游记，表达出对小蓬莱山馆的钟爱之情。除上文中撰写《具区访胜记》的朱偰，还有无锡人芮麟 1935 年游览中犊山后，写下《偷闲又结犊山缘》一文，认为中犊山是一个具备着"静""幽""清"三种条件的绝好园林，不具备"静""幽""清"性格的人是不配住的，体现出小蓬莱山馆所在中犊山自然环境的优美静幽，同时地理位置绝佳，视野开阔，可眺望水天一色的壮景，使人胸襟开阔，心情舒畅。他即兴写了《中犊山小蓬莱山馆遇雨》一律："书剑廿年两不成，偷闲再度到蓬瀛。帆从急水断边没，云向乱峰缺处明。万顷风来波欲立，一天雨过气何清。胸中无限伤心事，独对湖山诉不平！"当时的小蓬莱山馆，群贤毕至，在此品茗作诗，留下众多的楹联诗句。1948 年 5 月 17 日，蒋介石宋美龄夫妇也曾"乘舟游中犊山，直登山顶"，留有照片，现悬挂在醉乐堂壁间。

古代哲学家认为天有天的创造，人有人的创造。"在儒家哲学中，人有裁成辅相之能、参赞化育之功，宇宙为一创造本体，人在宇宙中，不是匍匐于天地之下，而须激发人昂奋的创造意欲。"中犊山优美的环境和历史条件以及荣鄂生所受古典文化教育的影响，是小蓬莱山传统风格的主要原因。在园林营造方面，采用传统的园林理法，追求诗画入景的古典意境，反映了中国古典园林文化在近代的延续，也说明近代园林营造受时代风气所影响而有所创新。

八、王氏蠡园

点评：近承祖上之恩，辟室筑园以娱亲老；远绍范蠡之德，以商济世造福乡梓。

蠡园、渔庄位于无锡县城西南十余里的蠡湖北岸，蠡园在东，渔庄在西，比邻相继而建。

蠡湖是太湖伸入陆地的内湖，古称漆湖、五里湖。王永积《锡山景物略》卷六称，湖虽“名五里，实则十里而遥”，北面通过犊山门、浦岭门两个水口与太湖相通，南面通过长广溪在吴塘门与太湖相连（图 13-135）。蠡湖周围风景优美，无锡人常将其与杭州西湖并提，如明代华淑《五里湖赋》：“苍巘周遭，堆蓝撮秀，大类武林西湖。西湖之胜以艳、以秀、以嫩、以园、以堤、以桥、以亭、以祠墓、以雉堞、以桃柳、以歌舞，如美人焉。五里湖以旷、以老、以逸、以莽荡、以苍凉，侠乎？仙乎？”华淑将杭州西湖比作秀艳娴雅的淡妆美人，无锡五里湖则如放旷豪迈的仙人侠客，呈现出一种粗犷的男性之美。

从唐代起无锡人就在诗文中提过太湖，如著名诗人李绅作有《泛五湖》长诗（五湖为太湖别称）。到明代开始大量出现描写五里湖（蠡湖）的诗文，表明当时此地已成为邑人的游赏胜地；同时沿湖还建造了众多园亭别业，其中以东林党领袖高攀龙的可楼水居最为著名。

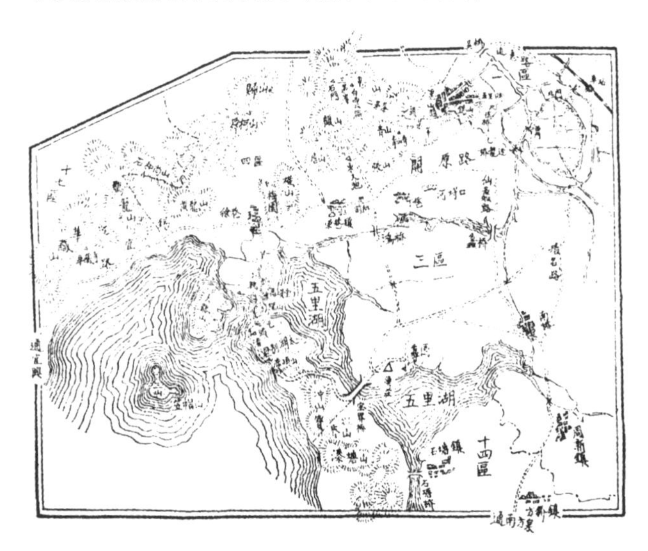

图 13-135 民国时期无锡游览交通图，图中可见蠡园、渔庄、梅园和鼋头渚等与无锡城和五里湖、太湖的位置关系

民国时期，随着荣氏家族和杨氏家族在太湖沿岸对梅园、鼋头渚的开发建设，蠡湖周边也因其优美的景致被民族资本家王禹卿、陈梅芳等相中，成为理想的造园基址。王氏蠡园和陈氏渔庄就是在这一背景下先后开工兴建，争奇斗妍，成为点缀在蠡湖北岸的两颗明珠。

1. 历史沿革

近代蠡园的建设经历了三个阶段，先后由虞循真、王禹卿、王亢元（图 13-136）主导。

图 13-136 王禹卿（中）、王亢元（左）和王炳如（右）祖孙三代合影

民国时期蠡湖一带在行政区划上属于无锡县扬名乡青祁村。当时蠡湖沿岸是一片芦苇荡，青祁人虞循真做了初步的修整，沿湖修筑堤坝、种植桃柳、建造茅亭，形成梅埠香雪、桂林天香、柳浪闻莺、曲渊观鱼、南堤春晓、东瀛佳色、枫台顾曲和月波平眺各景，号称“青祁八景”，明显有效仿杭州西湖之意；同时在大路上立“山明水秀之区”标志牌，是为蠡湖风景区的初创。后来王禹卿建

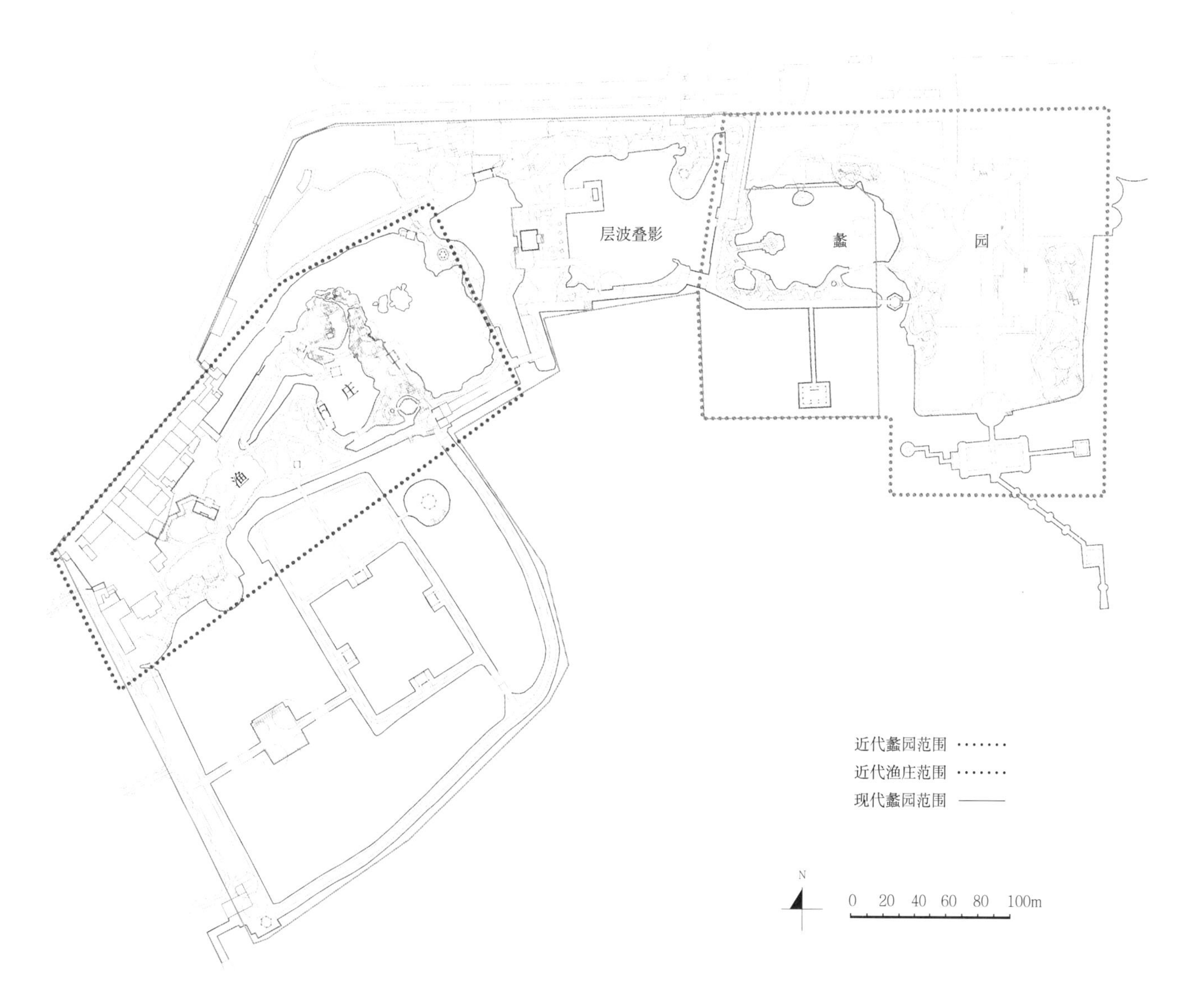

图 13-137 蠡园、渔庄总平面图（绘制：戈祎迎、高凡、冯展、张淮南）

造蠡园，陈梅芳建造渔庄，都是在虞循真“青祁八景”的基础上展开。

王禹卿（1879 ~ 1965 年）也是青祁人，少年时期家境贫寒，他前往上海作学徒，1903 年进入荣氏开设在上海的茂新公司，成为荣氏企业的骨干。1914 年他请荣氏兄弟赞助，共同作为股东，创建了福新面粉厂。由于经营有方，他的面粉厂陆续扩增至八处，获利丰厚。20 世纪 20 年代，王禹卿投入巨资，在家乡青祁建造了蠡园。

王禹卿兴建蠡园的时间，有民国 16 年（1927 年）和民国 17 年（1928 年）两种说法。前者见于 1939 年王禹卿的《六十年来自述》，称“丁卯 49 岁，筑园于蠡湖之滨”，丁卯为 1927 年，是年王禹卿 49 岁。后者见于 1936 年前后的《蠡园记》：“经始于戊辰，告成于庚午，悉由禹卿先生精心擘划，遥制经营而董其事。”戊辰为 1928 年，庚午为 1930 年，即造园时间为 1928-1930 年，由王禹卿在上海遥控指挥。第二种说法也能从当时报纸的报道中得到印证，1928 年 10 月 1 日《锡报》载孙肇圻《青祁蠡园涵碧亭联》的按语称：“王君禹卿近辟蠡园于扬西青祁，广凡 20 余亩，景殊清幽，现正在规划布置中。”《蠡园记》和《青祁蠡园涵碧亭联》按语时间较早，《六十年来自述》则是王禹卿的亲述，都具有很高的可信度。综合分析，很可能是 1927 年王禹卿决定造园，经过筹划准备，1928

年正式开工，1930年初步告竣。

王禹卿兴建蠡园得到时任无锡第三区区长虞循真的大力协助，虞氏帮他聘请了留日工程师郑庭真，共同主持园林的设计和施工；植物栽种则主要由王禹卿的长子王亢元负责。王亢元酷好园艺，曾追随上海园艺大师黄岳渊（1880～1964年）学习。1949年王亢元赞助发行了黄岳渊的《花经》，他在序言里提到："亢元梁溪人，向在锡麓西乡之青祁，随家君从事蠡园之筑，游人诧为名胜。其中花木之栽植排比，多蒙丈亲临指教，遂克臻此。"可知黄岳渊曾亲自到无锡，指点蠡园的花木栽植，成效极佳，得到游观者的赞誉。

1928～1930年间的一期工程奠定了蠡园的基本格局。园林占地30余亩，东部以假山为主，西部以水池为主，南部与湖面相接处隔以长廊，并建有湖上草堂、景宣楼、诵芬轩、寒香阁和八座亭子。1936年王亢元扩建蠡园至49亩，从长廊中段向南接出长桥，在湖中建晴红烟绿水榭，于水榭东南建五层凝春塔，丰富了园林南部的景致。同时又在蠡园北部拓地十余亩，建造颐安别业，改建诵芬轩，添设舞池、泳池等，使蠡园的布局更加完善，是为第二期工程。

1952年市政府整修蠡园，将园中长廊向西接出，沿堤岸一直通到渔庄假山，称"千步长廊"。其后又将东部假山及颐安别业、凝春塔、景宣楼等划归外事部门（今湖滨饭店），割裂了蠡园山、水两区的关系。"文革"时期蠡园改称红旗公园，对公众开放。1978年将原蠡园和渔庄之间的2.4公顷农田、鱼池辟为新区，建成"层波叠影"景区。2006年"蠡园及渔庄"被列为江苏省文物保护单位。

今日统称的蠡园，其主体实为当年的渔庄，民国时期的蠡园仅有西部池区被包括在内，东部假山皆被划出园外（图13-137）。

2. 造园思想

王禹卿父子的造园思想，体现在园林和园景的命名上，主要表现为两点：一是颂扬王氏祖辈的恩德，二是宣扬以商济世的精神，两者紧密交织在一起，相辅相成。

王禹卿造园秉承了其父王梅生的遗志，即《蠡园记》所称："以其先君子梅森公（王梅生）在日，尝志大夫（范蠡）之志，出则膏泽及民，退则湖山终老为怀。故筑园湖滨，藉大夫之名名之，示不忘也。"园内有诵芬轩，取自西晋陆机《文赋》，"咏世德之骏烈，诵先人之清芬"，王禹卿借此宣示祖辈的恩德；此外他又种植梅花，建造寒香阁，"壁间刻石有梅森公像志，阁上则公之遗像悬焉"，梅花、寒香与梅生、梅森呼应，用来纪念他的父亲。在造园之初，王禹卿还曾计划题名"槐园"。王氏先祖可上溯到北宋的王祐，苏轼曾为王祐作《三槐堂铭》，传至后世为"三槐王氏"。王禹卿希望借"槐园"之名彰显祖荫之厚，并展示与一代文豪的渊源。从这些方面都可见出王禹卿对家族传承的重视。后来其子王亢元在园林北部建造颐安别业，"以为迎养之所。寻复改建诵芬轩为阶庐，中辟幽室，专以娱亲，是亦继禹卿先生之志也"，颐安别业和阶庐作为养老和娱亲之所，正体现了同一精神的延续。

王禹卿将自己的成功归结为两点，一是祖荫庇佑，二是以商起家，他最后将园名定为蠡园，便是为了向商界的始祖范蠡致敬；园中主厅称"湖上草堂"，表示追慕范蠡的睿智和逍遥。《蠡园记》开篇提到："昔范大夫蠡用越沼吴，功成身退，扁舟浮五湖入齐。故老相传曾过此湖，游息而去，遂臆称曰蠡湖。湖上有青祁村，村人禹卿王尔正先生概慕范大夫之为人，既师其殖货以起家，后效其散财以治乡。"此园所对的湖泊，相传为范蠡功成身退后的泛舟之处。范蠡经由此湖入齐，通过经商致富，世称"陶朱公"，他后来"尽散其财，以分与知友乡党"，被树为历代商人的典范。王禹卿受父亲的影响，自幼敬仰范蠡，他致富后也希望效仿范蠡"散财治乡"，让乡人同受其惠。他在家乡建造蠡园，既是对范蠡泛舟此地的纪念，也是为了实现个人的济世理想。

《蠡园记》最后着重强调了王禹卿对青祁的贡献："综其（王禹卿）致力于乡治兴学，至今逾二十年。筑路自蠡园经仙蠡墩达西城，长凡十数里，抑且建蠡桥、设医局、数赈灾、时平粜，施衣给米，任恤掩埋，历计所费殆将倍徙于斯园。然则斯园之构，特其小焉者耳。"除了构筑蠡园，20多年间王禹卿还修筑公路、建造桥梁、设置

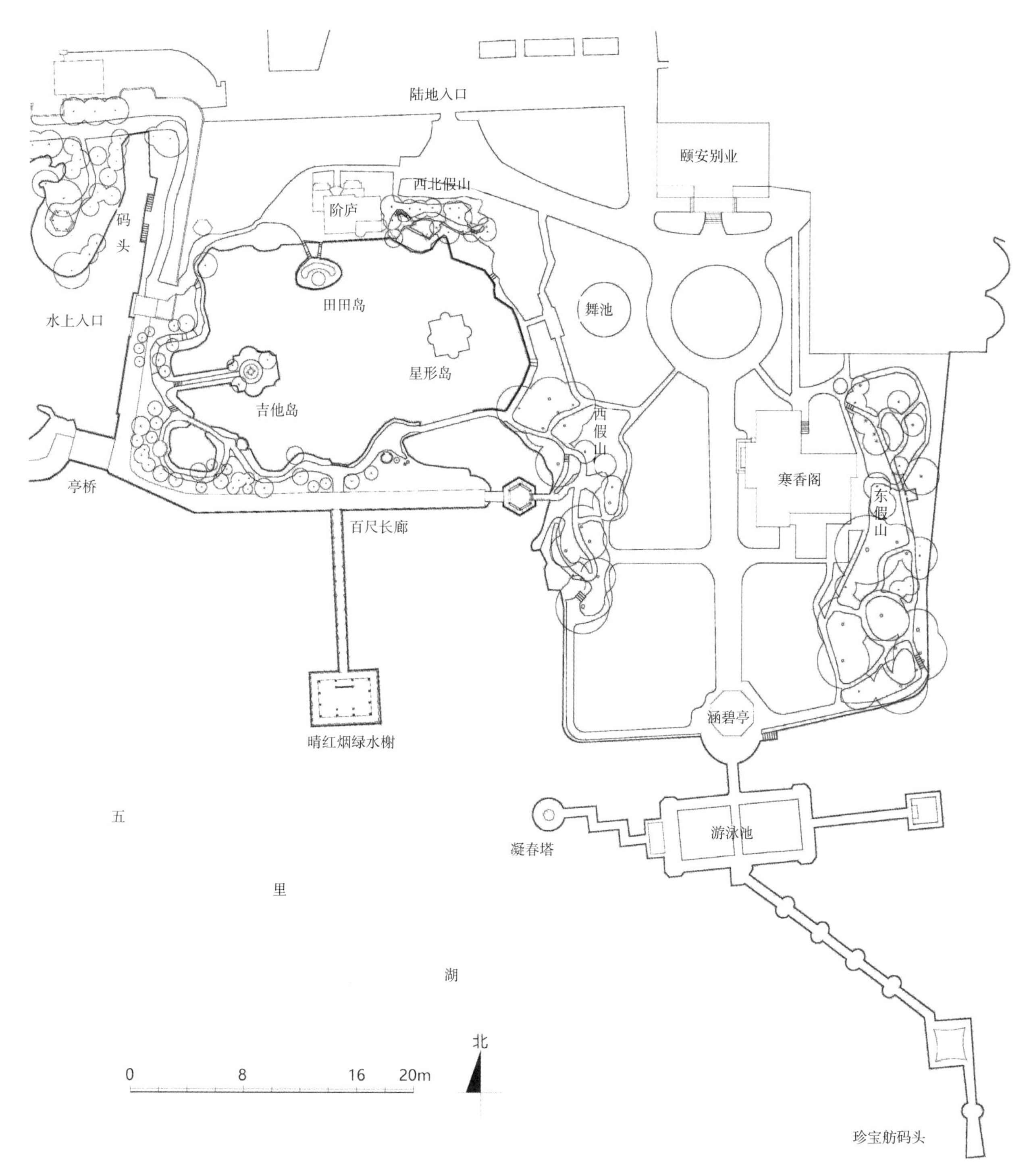

图 13-138 近代蠡园平面示意图（绘制：戈祎迎、毕玉明、诸一炜）

医局、赈济灾民……与他在这些公益事务上的花费相比，造园只能算小宗。然而蠡园虽小，仍有其独特的意义。《蠡园记》结尾称：“有斯园则西乡之文明日益启，锡邑之声华日益隆。不独仅事显扬，抑足增光乡邑，其关系不亦重哉！”修路造桥等能够让乡人直接受益，建造蠡园则既可引入西洋文明以启蒙民众，又能提高故乡声誉为无锡增光。

热衷公益、造福桑梓正是无锡近代资本家的共同特点，此前荣德生建造梅园（1912 年）、杨瀚西建造横云山庄（1918 年），都怀有这种理想。王禹卿在荣德生的

图 13-139 蠡园西区鸟瞰

建议下营筑蠡园，实乃荣氏打造太湖风景区的重要一环；同时蠡园之名又与“以商济世”的范蠡遥遥呼应，正可作为以荣氏为首的无锡近代资本家“义商”精神的最佳注解。

3. 园林布局

近代蠡园的建设分为一、二两期工程。王禹卿主导的一期工程较多地继承了中国传统园林的风格，王亢元主导的二期工程则更多地体现出西洋的影响。《蠡园记》委婉地概括为：“园之南部宜古，北部宜今，游焉息焉，各得其所。”1930 年 6 月 19 日《锡报·副刊》载艺芗《青祁近况谈·湖庄近况》则直接点破，批评蠡园颇有“中西参混之病”。

由于是分两期建成，前后的主导思想并不相同，蠡园的格局颇为混杂。《蠡园记》也未遵循古代园记的习见写法，沿着游赏路线描写园景，而是按照建造时间加以罗列。王禹卿的一期工程，“有长廊，有曲梁，有土岭；为堂一，曰湖上草堂；为楼一，曰景宣；为轩一，曰诵芬；为阁一，曰寒香。……为亭凡八，其他景物不胜备举”。王亢元的二期工程，“于湖中添建水榭，额曰晴红烟绿；又筑浮图，题曰凝春，以点缀西南。复开园北隅，拓地十数亩，营建别业，曰颐安，以为迎养之所。寻复改建诵芬轩为阶庐，中辟幽室，专以娱亲”。

新中国成立后蠡园经过多次改建，园记中的一些景致，如湖上草堂、景宣楼、寒香阁等已难以确指。本书结合园记、老照片和现状分析，近代蠡园包含东、西两区，东区以假山为主景，西区以水池为主景，两区原有水、陆两处入口（图 13-138）。

陆上入口位于北侧，当年应设有园门，有专人管理售票。王禹卿在门外修筑了公路，通向仙蠡墩和无锡城，方便城内的人们前来游赏。

入门后向东南行为东区，北部居中是一座两层五开间西洋楼，今称景宣楼，实际应为王亢元建造的颐安别业。颐安别业确立了东区的南北主轴，楼南沿轴线依次为圆形草坪、笔直的道路、八角形涵碧亭和伸入湖中的游泳池。

轴线两侧，草坪西部是圆形的露天舞池。道路东、西原各有一座建筑和假山，从老照片看东侧建筑为寒香阁，高两层，歇山顶，近年改建后已非原貌，阁东的假山较小，以石为主；西侧建筑推测原为景宣楼，现已拆除，楼西的假山较大，以土为主。两座假山上皆点缀小亭。轴线尽端的游泳池，东西分设男、女更衣室，西侧还接出一段折桥，通向五层的凝春塔。西区的土山、石山、八角亭、凝春塔为中式风格，颐安别业、舞池、游泳池和整体的轴线布局则为西式风格。

入园门向西南行为西区，中央巨大的水池占据了大部分面积，建筑、亭廊、桥岛皆沿池布置（图 13-139）。水池北岸较为平直，其他三岸则相对曲折，东南、西南两角各有一桥，一为三拱长桥，一为单拱木桥，形成对比。主厅诵芬轩位于池北，原是座单层中式建筑，王亢元改建为二层的西式小楼，称阶庐。楼东堆筑假山，山内空间丰富；楼南有两座小桥通向池中的田田岛，岛上建圆形的荷叶亭，田田岛与其他两座小岛构成传统“一池三山”的格局。此外，环池还点缀了几座造型各异的亭子，丰富了池区的观景层次。南侧的长廊位于水池和外湖之间，保证了池区景致的完整性和私密感。长廊中部向南架设长桥，通向湖中的晴红烟绿水榭。

西区需要辨析的是水池西岸的入口空间。1929 年 6 月 25 日《锡报》载钱雪盦《游蠡园七绝六首》提到：“扁舟买得横溪渡，击楫高歌送暮春。……身在孤舟浑不觉，沙鸥列队喜相迎。”孙揆均联曰：“一舸来时，正春水犹香，好山未老；百花深处，有明月作画，微风动裾。”陈宗彝联曰：“轻舸到青祁，看湖光潋滟，峦影空濛，畅好似圣因风景；名园倚绿水，羡家足稻粱，手移蒲柳，愿常过何氏山林。”这些都表明民国时期游人常经由水路前往蠡园。这处水上入口应位于池西。从老照片看，这里原有一座门屋，西式屋身，中式屋顶，为典型的近代建筑。屋北原为白色实墙，墙西设码头，应为当年的水路登岸处。屋南是一道长廊，廊西为实墙，廊东墙上开漏窗，透出园景。1978 年辟建“层波叠影”新区时拆除了门屋，将城内水仙庙戏台迁建于此，并改造了屋南的长廊，在屋北实墙上辟月洞门，改变了这处水路入口的面貌（图 13-140、图 13-141）。

近代蠡园东为山院、西为水院的分区，土山、石山的堆筑，一池三山的布局以及塔亭廊榭的造型，都延续了中国传统的风格；而东区的轴线布置，颐安别业、阶庐的西洋造型、小岛的几何平面，以及舞池、游泳池等时尚设施，则体现了西方文化的影响。这其中既反映了王禹卿、王亢元父子两代的审美差异，也呈现了中国园林在近代的演变历程。虽然蠡园被当时人批评为“中西参混”，但园林文化传承和创新的活力，正体现在园中混杂交融的不同元素中。

图 13-140 蠡园入口旧貌

图 13-141 蠡园入口现状

图 13-142 鸟瞰蠡湖

4. 造园意匠

下面从选址借景、山水花木和建筑设施三个方面分析蠡园的造园意匠，讨论其中体现的中国传统和西洋影响。

（1）选址借景

王禹卿将园址选在蠡湖北岸，除了希望美化建设家乡和响应市政当局、荣氏的太湖风景区愿景，更重要的是相中了蠡湖优美的借景。

蠡园南依五里湖，开阔的湖面东西铺展，湖南遥对长广溪口，湖西的漆塘山、宝界山、充山南北绵亘，轮廓优美，为其提供了不可多得的自然借景（图 13-142）。当时的诗文提到蠡园，首先关注的便是园中所借的湖山胜景。如《蠡园记》称赞该园“濒湖面山，胜景天然”，1928 年《锡报》刊文称：“是园滨临五里湖，三面环水，一碧无垠，颇饶胜概也。”陈天倪《蠡园》诗曰：“溶溶五里湖，澹澹千顷碧。浮光入层楼，芳波凑绮陌。”蠡园临湖的建筑主要是为方便借景而设，最重要的有三处：涵碧亭、百尺长廊和晴红烟绿水榭。

涵碧亭位于东区南端临湖处，是一座八角形攒尖亭，体量很大，作为当时主要的宴游场所，屡见诗文提及（图 13-143、图 13-144）。该亭于 1928 年建成，孙肇圻题名“涵

图 13-143 蠡园东区寒香阁、涵碧亭旧影

图 13-144 涵碧亭现状（摄影：黄晓）

碧”，并撰一联，描写在亭中所见的湖上风光：“眼前风景不殊，宛披摩诘画图，别墅辋川开粉本；湖上秋光如许，可有渔洋诗笔，夕阳疏柳写新词。”1929年6月25日《锡报》载钱雪盦《游蠡园七绝六首》第三首专咏涵碧亭：“波光溺溺摇飞阁，柳影丝丝拂石栏。安得藜床共一夕，且留此景月中看。”1930年8月6日《锡报》载远游客《蠡园新咏》称赞：“涵碧亭中奇绝景，月来红绿紫青黄。”1932年名动一时的蠡园饯春大会也是在涵碧亭举行，戢盦《〈蠡园饯春图〉歌》序称：“三月廿八日张君补园约为饯春之会，偕王峻崖、胡汀鹭、诸健秋、张潮象、孙伯亮、沈伯涛、徐育柳买舟载酒至蠡园，并招虞循真于涵碧亭小饮。”戢盦诗曰：“乍停桡处绿荫浓，涵碧亭开面远峰。岚翠波光落杯酒，人影一重花一重。”涵碧亭只是座普通的八角亭建筑，本身并无特殊之处，能得到如此多的关注，显然与亭中所对的岚翠波光、奇绝风景有关。近年于原址重建涵碧亭，位置不变，但已非旧貌。

百尺长廊位于西区南端临湖处，位于内池和外湖之间。临池的廊北墙上开漏窗，透出内部幽深的池景，面湖的廊南不设围墙，敞向开阔的湖面，游人漫步廊中，可同时欣赏内外的水景（图13-145）。长廊与涵碧亭分处两区，廊为“动观”，亭为“静观”，构成对比。当时不少诗文都提及这处长廊。1930年8月2日《锡报·副刊》载一游客《蠡园小沧桑》称：“该园素以长廊驰名，

图13-145 百步长廊局部

廊下旧有十数石刻，嵌于壁间，上镌《蠡园记》全文。”园记对于宣扬主人的名声至为重要，因此镌刻在游人最盛的长廊间，为优美的风景增添了人文的趣味。此外，蒋士松“百尺爱长廊，风景宛如游北海；四时饶胜概，烟波不再忆西湖”，华昶“千步回廊闻风吹，两山排闼送青来”，涤俗《金缕曲·暮春游青祁蠡园作》“几曲长廊堪踯躅，够销魂，门外垂杨柳，娇舞态，尽相诱”，高翔“万顷漾澄波，正微雨晴初，曳将坡老筇杖，六曲回廊杨柳岸；九峰浮远渚，趁夕阳明处，著个放翁艇子，数声柔橹水云乡”等，都是描写在长廊中观赏万顷湖光、九峰山色。

百尺长廊所在的西区向北凹入，两侧的风景被部分遮挡，因此王亢元后来向南接出长桥，在湖中建晴红烟绿水榭（图13-146），并在榭内安装巨大的方镜，供人

纵赏湖山胜景。1931 年 11 月 5 日《锡报》载阿难《湖滨新话》三则提到："近建湖镜一具，面湖而设，山光水影，尽入镜中。于夕阳西下时窥之，晚霞绿波，垂柳远帆，尤饶奇观。"伸向湖中的水榭弥补了池岸凹入的不足。

为了借景湖山，蠡园的布置可谓竭尽匠心，得到当时人的称许。如华艺芗有联"风月畅无边，看远山作障，近水通池，贤主人啸傲烟波，少伯高踪赓绝代；林泉容小隐，喜曲榭宜诗，回廊入画，嘉宾客流连觞咏，右军遗韵想当年。"范廷铨有联"辋川秀绝人寰，琉璃世界，罨画楼台，俨然在水一方，八景溪山都入妙；阆苑飞来天外，花木长廊，烟波别墅，愿得浮生半日，五湖风月坐中看。"

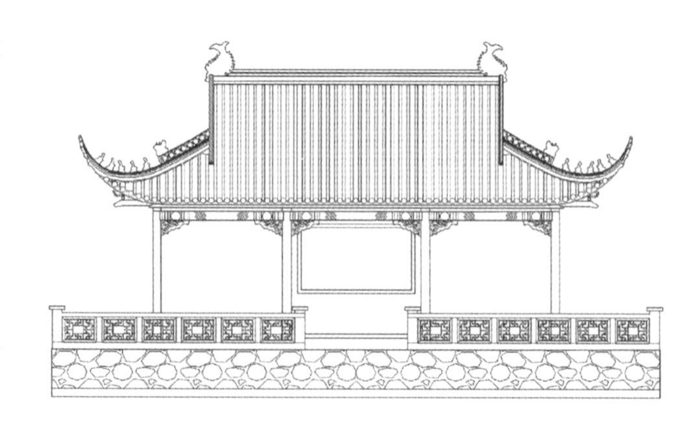
图 13-146 晴红烟绿水榭立面图

蠡湖为蠡园提供了优美的借景，蠡园则是蠡湖重要的点缀，除了在园中赏湖，游人还可在湖上观园。尤其在乘舟前往蠡园时，伸入湖中的凝春塔和水榭，掩映在长廊后的绿树和楼阁，带给游人无尽的遐想和期待。1930 年 8 月 6 日《锡报》载远游客《蠡园新咏》曰："名园为近水云乡，便就湖堤筑粉墙。翠柳芰锄真洁净，朱阑排列最辉煌"，描写从湖上观看蠡园的长堤粉墙、绿柳红栏。涤俗《金缕曲・暮春游青祁蠡园作》曰，"试放轻舟柔舻缓，相约寻诗载酒。笑指点谁家红袖"，许岱云《秋夜泛棹蠡湖登蠡园》曰，"打棹船行明镜里，游湖人在画图中"，也是描写在湖上眺望蠡园，游人在风景间穿行，俨然如画。

蠡园与蠡湖体现了"看与被看"的统一，可谓相得益彰。然而在湖边建园，虽然便于借景，却也要付出一些代价。湖边地势低洼，当初大部分是沼泽和鱼塘，堆填了大量土石才形成可供建设的基址；园林建成后，每到雨季，防洪泄洪都成为焦点。前引阿难《湖滨新话》三则提到蠡园遭遇的一次水灾：蠡园所在的扬西"旧名水墩，四周环水，藉蠡桥及南北中桥为沟通东北要道，地形低洼。本年水涨时，蠡园全部被浸，浅则没踝，深处过膝，以是游人裹足。近日水退，始复旧观"。无锡

图 13-147 东侧假山之神猴、蹲狮和二鹤（摄影：黄晓）

图 13-148 西侧假山、醉红亭、猿门和天马题刻（摄影：黄晓）

古代沿湖园林不多，原因之一便是湖边不易建设和水患频发，近代技术的发展解决了施工的难题，但仍须不时面对水患的困扰。

（2）山水花木

在挹借园外真山真水的同时，蠡园内部还堆筑开凿了人工山水，并在山间水畔植树种花。

假山位于东区，共三座，都紧贴园林边界布置。

东侧是一座土山，南北长140余米，东西宽30 ~ 40米，占地面积最大。该山分为南、北两部分，南部较大，北部较小，其间被峡谷分隔，谷上以石拱桥相连，桥南设方亭。北山中央是一座湖石拼成的高峰，下题“第一峰”三字；南山的制高点也是一座石峰，峰顶立有石猴。这处土山的主要特点，便是在山间特置各类模拟动物形象的怪石，如“蹲狮”“二鹤”和“群羔跪乳”等（图 13-147）。前引远游客《蠡园新咏》曰：“危楼只许斜阳上，顽石顿成飞鸟翔（园中假山矗立作飞行势）”，指的应该便是山间姿态各异的怪石。

西侧假山面积适中，南北长 90 余米，东西宽 20-30米，也分为南北两部分，南大北小，其间以峡谷相隔，上架拱桥相连。这座西山与东山的风格接近，只是用石量有所增加。山间也有“天马”“猿门”等模拟动物形象的石组（图 13-148），但叠山主题则是通过石与云的类比来象征仙境，体现在一系列以“云”命名的石景中，如醉红亭所对的片石“云屏”、条石铺成的“云路”和飞架于两山之间的“跨云”石桥（图 13-149）。西山的植物以竹林为主，成片丛植，陈天倪《蠡园》诗曰，“子猷爱修竹，米颠拜奇石。……幽篁自成韵，假山如叠壁”，正与该区的景致相合。

除了东、西两山，在东区西北角、阶庐的东侧还有一座假山，东西长 40 余米，南北宽 20 余米，面积最小，

图 13-149 西侧假山之云屏、云路和跨云石桥

但用石量最大，形成丰富的山径和洞穴空间。假山入口在西北角，是一段稍微弯曲的东西向小径，左为石栏，右为假山；行至尽头向南穿过石门进入一处露天洞穴，四周怪石林立，为山间第一个高潮。循石级穿过石门登上山顶，沿路东行可眺览山南的池景。在东端沿石级下山，转180度又进入一处露天洞穴，是山间的第二个高潮。此地被营造成一处修道场所：北侧砌筑可供容身清修的石洞，墙壁上留有孔窍，可窥见洞外的风景；东侧是一口泉眼，题名“炼丹泉”，泉周环立一圈奇石；与之相对的西侧开凿壁龛，龛内供奉着祖师神像，龛外题“炼丹台”三字（图 13-150）。考察王禹卿、王亢元父子的生平，并无修道炼丹之事，这处景致应该主要是从造园意境上考虑，与西山的“仙境”主题呼应。

同样含有“仙境”寓意的还有西区的水池。与东区的假山贴边布置不同，这座水池位于中央，楼亭桥岛皆绕池布置，保证了池面的开阔感。池中三座小岛象征“海上仙山”，是中国传统造园常见的主题，但三岛皆采用几何平面，一为圆形，一为星形，一为吉他形，则体现了西洋的趣味。吉他岛上摆设石桌石凳，种植高大的柳树遮阴避凉；圆形的田田岛上设置荷叶状敞亭，亭旁树立三尊太湖石峰；这两座岛都有桥堤与岸相连，可供游人登岛游赏，星形岛与岸隔绝，孤处水上，仅供远观。水池东南角是一座三拱长桥，将池面截为大、小两部分，外部的湖水由此引入池中；西南角是座小巧的木拱桥，也截出一段水面，营造出绵延不绝的水尾之感。岛、桥的分隔丰富了池区的空间层次，此外，沿池矶岸用湖石驳砌，紧贴水面，曲折有致，予人极佳的亲水体验（图 13-151）。孙鸿《蠡园》诗曰，“石澜安贴压沧波，曲折长廊挂薜萝。一簇晚莲新结子，王家庭院得秋多”，描写的便是沿池的贴水景致，并提到池中栽植的莲花。

关于园中花木，《蠡园记》称：“植梅为阜，种莲于沼，中西花卉参差错树而风景益佳。”东山的梅树和池区的莲花是两种主要的观赏花木。1946 年 7 月 7 日《锡报》载田汉《无锡之游》提到：“到蠡园，尚存旧观。池中白莲初放，而丰草败树充溢台榭，游泳池亦积满于水。”当时抗战胜利不久，蠡园尚待修复，白莲已先焕发生机。第三种花木是杜鹃，前引远游客《蠡园新咏》提到：“遍地杜鹃春色丽，独愁落去染池塘。”1932 年的蠡园饯春大会主题之一便是观赏杜鹃，张潮象《〈蠡园饯春图〉歌》曰：“春光容易老，已是晚春天。珍重前宵约，相邀看杜鹃。闻说蠡园杜鹃好，为因看花春起早。清溪一棹任容与，直向湖天深处去。蠡湖烟水渺无涯，傍水名园当作家。主人开门延客人，但见依山绕砌五色灿云霞。可怜春将尽，休再负名花。愁煞东风太狼藉，看花更自惜

图 13-150 西北假山之炼丹洞、炼丹泉和祖师像（摄影：黄晓）

春华。开筵围坐饯春侣，酌酒问花花解语。杜鹃枝上唤声声，风雨催归莫延伫。归舟十里片帆轻，吹出梅花笛韵清。不问蜗蛮争斗事，且将胜负决棋枰。君不见，古人行乐须及时，有酒不醉真成痴。今朝看花并饯春，写入画图我作诗。"可知当时杜鹃已成为蠡园一景。此外，钱雪盦《游蠡园七绝六首》提到，"波光溺溺摇飞阁，柳影丝丝拂石栏。……青萝封径柳舒腰，竹外桃花见断桥"，可知园中还有柳树、竹林和桃树等。

假山、池岛和花木共同构成蠡园的自然景致，裘昌年的对联对此有精炼的概括："剪月裁云，好花四季；穿林叠石，流水一湾。"蠡园山水花木的布置经营，既体现了对中国传统的继承，又反映了对西洋文化的吸收。

（3）建筑设施

中西交融这一点也鲜明地体现在蠡园的建筑和设施中。就时间而言，王禹卿主导时期偏中式，王亢元主导时期偏西式；就空间而言，园林南部偏中式，北部偏西式。

图 13-151 蠡园池区景致（摄影：黄晓）

图 13-152 连接东西两区的四角亭（摄影：黄晓）

王禹卿时期的建筑现存长廊和涵碧亭等东区的四座亭子（图 13-152），皆为中式风格；当时东、西两山旁边的寒香阁和景宣楼应该也为中式，今已不存；此外，西区北岸的诵芬轩原来也是座单层中式建筑。王亢元在园林南部增建了凝春塔和晴红烟绿水榭，延续了该区的中式风格。凝春塔八角五层，塔身用红砖，屋檐用青瓦，上覆攒尖顶。这是座实心塔，不能登临，以其挺拔的造型成为蠡园的标志建筑，呼应了无锡"无塔不成园"的俗谚（图 13-153、图 13-154）。晴红烟绿水榭平面长方形，宽、深各三间，上覆琉璃歇山顶。水榭四面开敞，中部立墙屏，屏上曾朝向湖面设镜，是观赏湖光山色的佳所。

王亢元在北部的建设主要采用西式风格。颐安别业位于东区主轴上，两层五开间，上覆西式四坡顶，南面开老虎窗，从老照片中屋顶上的烟囱可知，室内曾设有壁炉。房屋南侧设外廊，采用钢筋混凝土梁柱，柱径纤细，柱距较宽，具有现代气息；中部入口原设雨篷，从两侧进入，在二层形成外挑的露台，可供站立发表讲话或观看园中活动，这些都是 20 世纪 30 年代最前卫的设计。近年重修时拆除了烟囱和露台，底层改为从正中进入，对旧貌有所破坏（图 13-155、图 13-156）。为了统一北部的风格，王亢元将池区的诵芬轩也改建为西式。这是座二层别墅，采用 T 字形平面，主入口在北侧，向内凹入，上覆雨篷；各房间北侧开小窗，南侧开大窗，体现了功能主义的设计思想。别墅东西两端有壁炉和烟囱，外墙刷黄色，坡屋顶参差错落，具有西班牙风情。南向临池设拱形外廊，用爱奥尼柱支撑，其上为外挑阳台，方便

图 13-153 凝春塔现状（摄影：黄晓）

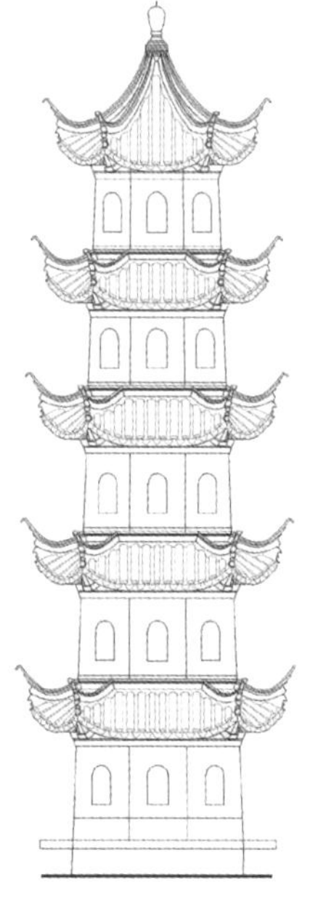

图 13-154 凝春塔立面图

图 13-155 东区颐安别业旧影

图 13-156 东区颐安别业（摄影：黄晓）

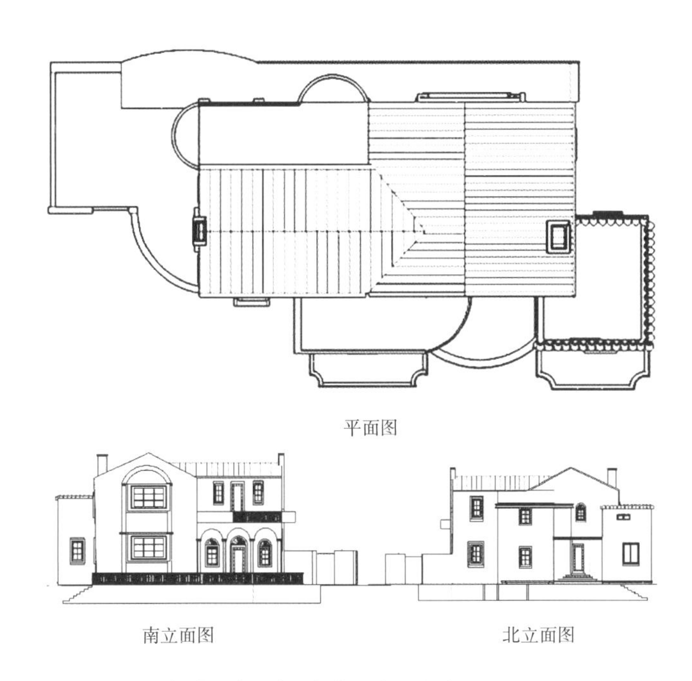

图 13-157 颐安别业屋顶平面和南、北立面图

赏景（图 13-157）。如此一来，两区的主体建筑——颐安别业与阶庐——皆为西式，赋予蠡园鲜明的现代气息。

除了建筑，王亢元在蠡园还引入了不少现代设施，如西式花圃、紫藤花廊，其中最有特色的是颐安别业西南的圆形舞池和东区尽端临湖的游泳池。舞池露天，为磨石子地面，直径 12 米，中央较高，缓缓坡向四周，外围是一圈低矮的护台，开有六处缺口供人进场或退出（图 13-158）。据黄茂如《关于蠡园的“颐安别业”》记载，当时担任蠡园经理的薛满生回忆，舞池“中有扩音器，播放音乐，周围装霓虹灯，设咖啡、西餐小吃”。黄茂

图 13-158 颐安别业西南舞池（摄影：黄晓）

如《无锡市近代园林发展史料访谈记录》中王亢元自述称，游泳池位于涵碧亭南部伸入湖中的平台上，东西长 27 米，南北宽 11 米，“用泵打进太湖水”。池西有一座尖拱支撑的跳台，分为上、中、下三层，跳台背后的歇山顶房屋原为男更衣室，对面东侧的石桥则通向女更衣室。据薛满生回忆，这座游泳池“仿上海虹口公园”，是无锡近代第一座公共游泳池，开风气之先。由于建在南部，泳池两端的更衣室皆用中式屋顶，并在南北各设一座中式牌坊，以与周围的风格相协调（图 13-159）。

图 13-159 东区临湖游泳池旧影

5. 园居生活

与古代私家园林不同，王禹卿建造蠡园并非为个人享乐，而是希望造福乡邑，因此蠡园建成后对外开放。《蠡园记》描写当时的景象：“自是每当天朗气清之日，中外士女云集，履屐纷阗，舟车杂呈，而蠡园之名遂喧传遐迩。”园中活动主要包括三类：一是作为市民的游赏之地，有似于近代的公园；二是作为文士的雅集之处，延续了传统的特色；三是作为显贵的度假之所，显示出商业的特性。

为方便市民游赏，王禹卿修筑了连接蠡园和城区的公路，民国时期无锡的导游刊物多将蠡园列为必游之景，如1934年芮麟的《无锡导游》、1935年华洪涛的《无锡概览》和1946年蒋白鸥的《太湖风景线》等。1935年《无锡名胜小喻》总结了当地七处名胜，蠡园排第六，评价称："蠡园淡扫无浓抹，举止端凝最大方，犹存风韵的老徐娘。"1948年盖绍周《无锡导游》开篇的《无锡景物竹枝词》选出108处风景，蠡园排第34，书中收录了《蠡园记》《蠡园水榭》和一篇蠡园介绍，在为游客推荐的《梁溪三日计游踪》中，第一站便是蠡园，"上午十时由车站雇小汽车出发，十时半至蠡园，游览一小时"。此外，如今还可见到许多民国时期游览蠡园的诗文，如钱海岳《偕内子家和青圻小憩蠡园作二首》、钱雪盦《游蠡园七绝六首》和张涤俗《金缕曲·暮春游青祁蠡园作》等。

出于管理方便的考虑，蠡园对外售票，在当时引起一些争议。1930年《锡报·副刊》登载评论称："本邑公私各园，对游客概不取资，独蠡园则首创售票之举。游客入园，须纳资铜元十五枚，而司票者为一老学究，持筹握算，颇费周章。一票之微，历时甚久。而司阍之警士，为一粗悍之北人，对游客疾言厉色，每多失态，以是游者颇致不满，咸谓王氏既耗巨金，筑斯名园，何必斤斤于十五铜元，与游客较锱铢乎。"园方辩解称售票是为了限制人流，保持园中整洁："该园之售门票，实因附近乡人赤足裸背者无端阑入，殊碍观瞻，故设此限制耳。"此说遭到记者反驳："赤足裸背者，园主之芳邻也，以彼辈赤贫，而以十五铜元难之，似与平民化之旨趣背驰太远矣。"同刊还登载了远游客的《蠡园新咏》调侃此事："门警森严双立鹄，游资标示五分洋。"售票一事虽有现实的考虑，但也反映了王氏父子的局限，较免费开放梅园的荣德生要逊一筹。

蠡园建成后，王氏广邀邑绅名士题字题联。园名由书法家华艺芗题写，另撰长联："风月畅无边，看远山作障，近水通池，贤主人啸傲烟波，少伯高踪赓绝代；林泉容小隐，喜曲榭宜诗，回廊入画，嘉宾客流连觞咏，右军遗韵想当年"，"颐安别业"题额出自国民党元老吴稚晖（1866～1953年）之手，水榭"晴红烟绿"题额出自末代状元刘春霖（1872～1944年）之手（一说为无锡富商华绎之书写）。当地文士孙保圻、孙肇圻（1881～1953年）、缪海岳（1877～1950年）、裘昌年（1869～1931年）、高汝琳（1869～1933年）、蒋士松（1862～1942年）、高翔、孙揆均（1856～1930年）、陈宗彝（1871～1942年）、范廷铨（1858～1931年）和丁鹏振等皆有对联题赠，表现了园主对文名词采的重视。

同时，蠡园还成为文士雅集的场所，最著名的是1932年3月28日的蠡园饯春大会。由无锡名士张补园（又名张明纪）发起，与会者有著名词人张潮象（曾组织湖山诗社），《新无锡》副刊主编孙伯亮，昆曲名家沈伯涛，书画名家王峻崖、徐育柳、胡汀鹭（1884～1943年）、诸健秋（1890～1964年）以及时任第三区区长的虞循真。众人在涵碧亭小饮，戢盦诗曰"笛腔三弄棋一局，敲诗读画兼度曲。……岚翠波光落杯酒，人影一重花一重"，可知还在园中听笛、弈棋、吟诗、赏画，并效仿古人，由胡汀鹭和诸健秋合绘《蠡园饯春图》，遍征名士题咏。同年6月孙伯亮主编的《新无锡·副刊》陆续刊载了戢盦、张潮象、张补园和徐育柳的《<蠡园饯春图>歌》，大大提高了蠡园的知名度。

无锡地处上海、南京之间，两地的政要显贵常趁假日到此游赏休憩，蠡园是他们优选的下榻之地。1937年3月锡邑《人报》载："5日下午，柳亚子、吴开先、朱少屏等来锡，寓蠡园颐安别业，7日返宁。"1937年4月4日《新无锡·湖滨裙屐》载："财政厅秘书姚挹芝，昨亦来锡游览，寓蠡园颐安别业。海上文艺家周瘦鹃、陈小蝶，名画家胡伯翔等时联袂抵锡，同寓蠡园。"姚挹芝为政府要员，柳亚子（1887～1958年）、吴开先（1899～1990年）、朱少屏（1881～1942年）皆为国民党元老，周瘦鹃（1895～1968年）、陈定山（1896，作1897～1987年）、胡伯翔（1896～1989年）则是社会名士。

王亢元颇具商业头脑，将颐和别业打造为宾馆，底层开中、西餐厅，上层设客房，外部悬挂Lake View Lodge霓虹灯招牌，别业西南的舞池、临湖的游泳池皆为宾馆的附属设施。黄茂如《无锡市近代园林发展史料访谈记录》提

图 13-160 蠡园桃柳长堤，春季游人络绎不绝

到，据王亢元追忆，当年蠡园收入“主要靠旅馆。一到周末，上海要人、外国人就来订房间，房内有浴缸，除沪宁之外，算是好的。6元一夜，也可不少收入。”蠡园接待的地位最显赫者要属蒋介石、宋美龄夫妇。1948年蒋氏夫妇到无锡住在蠡园，5月17日《锡报》载：“（蒋介石）在园中散步，远眺湖山景色，倍加赞扬。蒋夫人对蠡园的负责人说：园中树木和花草太少，晚上发电机声音太大，应改善。”能够接待当时的最高领导人，可见蠡园的名气之高和经营之善。

蠡园与梅园、鼋头渚并称为无锡近代三大名胜，其中蠡园建造时间最晚，规模也相对较小，但却最能反映近代时期中西园林文化的碰撞与交融。就园主而言，第一代王禹卿倾向中式，后起的王亢元偏爱西式，从而在时间上呈现出中西的交锋；落实在空间上，表现为南部以中式为主，北部以西式为主。这种对比进一步反映在细节中，从整体的园林布局，到山水、建筑和花木等各类要素，以至园林中的活动，都有鲜明的体现。布局上，蠡园采用东山西池的分区，相当于旱院与水院，带有中国传统的特点；东区采用规整式的轴线布局，则反映了西方的影响。园中的假山有土山和石山，皆采用传统的理法，水池中还有中国经典的“一池三山”，但池中的三岛皆为几何式平面，则体现了西方文化的渗透。建筑上既有中国传统的廊塔亭榭，又有当时最先进的西式洋楼。园中的活动，既可供文士邑绅雅集宴赏，又可供新兴市民野游探春（图 13-160）。

中西交融是许多中国近代园林的共同特点，蠡园堪称其中的典范。作为太湖沿岸的重要城市，无锡有着深厚的传统园林文化；作为迅速崛起的近代城市，无锡又受到西洋文化的强烈影响。这些通过王禹卿、王亢元父子，具体落实到蠡园的经营建设中。从这个角度看，现在因管理的需要而将蠡园东区划出园外，破坏了近代蠡园的完整性，模糊了蠡园的造园主旨，淡化了中西的碰撞与交融，无疑是个很大的遗憾。这里通过对蠡园历史的梳理、园林旧貌的论述和造园艺术的分析等，希望能为今后蠡园的发展和建设，提供一些参考和借鉴。

九、陈氏渔庄

点评：毗邻蠡园，争奇斗妍竟芳姿；运石筑山，洞壑宛转压群峰。

蠡园、渔庄位于无锡县城西南十余里的蠡湖北岸，蠡园在东，渔庄在西，比邻相继而建。

两园中蠡园更为知名，文献对渔庄的介绍通常附在蠡园之后。如1946年《太湖风景线》：“蠡园：在扬名乡青祁村，有马路直达。临五里湖滨，远对长广溪，形势天然，风景入画。民国十六年由邑人王禹卿建筑。蠡园对面有渔庄，三面环湖，十九年由陈梅芳建筑，园中布置幽美。两园在太湖滨最好风景处。”

陈梅芳为青祁乡小陈巷人。据王禹卿《六十年来自述》记载：“庚子，余22岁。九月归家，与陈氏结婚，不敢重违严命也。婚费不足，事后典质新衣以偿之。未度蜜月即外出营生。燕尔之乐不遑安享，言之可叹。”庚子，即光绪二十六年（1900年），王禹卿与陈梅芳的姐姐陈氏成亲。1904年陈氏产下长子王亢元。陈梅芳后在上海开设新华呢绒公司，担任呢绒公司经理。拥有了丰厚的家产后，回乡在蠡园西侧建造渔庄（图13-161）。

1. 历史沿革

1930年，陈梅芳在上海经营呢绒致富，委托虞循真、陈志新在蠡园西侧造园。雇了数十条船只，填芦苇滩、筑石驳岸，从宜兴、浙江等地运来湖石、石笋；特请石师浙江东阳人蒋家元，堆起7座大假山，20余座小假山。沿庄堆叠，假山曲折蜿蜒，中空通道，上下盘旋，构想之奇，巧夺天工。身临其境，竟有难寻故道而折回者，游人以“迷宫”目之。渔庄大小与蠡园相仿佛，俗呼为赛蠡园。后因抗战，建园工程进行至1/3便被迫中止，总占地不到4公顷。1952年无锡市人民政府整修时，将蠡园、渔庄合而为一，筑长廊连接两园，起到过渡、点景和方便游人漫步赏景的作用，以“蠡园”统一园名。1954年在“百花山房”南面的柳堤上四周建起四季亭。2002年，“蠡园及渔庄”被公布为江苏省文物保护单位。

2. 造园思想

渔庄的造园思想体现在两个方面，一是园林的名称，二是园林的使用。

“渔庄”取自范蠡曾在此地与乡民一起养鱼的典故，陈梅芳通过经商致富，因此以渔庄之名向商界的始祖范蠡致敬。同时，渔庄的名称恰好与相邻的蠡园呼应，暗示了两者之间的关系。

渔庄与蠡园既具有密切关系，又暗含竞争关系，当时百姓俗称渔庄为“赛蠡园”，从中可看出这一点。这种竞争还体现在园林的设计和使用上。在设计方面，蠡园有中有西，风格不一，渔庄则完全采用中式，1930年6月19日《锡报·副刊》载艺芗《青祁近况谈·湖庄近况》称：“凡一花一木之栽植，一亭一榭之点缀，采取古式，绝无中西参混之病，是以来游者，咸谓匠心独运，富有丘壑，是以引人入胜。”在使用方面，渔庄主人特地声明，园林建成后将对公众开放，供市民使用。当时报纸刊载：“蠡园之旁，有陈梅芳氏新辟湖庄，……闻陈为蠡园主王姓之戚，欲与蠡园争奇斗胜。蠡园对于游客，强令购券，实为邑人诟病。他日湖庄将力蠲此弊云。”可知渔庄在这两个方面都有意超越蠡园，表现出争奇斗胜的商人精神。

3. 园林布局

现蠡园门厅即为原渔庄大门，是颇具江南特色的石库门建筑，经数次改建，后两园合并时辟为蠡园正门。门厅面阔三间，进深九间，双坡小青瓦屋顶，方砖贴面，门厅后墙则又开八角形门洞，接出暗廊，廊端又开月洞，由此入园（图13-162）。

图13-162 渔庄大门入口

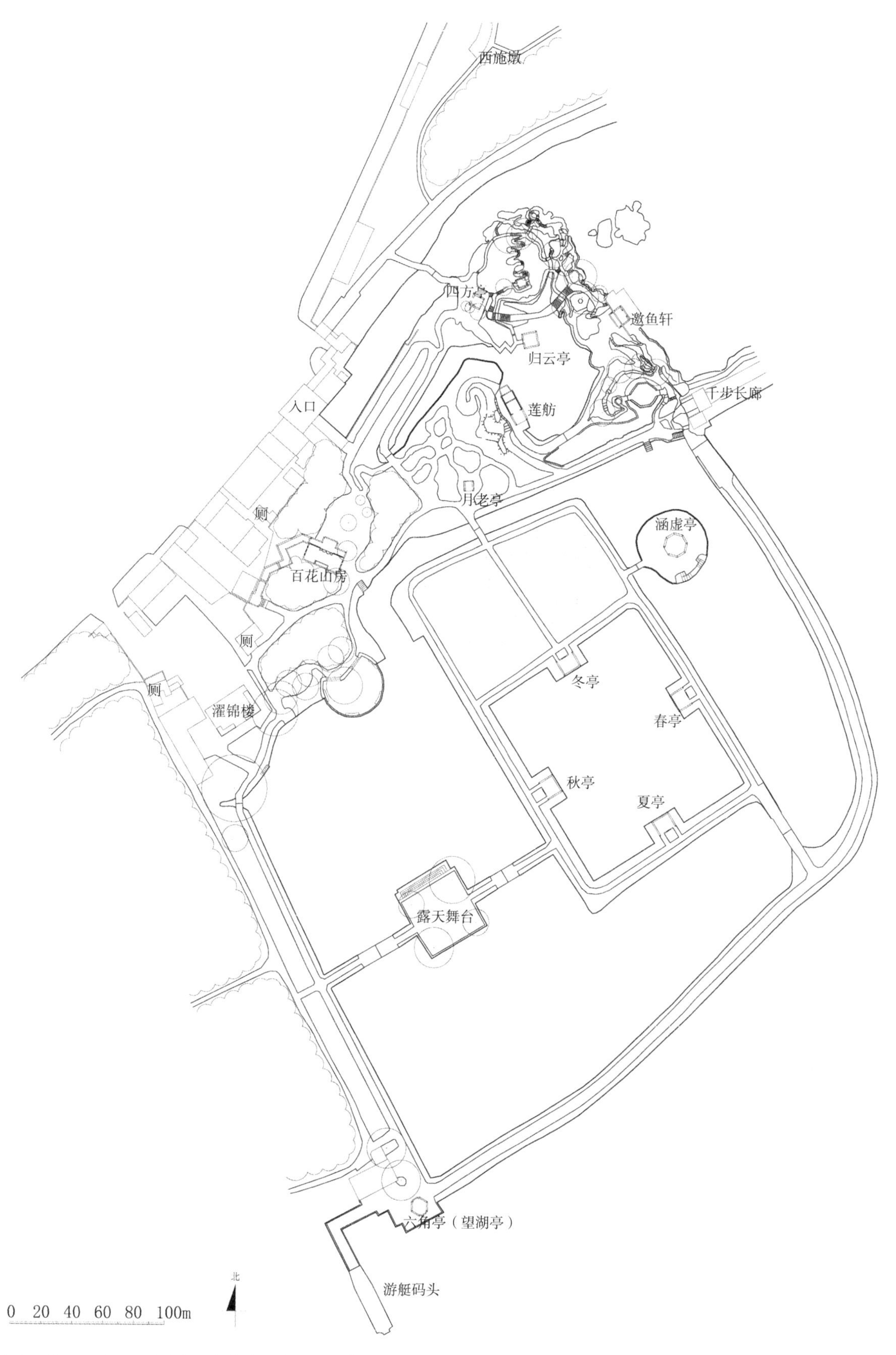

图 13-161 渔庄总平面图（绘制：戈祎迎、高凡、冯展、张淮南）

进园过门厅穿廊出月洞门，在假山入口内之广场一端有百花山房（图 13-163），抱厦有汪海若书楹联："剪月裁云好花四季；穿林叠石流水一湾"，为点景之笔。而门厅月洞门左拐则现一幽径，两侧林石壁立，堆成悬崖状，独具深邃之感，令人如进山谷。

图 13-163 百花山房

由此石弄堂作为序曲，则进入渔庄之精华部分，现名"蠡园假山耸翠景区"。从石弄堂前行，经跨水石桥可达四方亭，亭三面无墙一面为月洞，以达到亭不挡山山却掩景的作用。由四方亭前行见水面豁然开朗，构一水亭以曲桥相通，西南面隔池与莲舫相对（图 13-164），互为借景（图 13-165）。从水亭观景，小水面四周皆叠以假山，尤以东侧的归云峰假山群为最。

假山群通往长廊的游道一侧，有很不起眼的洗耳泉，泉径仅米许，其状如耳洞，周遭叠石如耳郭。旁卧一石若狮，假山屏障上有"少师"刻石，狮谐音师，以狮喻少师，在此洗耳恭听众说纷纭之言，或未可知。洗耳泉畔小溪石径两侧，湖石交错，内蕴十二生肖动物形态，让人依稀可辨。跨溪的平板石桥，镌"潜鱼"二字，这是渔庄昔年以鱼为名的景点。

过莲舫向南行走见一四方池，东南西北向池岸各立一亭，形制颜色完全相同。在亭周边栽植不同四季花木以应四季亭之名（图 13-166）。春亭"溢红"，遍植梅花；夏亭"滴翠"，植夹竹桃；秋亭"醉黄"，植桂花；冬亭"吟白"，植蜡梅。颇具特色。四季亭东侧有一环水小岛，岛上建有涵虚亭，亭畔有"渔庄"砖刻（图 13-167、图 13-168）。

4. 造园意匠

（1）选址借景

渔庄坐落在四面环水的小岛上，邻五里湖而建。五里湖即梅梁湖之内湖，明王永积《无锡景物略》称："一名小五湖，又名蠡湖。名蠡湖者误，蠡湖自有湖，蠡开之。此则其扁舟处也"。五里湖开阔的湖面东西铺展，湖南遥对长广溪口，湖西的漆塘山、宝界山、充山南北绵亘，轮廓优美，为其提供了不可多得的自然借景。当时的诗文提

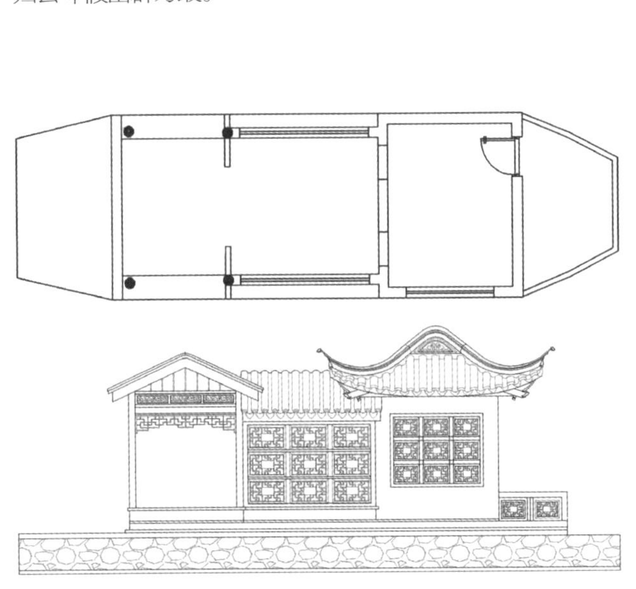

图 13-164 莲舫平面图与立面图

图 13-166 四季亭（摄影：杨玉蓉）

图 13-165 莲舫环境效果图

到蠡园，首先关注的便是园中所借的湖山胜景。如《蠡园记》称赞该园“濒湖面山，胜景天然。”1928 年《锡报》刊文称“是园滨临五里湖，三面环水，一碧无垠，颇饶胜概也”，可见蠡园建园时充分考虑了其选址的山水风景，而陈梅芳当时一心想要建园与蠡园相媲美，也是因其见蠡园选址之精妙，后在蠡园西侧造园，与蠡园共同享有五里湖独特的自然风光（图 13-169）。选址具有真水，隔水则有宝界山等群山为远景，近可利用水景，远可借山景，可谓得天独厚。

（2）叠山理水

无锡园林山水历来有“四真四假”之说，蠡园渔庄则属于假山真水。渔庄假山与其他园林不同，临水而叠，因水而活，尽显假山真水山水交融的无限情趣。当年渔庄的园主，为了胜过原有的蠡园，特意用太湖石堆叠了一个耳朵状的“洗耳泉”，中间的泉眼好像人的耳孔，

图 13-167 涵虚亭

图 13-168 涵虚亭环境效果图

别具一格。那时的渔庄是名副其实的“赛蠡园”。渔庄造园时因地理位置傍水而又未依山，故在岛上平地造数座假山以追求真山之势（图 13-170）。渔庄与蠡园合并后，假山耸翠成了蠡园的著名景观，用湖石叠成的云字假山群，掩映在古木深处，群峰林立，幽谷深邃。假山都以云字命名，有云窝、云脚、穿云、朵云等。归云峰为假山群中最高的山峰，高 12 米，周边的小溪、小亭、小桥等景观设置有会稽兰亭的趣味，所以在假山石壁上刻写了王羲之《兰亭序》中的名句**“此地有崇山峻岭、茂林修竹，又有清流急湍，映带左右”**，使假山增加了文化氛围。

（3）建筑小品

渔庄因时代背景并未造完全园，后又因与蠡园合并，建筑多有移建。虽样式多有改变但大多保留当时特色。渔庄门厅几经改筑，为双坡小青瓦屋顶，方砖贴面，下为金山石墙裙，已不复当年样式。百花山房原为建于 1930 年的五开间大堂，其旁叠石成坞，花木繁盛有“细数落花因坐久”的情趣，后 1994 年翻建时，改为坐西朝

图 13-169 渔庄南堤春晓风光

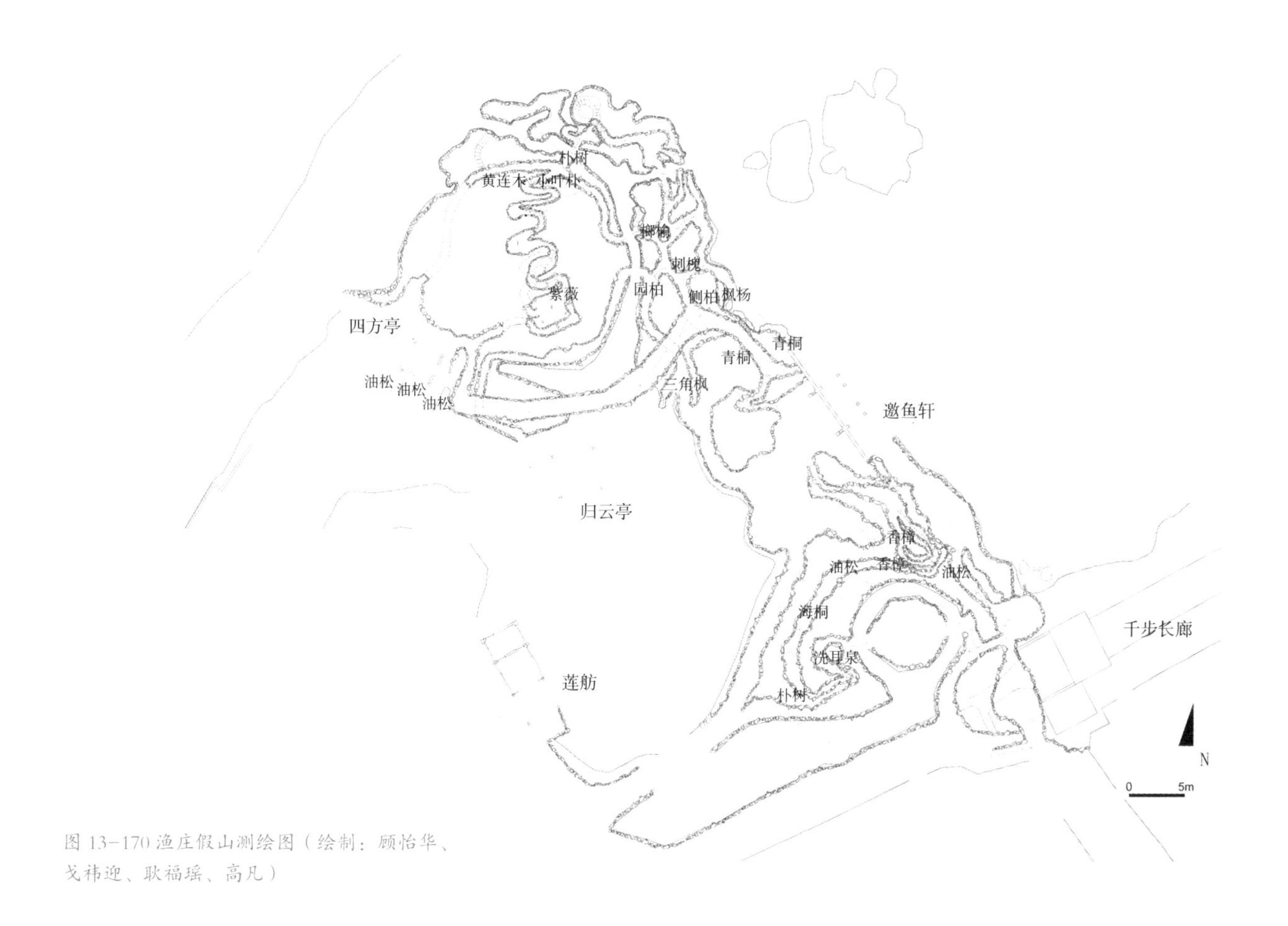

图 13-170 渔庄假山测绘图（绘制：顾怡华、戈祎迎、耿福瑶、高凡）

东、面阔三间的式样，青瓦十字脊，四角飞檐起翘，其前接出抱厦。又向东转西接出一段曲廊，题额“浣花”（图 13-171）。

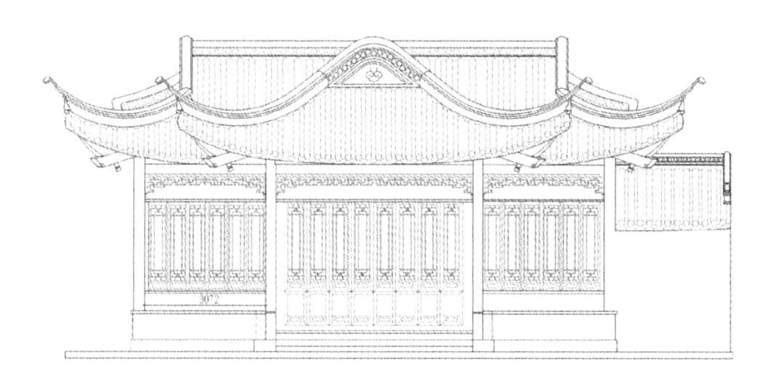

图 13-171 百花山房正立面图

5. 园居生活

渔庄从 1929 年开工建设，兴建之初便筹划与邻近的蠡园一较高下，因此不但在园林风格上格外用心，采用纯正的中式建筑和假山，而且在园林使用方面，陈氏也特地声明，园林建成后将对公众开放，供市民使用。然而，由于叠山工程浩大，直到 1937 年抗日战争全面爆发时，渔庄仍未完工，因此关于渔庄内的园居生活和活动的记载很少，远不及蠡园丰富。抗日战争胜利后，1948 年 4 月 27 日的《锡报》登载了刘纯仁的一篇文章，提到他：“来锡地，把各个名胜游遍了，……梅园以花木胜，渔庄以叠石为山胜，蠡园以新式建筑空旷疏荡胜”。可知渔庄在抗战胜利后成为环太湖风景区的一环，供游人游赏，并以假山著称。中华人民共和国成立后渔庄与蠡园合并为一体，迎来了市民游览的高峰，最终实现了陈氏造园的初衷。

渔庄与蠡园虽已归为一体，但实则其造园方式及园林布局都有不同。蠡园经过了三个重要的造园主与造园时期，风格上较为混杂，在布局等方面多体现了中西方文化方面的碰撞与交融，实属中国近代园林中西交融的园林典范。而渔庄相对则更为古典，造园最大的特点就是在平地造假山以呼应蠡湖形成真正的“真水假山”的格局。其假山中又尤以归云峰为胜，虽不如苏州园林假山的精妙却又独具特色，真正显示了中国近代的叠山理法特点。

第十四章 惠山园林

惠山自古为胜迹，古镇西接惠山，九曲惠峰，气势磅礴，又有“天下第二泉”名扬万里，依山而下，山形水系贯通一气；南临锡山，拔地而起，上有龙光塔可为借景。古镇依山傍水，负阴抱阳，实乃风水宝地。先人贤达无不以于惠山名泉胜地获得一席之地为荣，建造别业山居于此，或设立宗祠供奉家族先贤，以沾惠山灵气。清帝乾隆游览于此，道出“惟有林泉镇自然”的真谛，惠山处处涌动着历史的文脉。近代以来，随着无锡民族工商业的发展，名门望族纷纷于惠山古镇建造祠堂，人文荟萃，传承家族精神，近代先进的工业文明也逐渐渗透入祠堂群落之中，杰出的范例包括杨氏潜庐、王恩绶祠园、惠山公园等等（图 14-1）。

图 14-1 惠山祠堂分布图（绘制：高凡）

一、杨氏潜庐

点评：借景锡惠两山风景，继承江南造园传统，晚清无锡私宅园林的精巧典雅之作。

惠山潜庐，是迁城九世祖杨艺芳（宗濂）委托胞弟杨以迥建于光绪八年（1882年）的别墅园林，后改为家族祠堂园林（图14-2）。潜庐沿袭传统江南私宅园林风格，布局紧凑，精巧典雅；掇山理水，虽为人造，却巧夺天工，淡雅朴素。潜庐作为晚清时期无锡私宅园林的代表之作，体现出无锡近代造园初期对于传统园林的延续和继承（图14-3）。

1. 历史沿革

园主迁城九世祖杨宗濂，字艺芳，晚号潜斋主人，清道光十二年（1832年）生，无锡城北门下塘旗杆人八世祖杨菊仙长子。

咸丰五年（1855年）任户部员外郎，咸丰十年（1860年）成立"团练局"于无锡抵抗太平军，后为曾国藩幕僚。同治元年（1862年）入李鸿章幕府，杨艺芳以"濂字营"为号作为淮军先锋，亲自率军英勇作战，肃清江南太平军。随后总办常州、镇江二郡营田，开垦荒田数十万顷，流民得以安定。同治六年（1867年），随李鸿章围剿捻军，总管诸军营务，后因军功晋升为道员。杨艺芳从戎入仕，十余年间，衣甲未卸。

同治十年（1871年）至光绪八年（1882年）期间11年，因职责所关，都未曾归乡探亲。其父杨菊仙咸丰九年（1859年）病卒早逝，杨艺芳作为长子，久有归乡侍母之意，恰其母侯太夫人重病，回里探望，遂因其擅离职守，遭政敌弹劾罢官。

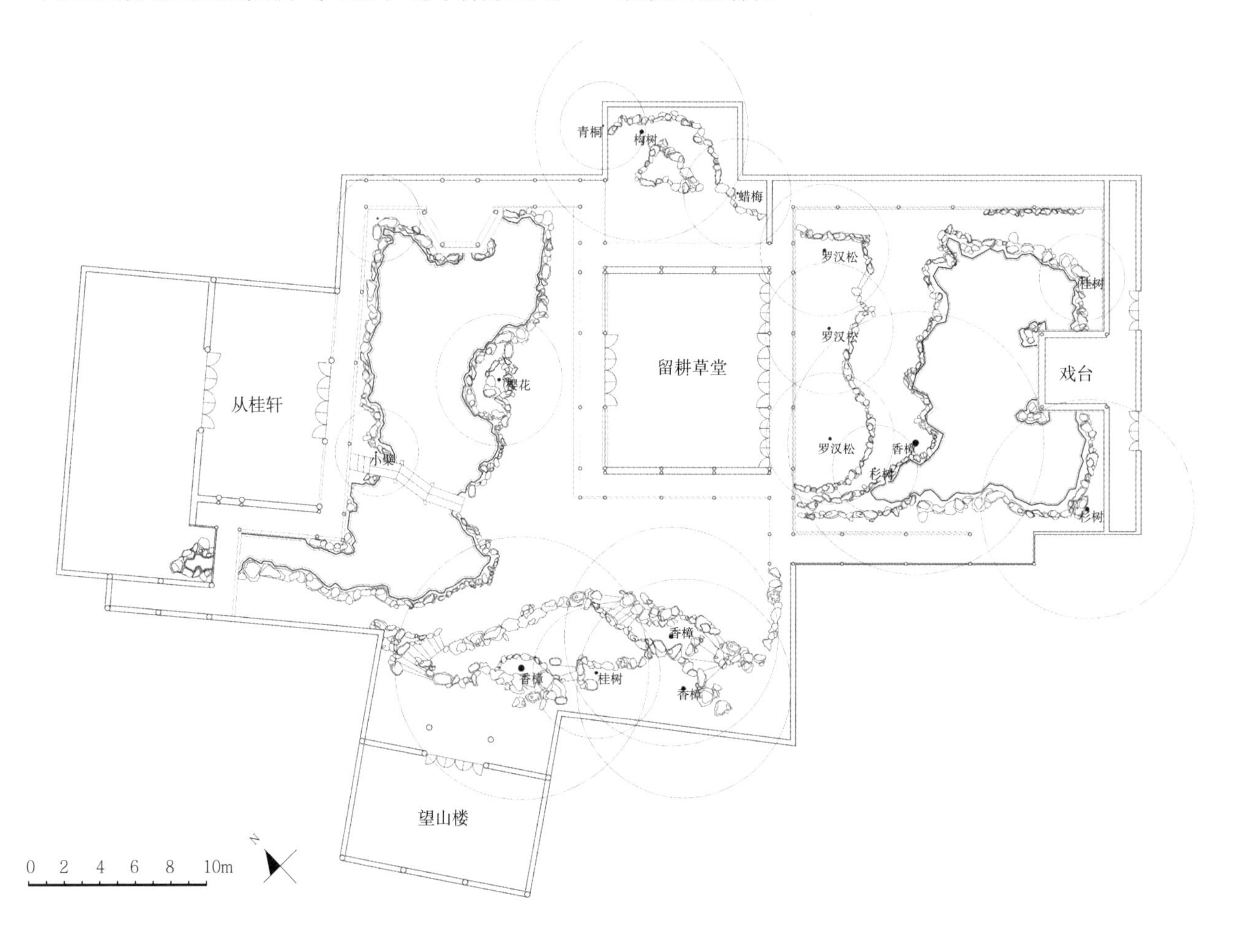

图 14-2 潜庐总平面图（绘制：高凡）

图 14-3 潜庐鸟瞰图

杨艺芳家中侍母之余，常悠游于惠山九峰二泉之间。光绪八年（1882年），杨艺芳于惠山浜龙头下上河塘，委托二弟杨以迥筹建别墅园林潜庐，邀请吴中名手营造，庭院小巧玲珑，树木扶苏，环境幽雅，呈现出江南私家园林的风格特色。

光绪十年（1884年）中法战争打响，杨艺芳因精于军务，再次出山，赴京筹练武备。光绪十一年（1885年），李鸿章为改变晚清落后挨打的局面，增强国防能力，仿照国外设立军事院校的做法，在天津创办了我国近代第一所陆军军官学校——北洋武备学堂。李鸿章赏识杨艺芳在军事方面的能力，上奏朝廷委任其为学堂总理督办。北洋武备学堂仿效德国陆军学校，聘请德国教师，采取"左图右书，口讲指画"的西方教学方法，教授西洋行军新法，锻炼实战技能。杨艺芳在经营管理之余，编成《学堂课程》八卷，成为武备学堂的范本。北洋武备学堂培养了一大批军事人才，段祺瑞、冯国璋、王士珍等均出自杨艺芳门下。后于北方河南、山西、陕西为官，兴修水利，仕途坦荡。杨以迥晚年在潜庐中精研周易，亦有杨氏子弟在此读书，当地名流士绅雅集园中，多有聚会咏吟者，为一时之胜。

光绪十八年（1892年），杨艺芳母侯太夫人去世，杨艺芳弃官回里守丧。光绪二十年（1894年），于潜庐之前，面向惠山横街，建成四褎祠，祀艺芳父杨菊仙暨配侯太夫人，以及叔杨菊人暨配诏旌节烈杜太夫人。楼厅三楹，门厅对面即为寄畅园。光绪二十一年（1895年），杨艺芳与弟杨藕芳筹资于无锡东门外兴隆桥创办了无锡第一家近代工业企业——业勤纱厂，开创江南机器纺织的先河。杨艺芳担任总办，主持厂办，后交付子侄经营。无锡近代杨氏家族经营实业的序幕也由此拉开。光绪二十五年（1899年），杨艺芳升任长芦盐运使。次年，八国联军入侵天津，杨艺芳亲率军队坚持巷战，誓死保卫，致使左、右两股受伤。光绪三十年（1904年）因病回锡，赋闲家居，辑成《聊自娱斋诗文集》一卷。杨以迥晚年一直隐居于潜庐，"小山丛桂容招隐，重洗铅华为写真"。直至光绪三十二年（1906年）重病，才由家人接回大成巷宅，不久离世。杨以迥过世后，潜庐便无专人定居。同年，杨艺芳于无锡旗杆下宅中病逝，终年75岁，祀入淮军昭忠祠及李文忠苏州专祠。

杨艺芳过世后，杨氏后代遂将潜庐改为祠堂园林之用。每月朔日、望日，由杨氏族中子弟轮流在四褎祠上香祭祖，并在潜庐中游赏休息。每至春、秋大祭，族人集至，游宴园中。杨艺芳之子杨翰西，于1915年和1934年先后对潜庐进行修葺。1918年，杨翰西之母沈太夫人去世，祀于四褎祠。

抗战胜利前夕，四褎祠因看守不慎而毁于火灾，一直未得到恢复。中华人民共和国成立后，潜庐由部队使用，建筑改为营房，而花园得以保存，现为全国重点文物保护单位。园中原有清末洋务派张之洞所撰写的《觉先杨君暨配侯太夫人墓志铭》碑刻，后移至鼋头渚杨氏横云山庄诵芬堂（原光禄祠）。2008年，无锡市政府对潜庐开展修复工作。潜庐今貌，虽焕然一新，但其晚清时期的园林格局，依然保存完好，清晰可见。

2. 造园思想

"潜庐"一名，源自"潜龙勿用"之典。《文言传》记载："初九曰'潜龙勿用'，何谓也？子曰：'龙德而隐者也。不易乎世，不成乎名，遁世无闷，不见是而无闷。乐则行之，忧则违之，确乎其不可拔，潜龙也。'"何为"潜龙"？就是指德才兼备的人，因时势不合而选择归隐，坚持操守，不随世风，不求功名，做自己喜欢的事情，不被世人认可也不感到郁闷。孔子对于"潜龙"的释义，仿佛就是在暗指自己的经历，其周游列国不得重用，并没有迁就时势而放弃自己

图 14-4 潜庐鸟瞰图

的政治主张，而是历经艰难，著《春秋》以传世。

园主杨艺芳为国效力，出入沙场，建设县郡，九年未归探亲，却落得弹劾罢官的下场，其隐居避世、尽孝终老的意愿不禁在别墅园林“潜庐”的命名中体现出来，晚年自号“潜斋主人”。杨艺芳寄托精神于园中花木和惠山林泉之间，园林成为了他的归耕之所，故主厅命名“留耕草堂”。杨氏后人杨楚孙，为潜庐题联：“**故乡大好湖山，小筑林泉傍西郭；素志不忘陇亩，此间风物胜南阳。**”楹联引孔明于南阳“躬耕陇亩”的典故作喻，透露出杨艺芳归隐山林的愿望。

中华文化几千年来讲求“百善孝为先”的传统，身处名门望族之中，对于先贤的尊崇和对于长辈的孝敬尤为重要。杨艺芳父杨菊仙咸丰九年（1859 年）早逝，作为长子，杨艺芳理应承担侍奉母亲的责任，无奈长年在外效忠国家，无暇归乡探亲，家中老母主要由二弟杨以迥照料。光绪八年（1882 年），杨艺芳因母亲重病回乡探望，遂与弟杨以迥建造潜庐，侍母居住，为母亲创造

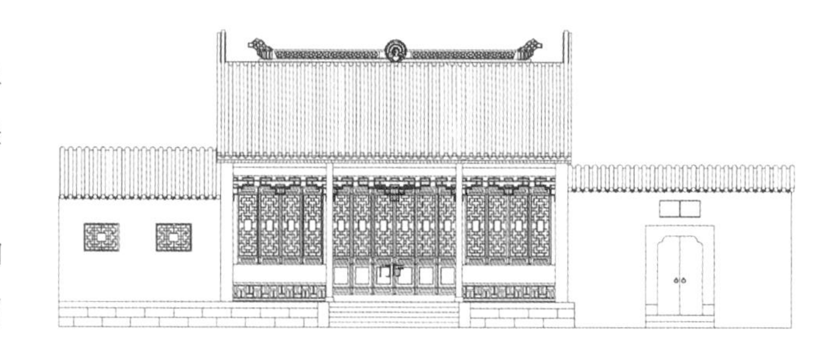

图 14-5 门厅立面图

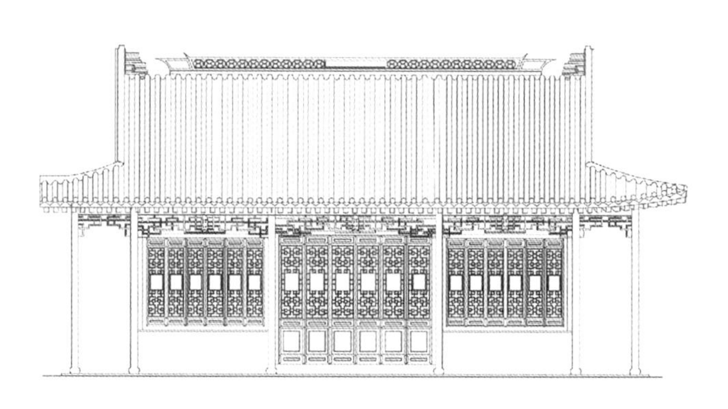

图 14-6 留耕草堂立面图

优质的生活环境，弥补其多年来不能尽孝的遗憾。故潜庐的造园立意中，不得不说这一层侍母尽孝的含义。

3. 园林布局

潜庐入口面对惠山浜水街，可乘船到达，船只停泊于门前。受周围祠堂密布所限，面积约为1500平方米，园主建筑厅堂屋宇，挖池堆山，种植花木，营造庭院园林，于此有限的空间内，创造出无限延伸的意境。整个园林布局，可大致分为南北和东西两个轴线（图14-4）。

（1）南北轴线

南北轴线从北侧入口起始，布置三进院落，依次设置入口门厅（图14-5）及戏台、主厅留耕草堂（图14-6），以作为住宅所用的丛桂轩作结，建筑均坐北朝南。宅间庭院小巧精致，建筑以游廊相接，可于江南雨季不沾衣襟而遍赏全园。入口门厅前有戏台照壁障景，起欲扬先抑之效。步入园内，于临水戏台环顾四周，顿觉豁然开朗，恍如隔世，园外车水马龙早已烟消云散，如入世外桃源。

潜庐的前两进庭院，均以水景为主，池岸没有过多曲折，结合自然式黄石驳岸，于池边点缀花木，遂成一景。两个水面不同之处在于，第一进院落中水池偏向东侧戏台（图14-7），第二进院落池沼则偏向西侧丛桂轩。留耕草堂前后，均有硬质铺地。值得一提的是，临水建筑立基于驳岸黄石之上，石块累积承担了亭柱的作用，水边亭榭似漂浮于水面之上，与驳岸山石浑然一体，自然成趣。

第一进院落背靠厅堂，若坐于主厅留耕草堂，面向戏台（图14-8），听一曲清唱，庭院幽幽，树影婆娑，曲声经亭中水面徐徐入耳，余音绕梁，回味无穷；戏台两侧，古木参天，成荫林木之间，远借园外南侧锡山作为背景，山势雄浑如入园内。于园中听曲休憩，赏内外美景，与母亲及贤弟共享天伦之乐，想必这样曲景交融的场景，便是当年园主杨艺芳所期许的归隐生活吧。今日山顶龙光塔得以修复，又可不出园门而观锡惠标志（图14-9）。

主厅北侧游廊院墙之间，围合出精致空间，布置植物小景；南侧则为园中最大的黄石假山，拾级可达望山楼。园主居室丛桂轩前，为第二进院落。第三进院落今为后花园，留有两座水池。

图14-7 第一进院落水池（摄影：黄晓）

图14-8 潜庐戏台（摄影：黄晓）

图14-9 南借锡山龙光塔（摄影：黄晓）

（2）东西轴线

东西轴线处于第二进院落中，相较于南北轴线，此轴更似一条无尽延伸的视线。自院北廊中半亭为起始，经院中水面、曲桥，沿院西假山石而上，至平台上望山楼作结，又远借惠山以延伸纵深空间，可谓意境深远（图14-10）；若是于假山之上望山楼回望，则庭院景致一览无余（图14-11）。这种因观赏视线俯仰变化而形成的意境对比，可谓是精妙绝伦。

从桂轩前水面上，架有三折曲桥，连接至轩前门廊，自西侧半亭望来，于水池远端分隔池面，有水面不尽之意。此做法在江南私宅庭院的池面处理中也颇为常见，如苏州畅园、壶园，水池一端架桥，分隔主次水面，隔而不分，增加空间层次。

位于院落西端的望山楼，顾名思义，位于堆台之上，台基高于园内其余建筑，可远观锡惠山麓景色。其与庭

图 14-10 由半亭看向望山楼（摄影：黄晓）

图 14-11 由假山回望庭院（摄影：黄晓）

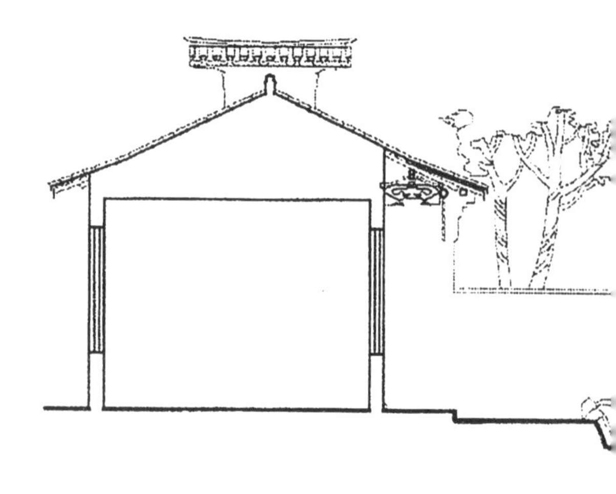

图 14-12 第二进院落剖面图

院地面之间的高差，巧妙地运用叠石堆山的手法进行消化处理，设置蹬道由平地而上，如攀云阶。如此山石之上构筑厅堂屋宇且由假山石阶蹬道而上的做法，在江南私宅园林中也不罕见，例如苏州狮子林中卧云室，扬州个园内住秋阁，均于山林地立基筑屋，建筑于环境浑然一体，仰望如生长于山石之中。作为望山楼的对景，院东半亭也高于地平，亭两侧连廊以坡道相接，悬挑于水面之上，似与望山楼高起的基址相互呼应（图14-12）。

4. 造园意匠

（1）相地

从宏观区位上来说，杨艺芳将别墅园林选址于惠山古镇之中，可谓是深得山林之趣，尽享人文之乐；其址与城内北门下塘杨氏老宅相距不远，水路可便捷到达，既避开了城市的喧嚣，也与家族保持了适当的联系。从微观环境上来说，潜庐西接寄畅园朝房，门前面龙头河，占据惠山浜西端尽头要地，紧临惠山脚下，移步便可悠游于惠峰二泉之间。

（2）掇石

江南私宅庭院掇石，因空间所限，难以展现出规模宏大、雄奇俊俏的山势，多因地制宜，重点突出，或池

边点缀，或累石为山，方式各异，不尽相同。潜庐中叠石堆山，主要集中于第二进院落西侧望山楼前的黄石假山（图14–13），尤具“平冈小坂”风韵。假山土石结合，自下而上分为三层，有多条石阶蹬道穿梭其中，富有趣味；其状如横云，作为望山楼之基，低调稳重，不追求奇特，不喧宾夺主，保证了楼前良好的视线，起到了衬托建筑的作用。同为黄石假山，潜庐假山虽无扬州个园中秋山的规模和气势，但其与园中景致相称合宜，朴素稳重、不事张扬的造园风格，也恰与园主归隐避世的志趣相吻合。

图14–13 潜庐假山（摄影：黄晓）

（3）理水

陈从周《说园》谈道：“山贵有脉，水贵有源，脉源贯通，全园生动。”潜庐两进庭院水池，虽因空间所限，没有形成明显的联系，但两个水池的水口趋势似乎在暗示水源所在深藏于里进。对于潜庐理水来源，笔者有一个臆测：潜庐巧引惠山泉水，恰如寄畅园引二泉之水，然后由暗渠经“龙头下”石螭首注入惠山浜，而潜庐所引惠山泉水，经园中池沼，同样汇入门前惠山浜水道。

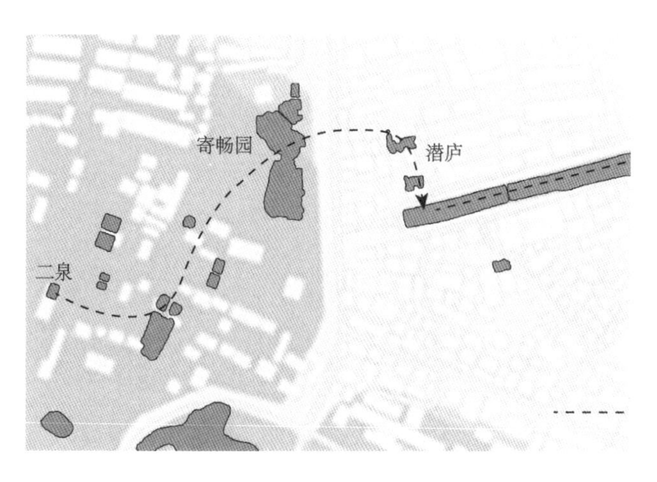

图14–14 潜庐引水关系示意图（来源：高凡）

自古以来，山林地区构筑祠堂楼馆的选址分布，出于用水方便的考虑，大多沿山泉、溪涧、池沼一线布置。纵观惠山山麓祠堂群的分布，或引泉水于园内，或挖井

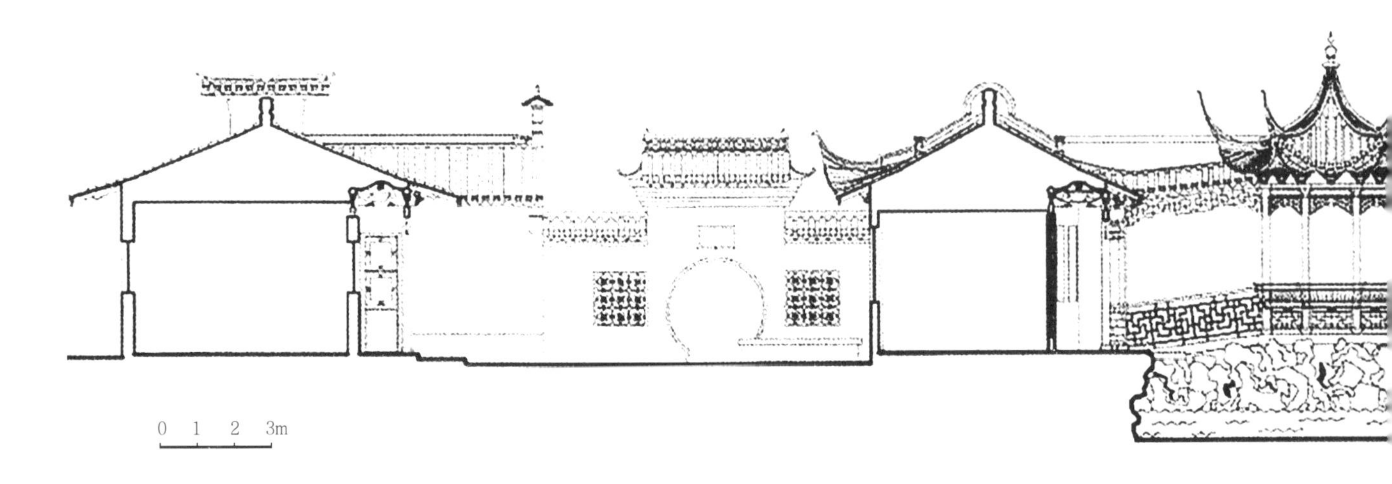

图 14-15 潜庐纵剖面图

图 14-16 留耕草堂今貌（摄影：黄晓）

图 14-17 半亭今貌（摄影：黄晓）

以取水，进而形成了惠山寺周围的听松坊祠堂群，以及临近惠山天下第二泉的二泉里祠堂群。从潜庐所处的水系环境上来说，西侧惠山横街对面即为寄畅园锦汇漪，东侧门口紧邻惠山浜西端。寄畅园基址处于惠山寺前低洼地，因山势构建泉池，其水源引自山中二泉，经八音涧，最终汇入锦汇漪池沼之中；而位于山脚下的惠山浜，连接了惠山与大运河，使得惠山泉与运河水系得以贯通（图 14-14）。潜庐的位置，恰好处在寄畅园水池与惠山浜水路的连线道路之上；并且，从寄畅园到四褒祠再至潜庐，沿惠山山势一路而下，逐级降低，潜庐内部地势为西北高东南低，由里进向入口逐步走低，直至门前惠山浜，

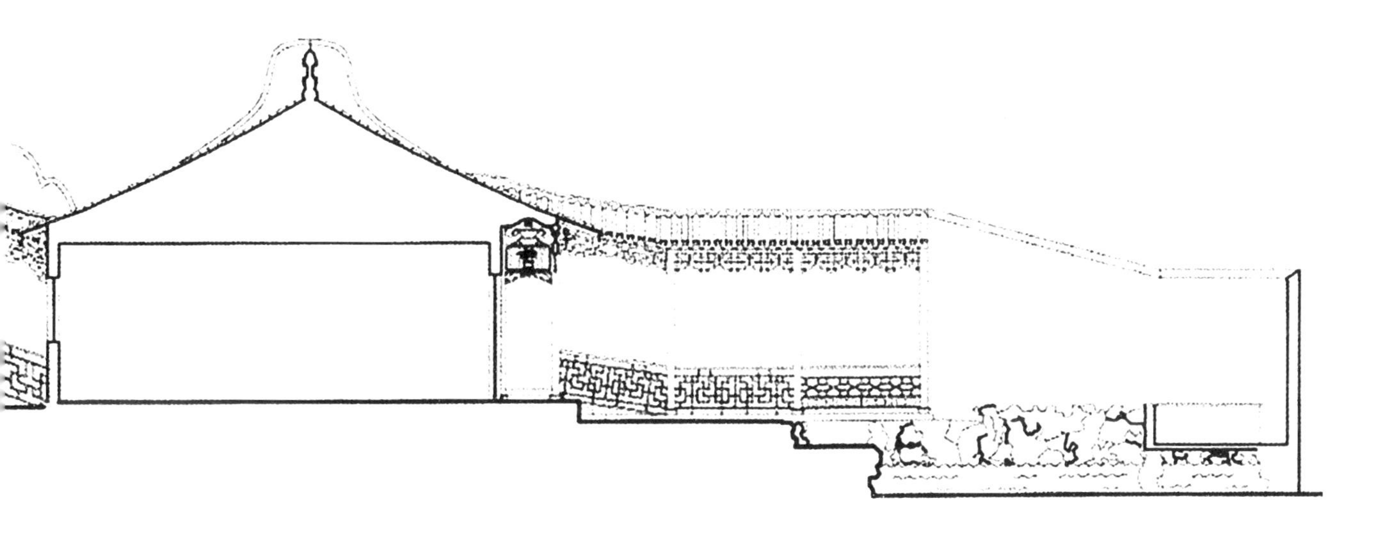

恰符合水流的走势。基于此，笔者推测，潜庐的营造巧妙引水自惠泉，其水源处于西侧里进，沟通寄畅园，水自西向东，流经两进院落水池，最终汇入门前龙头河水路，贯通内外水系，以达活水之效（图 14-15）。

（4）建筑

园中厅堂建筑，继承传统制式，屋顶采用传统歇山式或硬山式，淡雅朴素。庭院空间虽窄，仍设半亭半廊围水居于四周，沟通前后院落，似有苏州陆氏北半园之妙；六角半亭飞檐翘角，轻盈利落，颇具江南亭榭风韵；沿墙布置半廊，白墙漏窗以成框景之趣。

潜庐初建之时，园主杨艺芳去关回里，尚未创办家族企业，处在避世隐居、侍母尽孝的人生阶段；潜庐所在惠山地区，也以传统园林和建筑为风貌。因此，潜庐的造园风格，延续了江南私家宅园精巧清幽的特点，建筑沿用古典制式，并未出现西洋式建筑风格（图 14-16、图 14-17）。

5. 园居生活

光绪八年（1882 年），杨艺芳于惠山浜龙头下上河塘间，委托二弟杨以迥筹建别墅园林“潜庐”，杨艺芳与弟杨以迥于潜庐中侍母居住，以表孝心。杨艺芳回忆起这段时光，感慨道：“壬午至甲申三年，慈闱朝夕定省，兄弟握手陶陶，精神最感舒畅。”

潜庐相地选址于惠山古镇，风景宜人，名胜荟萃，交通便捷，负阴抱阳，实乃风水宝地。园主杨艺芳于此择地造园，大隐于市，坐享九峰二泉之灵气；又离城中祖宅不远，于园内侍母尽孝，保持家族联系。潜庐沿袭江南传统私宅园林风格，布局紧凑，精巧典雅。庭院以水景为主，环以亭廊，俯仰之间，近有折桥、植物、厅堂丰富景致层次，远纳锡惠山景入园，以获深远不尽之感，于有限空间内创造无限意境。所谓“山贵有脉，水贵有源”，潜庐掇山理水，虽为人造，却巧夺天工。园主巧引惠泉入园，沟通内外水系，水源深藏不露；又掇山作为望山楼楼基，颇有“平冈小坂”之风韵，淡雅朴素。

由于园主尚未彻底从文人官宦转为民族资本家，因此潜庐仍旧沿袭了江南传统私宅园林的风貌，成为晚清时期无锡私宅园林的代表之作，反映出无锡士绅对于传统园林的继承，为后来民国时期无锡近代园林的蜕变打下了基础。

二、王恩绶祠园

点评：惠山古镇祠堂群中规制最完整、布局最缜密者，庭园、祠堂相得益彰。

王恩绶祠又名王武愍公祠，位于无锡下河塘8号，高忠宪公祠右，修正庵左。于同治十三年（1874年）由洪钧奏请敕建，冯桂芬题写碑记和祠额。主祀湖北武昌知县王恩绶，配祀其子王燮，义仆丁贯、吴福寿（图14-18）。

1. 历史沿革

主祀王恩绶（1804 ~ 1855年），字乐山，号佩伦，无锡人。东晋"书圣"王羲之后裔。南宋初，王羲之后裔王皋自开封南迁，其子王绎迁居无锡开化乡，为迁锡始祖。王恩绶是王羲之的六十四世孙，清道光二十九年（1849年）举人，后以五品候补同知衔任武昌知县。咸丰五年（1855年）二月，太平军兵临武昌，武昌成为危城。时布政使胡林翼正驻兵城外，挽留王一起参赞军务。王婉言谢绝，置生死于度外，仍然坚持入城、以履职尽责。

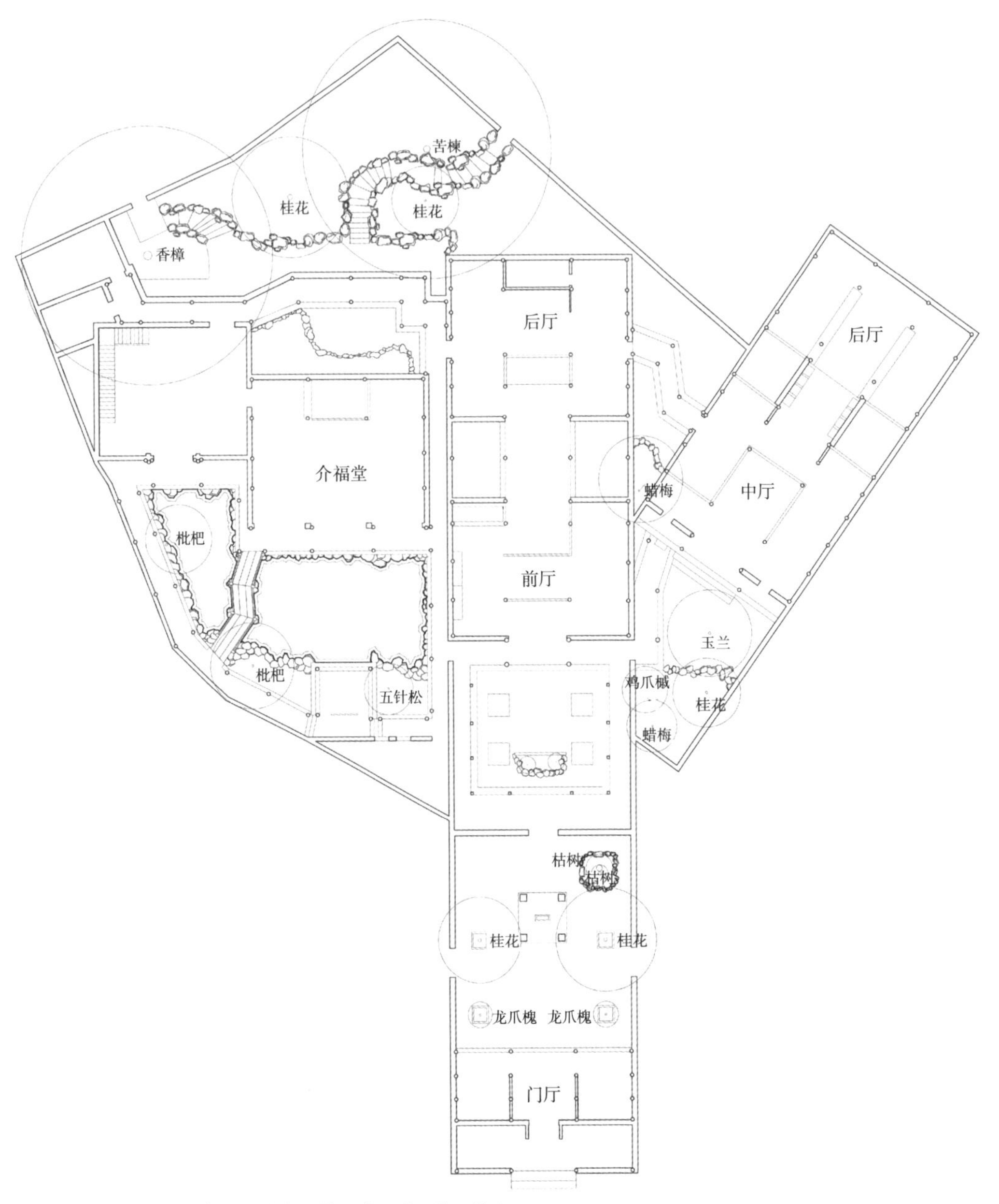

图14-18 王恩绶祠园总平面图（绘制：毕玉明、储一炜）

图 14-19 王恩绶祠航拍图（摄影：黄晓）

次日武昌陷落，王恩绶与次子王燮及仆人丁贵、吴福寿同时殉难。王恩绶归葬无锡后，谥“武愍”。

祠于 20 世纪 90 年代全面修复。现已列为省级文保单位。今为无锡泥人博物馆（无锡非物质文化遗产展示馆）。祠内有楹联：“抗志殉危城如颜常山张睢阳矢志不二；易名邀旷典与邹忠节李刚烈鼎足而三。”

2. 造园思想

王武愍祠的园林布局与周边山水环境有着较好的衔接（图 14-19）。祠堂中路四进院落的轴线朝向大致与周边锡山、龙光塔方向一致。中轴线沿四进院落地形逐渐抬升，到最后的山石院落由一座依围墙而设的黄石假山作为地形抬升的最后高潮，预示了祠堂所处的地形地势。

祠堂东西两路院落布局一方面保证了祠堂三路布局的严整，同时又各有特色。东路为以介福堂建筑为中心的水池庭院和山石庭院，布局较为自由灵活；西路作为配祀，则保留了相对规整的建筑布局。整个祠堂内园林空间有聚合有分散，有自由有规整，完美融合了作为祠堂空间的仪式感和作为园林空间的丰富感。

图 14-20 山石庭院（摄影：黄晓）

由于用地较为狭小，该祠的总体布局有别于明代祠堂舒缓自如，体现了晚清的时代特征，三进与后堂之间沿中轴以工字廊连接，适合江南多雨的气候，其布局水准在惠山古镇祠堂建筑中首屈一指。

王恩绶祠占地面积 2200 平方米，建筑面积 1300 平方米。祠堂规制极为完整，为适应不规则的地形巧妙腾挪，总体上为三路四进的紧凑布局：沿中路依次设有大门、御碑亭、享堂、后堂，沿东路设戏台、介福堂及池、山，沿西路为其子祠堂。祠后与范文正公祠、倪云林祠堂相连。

3. 园林布局

祠中两处较为集中的庭院主要分布在东路，包括介福堂北以水池为中心的庭院和介福堂南以黄石土山为主的庭院。水池庭院由介福堂及其东侧建筑、祠堂东围墙、戏台和中路建筑围合为不规则形态，除戏台伸出水面，围墙和建筑与水面交接处均有长廊作为缓冲。庭院以介福堂为主厅堂，介福堂坐南面北，为适应地形略有偏移。戏台与主厅堂相对，为歇山顶水亭，上有“和声鸣盛”匾额，两柱题有对联：“舞台方遇悬明镜，优孟衣冠启后人。”水池大致以黄石做垂直石矶，中有平折石板桥分割水面，做藏源处理。石桥设有栏杆。池边植有枇杷两棵，枝叶茂盛。

山石庭院由介福堂、中路建筑后厅和祠堂南围墙围合为近三角形（图 14–20）。中由一条长廊分割空间。长廊以北作为介福堂南庭院与后厅建筑相连，庭院地形平坦，以小块太湖石界定种植与铺装区域。长廊以南为具有野趣的土山空间，依托围墙用黄石带土堆砌成可登游的假山，其上种植植物，沿石级上升，可以分别到达倪云林祠堂和范文正公祠。

除上述两处集中庭院，在中、西路建筑院落工字厅两侧及中西路院落之间也由建筑围合出若干较小庭院空间，均有铺装和庭栽植物，丰富了游览层次和空间体验。

图 14–21 山石庭院叠山（摄影：黄晓）

图 14–22 山石庭院对景锡山龙光塔图（摄影：王应临）

4. 造园意匠

（1）叠山

祠堂叠山较少，为隐喻其轴线末端朝向无锡锡山龙光塔，在祠堂南端沿围墙堆砌黄石带土假山。受空间限制，山体占地面积不大，约为一人多高，其上种植乔木几棵，搭配灌木草本，较有野趣（图 14–21 ~图 14–23）。

祠堂其他庭院均地形平坦，多以小体量太湖石界定庭院的种植区域，或抬升为种植池，其内种植地被和庭栽乔木（图 14–24）。

（2）理水

祠堂内水体集中，仅分布在东路水池庭院，水池形态由建筑和围墙限定为规整空间。

水岸石矶以黄石为主，局部补以太湖石，其上有藤

图 14–23 山石庭院对景惠山（摄影：王应临）

本植物攀爬，水面被石板桥分隔为东西两个空间，东部空间较大，为介福堂和对面戏台提供较好的水体空间，西部空间较小，由建筑、围廊和石桥围合成较为私密幽静的空间（图 14-25）。

（3）建筑与小品

中路由中轴线的门厅、碑亭、工字殿、厢房、廊等主体建筑构成四进院落。门厅面宽三间，紧贴龙头河，环境恬静优雅。门厅内横梁，斗栱雕有花纹，屋脊设计美观，正中有“龙凤呈祥”图案，两端有鱼龙吻雕塑，栩栩如生。第一进院落，占地开阔。左右院墙分别镶嵌有“勤忠教孝”“节义成仁”砖雕。正面门墙上方砖刻篆书“王武愍公祠”，为吴县冯桂芬所题。院落正中，碑亭内竖有“敕建无锡王恩绶祠堂碑”一方。碑文共 640 字，详细记述了建祠沿革等情况。二道门后，又一院落，前为大殿，砖木结构，装饰讲究，设计精巧，虽年代久远，仍极鲜妍。该殿原为享堂，供奉王恩绶及先祖诸公神像，也是王氏族人祭祀的地方。院落两侧各有厢房和月洞门通往东、西两院。后堂为由工字厅连接的两个建筑。现布置为展厅。

东路由月洞门、长廊、水池、厅堂和后花园组成。主厅堂介福堂略小于大殿，单檐歇山顶，气势轩昂。厅堂内的横梁、窗格、门扇雕有牡丹、如意、祥云等纹饰。池畔有一亭式戏台，小巧雅致，可供戏班吹拉弹唱。惜戏台已毁，仅存台基，现已恢复。

西路为工字厅连接的两进院落，布局规整。可由中路第二进院落一侧经月洞门和长廊到达。现辟为市级展厅和固定互动区。

（4）花木

祠堂花木栽植总体以庭院栽植为主，多为孤植，仅在山石庭院假山之上有群植树木。其中中路二进门院落内有四株广玉兰树，树龄已逾百年，长势极好，与古祠相互辉映。

（5）铺地

庭院铺地有几种样式。中路建筑院落以方石板铺地为主，其他庭院有鹅卵石拼接三角形、正六边形、正方形图案铺地，祠后院落靠近假山处为黄石冰裂纹不规则铺地。

图 14-24 西路建筑院落湖石花台（摄影：黄晓）

图 14-25 水池庭院石桥

王恩绶祠为惠山古镇祠堂群中规制最为完整、布局最为缜密者，原有单体建筑完整，是总体格局保存较好，建筑现状较好的祠堂。

三、惠山公园（李公祠园）

点评：充分体现了无锡近代依托传统私园，为满足公众需求而进行的营园努力。

惠山公园，亦名惠山园，位于惠山宝善桥南堍、下河塘与在建的宝善街的交界处。1929 年，县当局将惠山李公祠改筑成惠山公园。2008 年修复后于国庆建成开放（图 14-26）。

1. 历史沿革

惠山公园是民国时期由无锡县政府主持，多方出资利用清代李鹤章祠堂（李公祠）及花园改建而成，时称为锡邑第二公园（第一公园是公花园，即城中公园）。1929 年将原为石拱桥的宝善桥改建为水泥平桥，筑公路以通车辆，方便游览交通，亦为当时布置惠山公园计划之一。由于时局动荡和战乱等原因，惠山公园数年后就冷落了下来。后来为驻军所用，又改作学校。20 世纪 50 年代李公祠被拆除，仅保存了花园一角的小桥、池塘和

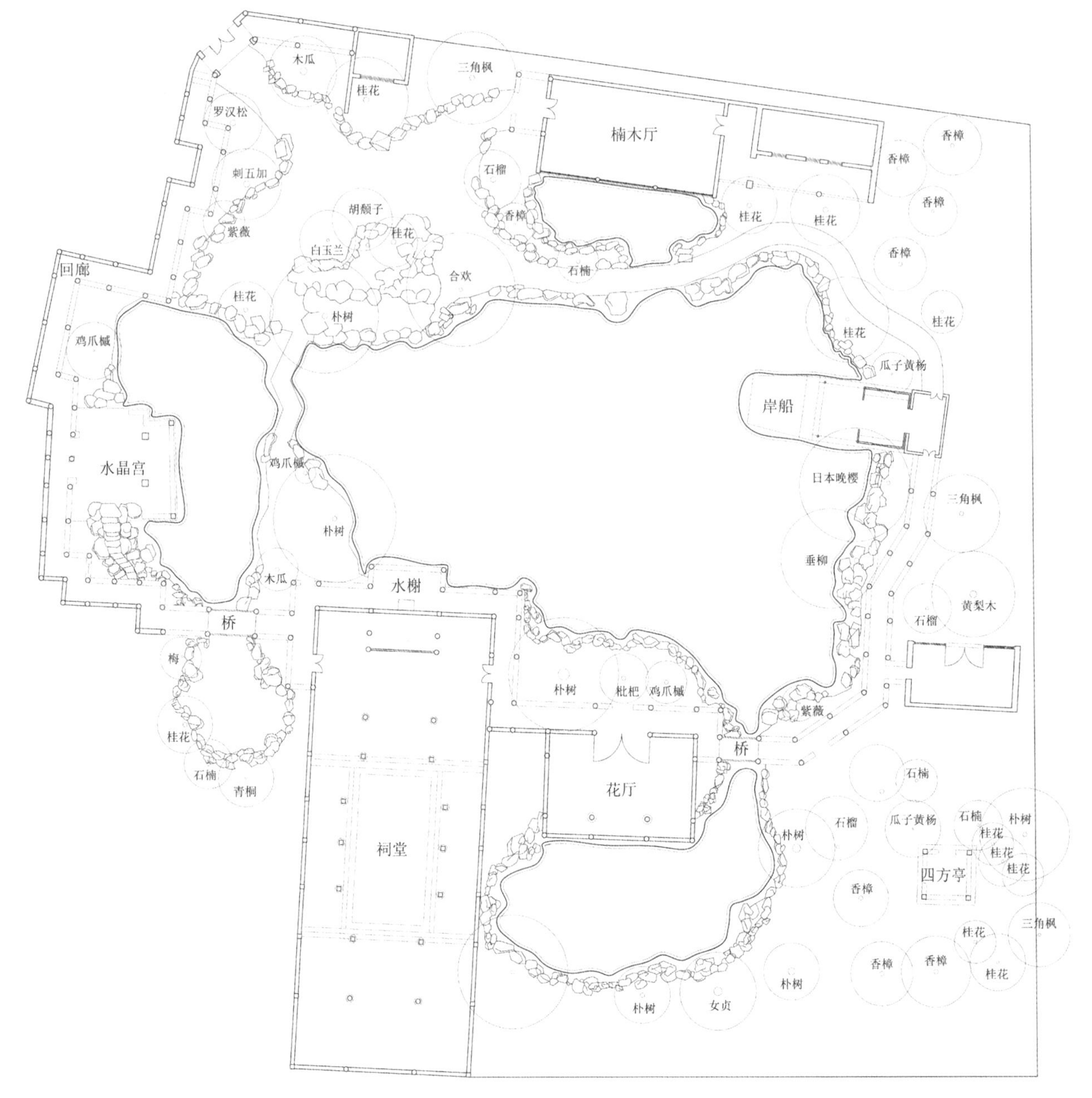

图 14-26 惠山园现今平面图（绘制：冯展、刘旻雯、刘琪琪、牛廷远）

图 14-27 借景锡山龙光塔（摄影：冯展）

假山。先后成为无锡市惠山初级中学、无锡市旅游学校校址。

李鹤章祠，又称李公祠，建于清末，祀淮军将领李鹤章（1825 ~ 1880 年）。李鹤章，号季荃，精通史书。曾随父科举，屡试不中，遂放弃学业，研究"经世致用之学"。其兄李鸿章创办淮军时，以李鹤章为骨干之一。1853 年起，十年间与太平军作战，"躬冒矢石，奋勇争先"（清廷诏语），克复嘉定，下江阴、无锡、常州，获得清廷赏赐黄马褂和三品衔甘凉道台。曾国藩称其为"将才"。战后隐归故里。以捐金助赈山西，加二品衔。光绪六年（1880 年），卒于家。曾国荃上疏朝廷，说："李鸿章平江苏，鹤章与程学启各分统一路。请将战绩宣付史馆，于立功地建专祠。"无锡是李鹤章与太平军激战并取得战功的所在地，清廷同意曾国荃上疏意见，为李鹤章建立惠山专祠。

2008 年 3 月，市政府重启建设惠山园工程，拆除旅游学校教育楼及辅助设施，在原址按历史风貌，迁建具有徽派建筑特点的原安徽黄山某大夫第建筑为李公祠，并复建花园，组合成惠山园。

2. 造园思想

惠山园整体呈现出沿袭传统园林的造园手法，但也表现出西风东渐的影响。园内既有庄严肃穆的深墙大院，也有玲珑剔透的园林小品，还有洋气时尚的咖啡馆，另有书场茶楼，晚上还开有夜公园，反映出近代传统文化和外来文化交流在无锡的交流沟通。

文人士绅为惠山公园创作了不少诗文对联。吴稚晖用篆书题写陆羽《惠山寺记》的名句："今石山横亘，浓翠可掬，昔周柱史伯阳谓之神山，岂虚言哉。"表现出惠山园内假山的磅礴之势。祠内正中庭柱悬一联："仗策靖烽烟，百战勋华光信史；名山绵俎豆，万家水火拯当年"。表彰李鹤章的辉煌战绩。

3. 园林布局

现惠山园占地 0.55 公顷，建筑面积 860 余平方米，其中水体占三成，锡惠山色倒映入池，龙光塔影历历可鉴(图 14–27)。花木扶疏，清旷怡人，为惠山宝善街第一景。惠山园有两个园门，其一面对宝善桥寺塘泾河。门楣砖刻“惠山园”系集米芾书法而成。另一园门在西面，即李公祠大门，面对惠山烧香浜（图 14–28）。

惠山园南借锡山，西望惠山，临河塘环境清幽。整个花园中心为一大池塘，东南部以长廊串联景点，建筑环池塘展开，有水晶宫、黄石假山群、李公祠、花厅、读书处、接待室，石舫、亭榭、廊桥等（图 14–29 ~ 图 14–32)。西南部园墙以逶迤起伏的龙瓦脊装饰。花园融徽派建筑宏丽和江南园林精巧于一体。

移建的李公祠建筑占地 367 平方米，祠门正对烧香浜，祠北与陶安祠相邻。李公祠后堂左右各有边门，以游廊环通水晶宫、花厅。花厅南临水池，前有轩廊，也是旧房移建而成。池塘水面的旱舫，与隔岸之水晶宫互为对景。水晶宫两层楼，下层为敞轩，作戏台。水晶宫对面隔水有曲桥，为李公祠花园保存之旧景。

4. 造园意匠

惠山公园的造园意匠主要体现在叠山、理水、建筑小品和花木四个方面。

园中两座较大的假山分别位于东北部和西部。东北部的假山坐落在三折桥北侧；西部的假山位于戏台南侧，自廊庑沿山石蹬道北上可进入戏台二层，可视作户外楼梯。这种处理方式是中国古典园林山石与建筑结合的常见方法之一，能够协调建筑与自然的关系，

图 14–28 惠山园园门图（摄影：冯展）

图 14–30 石舫（摄影：冯展）

图 14–29 水晶宫（摄影：冯展）

图 14–31 回廊（摄影：冯展）

图 14-32 李公祠航拍图（摄影：冯展）

表现出建筑的生长之势。

园中水面共有南、北、中、西四块，均以自然石块叠砌驳岸，中部水面占地面积最大。中西两部分设三折桥以划分水面，中北两部分和中南两部分架平桥以划分水面，藏掩水源，形成了东西和南北两条透景线，营造了水流不尽的意境。

李公祠祠堂建筑呈凹形，高大宏伟，面阔三间，宽 12 米；进深九间，长 32 米，中间为二间围廊夹一天井，呈现徽派建筑“四水归堂”的典型特点。天井一开间，四进，宽 6.5 米，长 11 米（图 14-33）。檐口高 5 米，两边向屋檐方向逐渐跌落的封火墙高达 9.6 米，高低错落，富于变化。此建筑初建于清乾隆年间，是安徽黄山某大夫第，徽派建筑，大门呈八字形，门墙贴徽式米黄色夹花面砖，门前石柱上阴刻一联：“致爱致悫思虑不达，尽物尽志春秋非懈”。在八字墙角有“李公祠界”碑，系祠堂旧物。建筑的梁柱系黄山松和银杏木，用材粗壮考究。其建筑装饰构件梁托、瓜柱、叉手、雀替、斗栱等大都进行镂雕加工，饰以花纹、线脚。天井四周的檐下撑木多雕刻有各种神仙人物、飞禽走兽和戏文故事。梁架上的叉手和霸拳饰有云朵状相互勾连迂回的流畅线条，飘逸俊美。

李公祠花厅的花窗精美，陈设精雅，颇有江南意韵。水池西侧的戏台上层楼窗玻璃用红绿彩色，具民国建筑风貌。与戏台互为对景的水晶宫可观园内外水景，是利用建筑借景的表现。祠园楼阁巍峨，假山重叠，飞梁跨池，繁花锦铺，风景清幽。红木摆饰、门窗雕镂均极工巧，较为壮丽。园内遍植桂花、枫树、石榴、黄杨、朴树、杨柳、紫薇等乔灌木，古朴清幽。

图 14-33 祠堂天井一角（摄影：冯展）

第十五章 城邑园林

太湖明珠无锡，自古以来人文荟萃、积淀丰厚。近代是无锡的重要转折时期，从一座古代的县级城市迅速崛起为工商业重镇，获得“小上海”的称誉。现存无锡城内的宅园多由无锡近代实业家营造，集中体现了园主雄厚物质实力、深厚传统文化和近代西洋喜好等多方面的融合。其杰出代表为薛福成故居、薛汇东宅园、杨氏云薖园、秦氏佚园和王禹卿旧居等。特别是随着近代以来市民城市生活的迫切需求，我国第一座由国民自己建造的公园——无锡公花园成为具有里程碑意义的城内公共园林（图 15-1）。

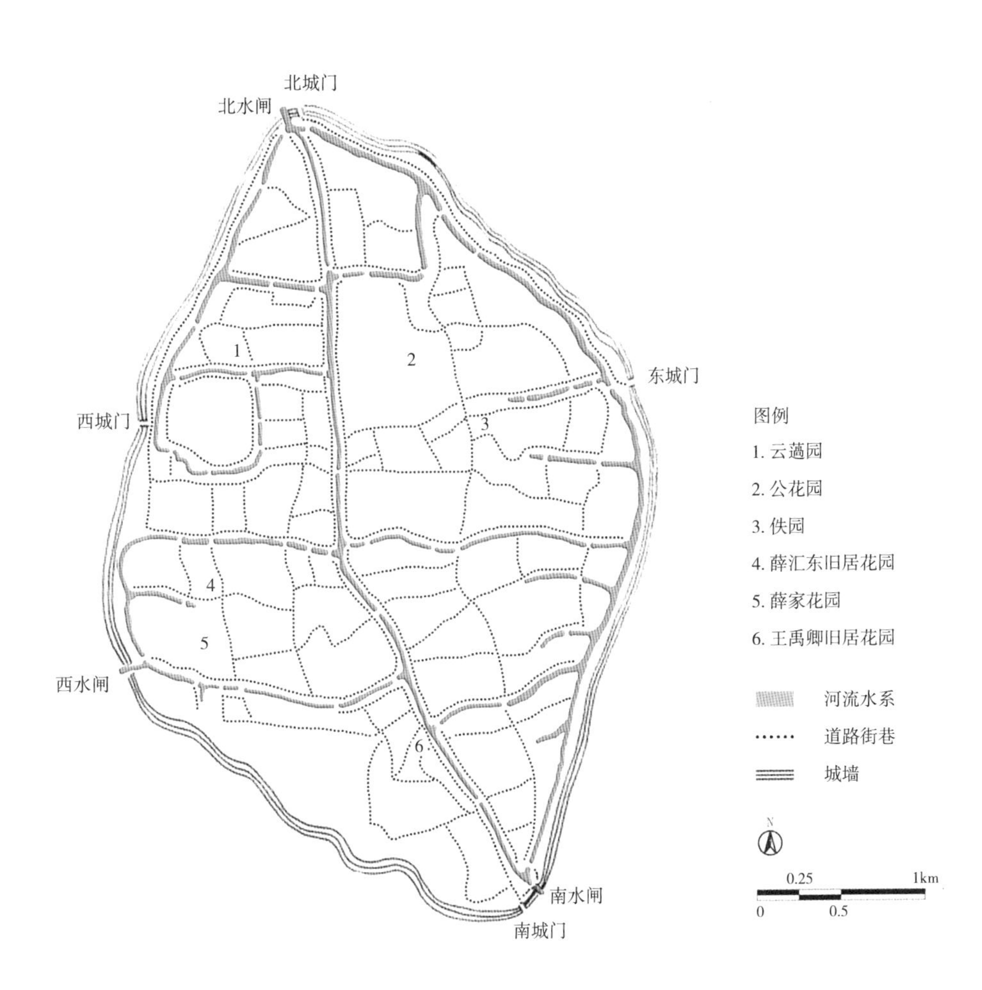

图 15-1 无锡城内近代园林分布图（绘制：高凡）

一、公花园

点评：众筹众建，为公众服务的近代城市公园典范。

有着“华夏第一公园”美誉的无锡公花园占地 3.3 公顷，因地处繁华闹市崇安寺，又称“城中公园”。公花园始建于 1905 年，由地方乡绅裘廷梁、俞仲还等发起，在城中心原有的寺庙废址和某些私人宅园旧址上捐资建造，建成后对公众开放。在其百年历史中，多次增建、修建、重建，是无锡市第一个公园，也是我国现存最早的近代公园之一。公园从清末、民国到共和国，历经三个历史阶段均坚持免费开放，使得社会各阶层都可以自由进入、游览（图 15-2）。现公园北侧为商业街，南侧为崇安寺步行街，东侧为居民区，西侧为中山路。

1. 历史沿革

无锡自古以来，承载了诸多的江南历史文化。公元前 248 年，楚考烈王徙封春申君黄歇于江东，以故吴墟为都邑，曾建行宫于白水荡畔（今城中公园内）。王羲之寓居无锡之时，在无锡县城中建宅，后舍地建寺院，此为崇安寺的前身，今城中公园前右军涤砚池据传是王羲之遗迹。明天顺年间，刑部右侍郎盛冰壑建方塘书院，后来也成为公花园园基的一角。公花园的建造历史大体可以分为四个时期：建造初期、建造盛期、滞后期、抗战胜利后。

（1）建造初期（1905 ~ 1909 年）

清光绪三十一年（1905 年），一群无锡士绅活跃在园林舞台上，他们主要构成有科举及第未仕或儒生，抑或是退休回乡、长期赋闲居乡的中小官吏或绅商等有社会影响且有精神追求的人物，似官又似民，但经济地位明显高于普通民众。在精神追求和为民福利的思想驱使下，乡绅裘廷梁、俞仲还、吴稚晖、陈仲衡等，把洞虚宫道院与崇安寺僧舍的部分废墟合并，并在白水荡畔捐资堆筑土冈，种植树木，建一小亭，额以“蓼莪”。又

图 15-2 公花园总平面图（绘制：吴一波）

将明俞宪独行园中“绣衣峰”湖石移入园中，取名“锡金公花园”，简称公花园或公园。从这一刻起，无锡公花园开始逐渐形成。

（2）建造盛期（1910 ~ 1936 年）

宣统元年（1909 年），正值华海初七十寿辰，其与同庚华子随、吴俊夫集寿资于园中建楼三间，题额“多寿”。1911 年俞仲还、秦效鲁、裘廷良经营公园，撤原洞虚宫玉皇殿泥像，额以“尚武堂”。堂后辟广场，直抵多寿楼。1912 年辛亥革命后，锡金公花园改名“无锡公园”。后又将白水山房道院，宝华堂僧舍旧址，收入公园。当时松崖下尚有白水泉遗迹。1918 年，瑞莲堂高氏建涵碧桥（图 15-3）。1920 年，将秦氏池上草堂故址收入公园，重建池上草堂。1921 年云荫堂孙氏建枕漪桥，并开渠成沼，蓄金鲤鱼。同年，“西社”由西师范同学会建立，位于同庚厅后面。该年，日本造园专家松田受俞仲还、丁耘轩、曹衡之邀请到无锡对公花园作改造，并从日本运进多类花木，有樱花、洋枫等，草地四周植铁蕉，其他树石设置，亭台构筑，皆渗透着东瀛的风味。1922 年，夏伯周独建兰簃三间；陈品三、邹同一建长廊，直通盛巷后门。同年，范廷铨撰写的《无锡公园图记序》中提到：“**疏泉成沼，叠石为山，廊榭周遭，亭台罨画，更搜罗四方嘉木异卉，珍禽异兽，以分布其间，自是公园为城市山林矣。**”至此，公园的范围基本确定：南靠玉皇殿，东迄方塘尽，北至

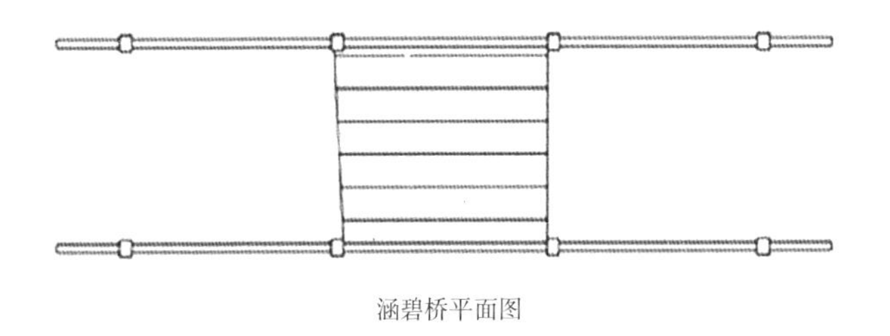

涵碧桥平面图

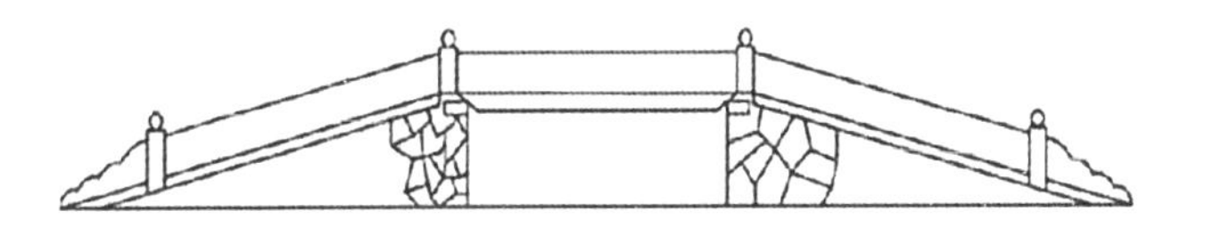

涵碧桥立面图

图 15-3 涵碧桥平面图及立面图

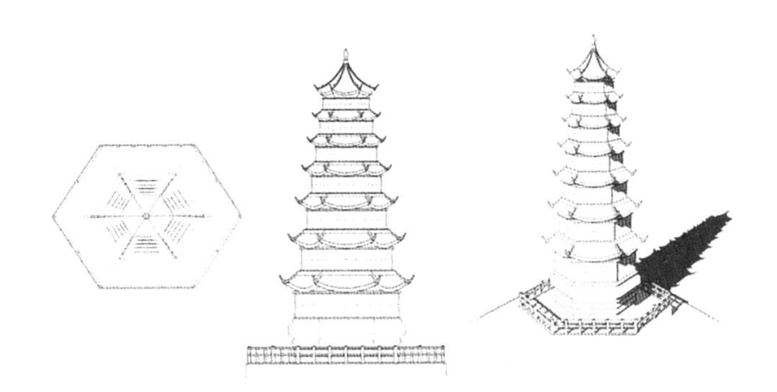

图 15-4 白塔平面图、立面图及模型图

图 15-5 城中公园凌波水榭

公花园营造大事记 表 15-1

时间（年）	人物	事件
1905	裘廷梁、俞仲还、吴稚晖、陈仲衡等	堆土岗（龙岗）建“蓼莪”亭 移“绣衣峰”湖石入园
1909	华海初、华子随、吴俊夫	建“多寿楼”三间
1911	俞仲还、秦效鲁、裘葆良	玉皇殿额“尚武堂”
1912		收“白水山房”道院、“宝华堂”僧舍入园
1916	丁云轩、梅轩	将太夫人寿资捐充公园经费
1918	瑞莲堂高氏	建“涵碧桥” 明盛冰窖“后乐园”划归公园
1920		将秦氏“池上草堂”收入公园，并重建
1921	云荫堂孙氏 侯葆三 俞仲还、丁云轩、曹衡之	建“枕漪桥”，开渠成沼 独立捐建“西社” 请日本造园专家松田布置监造，并运进花木多种，樱花、洋枫，草地四周植铁蕉，树石设置，亭台构筑，皆有东瀛风味
1922	夏伯周兄弟 陈品三、邹同一 吴畹卿、乐述先、华雁臣	建“兰簃”三间 建长廊，直通盛巷后门 以“天韵社”为名，研究昆曲，在兰簃之北，建屋两间
1927	锡金师范同学会	建“白塔”于“松崖”顶上
1930	丙寅、丁卯、戊辰、己巳四届同庚会	捐资建同庚厅（又名嘉会堂）
1934	杨筱荔，杨荫北等九位老人	建九老阁
1940	秦琢如等七人	重建多寿楼
1949 年之后	无锡市人民政府	重修嘉会堂、多寿楼、九老阁，并浚治方塘等
1983		园西建亭廊轩棚
1997	无锡市人民政府	作保护性全面修整和有机改造

多寿楼，西南至崇安寺。

同年，无锡老曲师吴畹卿、乐述先、华雁臣以“天韵社”为名，研究昆曲，于兰簃北面，建屋两间。由此戏曲爱好者在这里奏曲，公园就此开始卖茶。1927 年，锡金师范同学会集资建一小白塔于松崖顶上（图 15-4）。1930 年，丙寅、丁卯、戊辰、己巳四届同庚会捐资共 8000 元建同庚厅三间。1934 年，杨筱荔，杨荫北等九位耄耋老人，合资建造九老阁。这一时期，公花园的营造达到了空前的繁盛（图 15-5）。

（3）滞后期（1937 ~ 1945 年）

抗日战争期间，中华大地满目疮痍，无锡沦陷。公花园园内更是遭受日军马踏人践的巨大破坏。整个园子破败不堪。窗楞残破，断瓦残垣。1940 年，日军通讯队侵占多寿楼，电线走火，楼被烧毁，后幸由秦琢如等七人重建。园子的破坏程度达到了历史上最高值。

（4）抗战胜利后（1945 年至今）

抗日战争胜利后，无锡县政府聘朱梦华承管，曾对公园作了一些整理。新中国成立后，市人民政府派员接管，

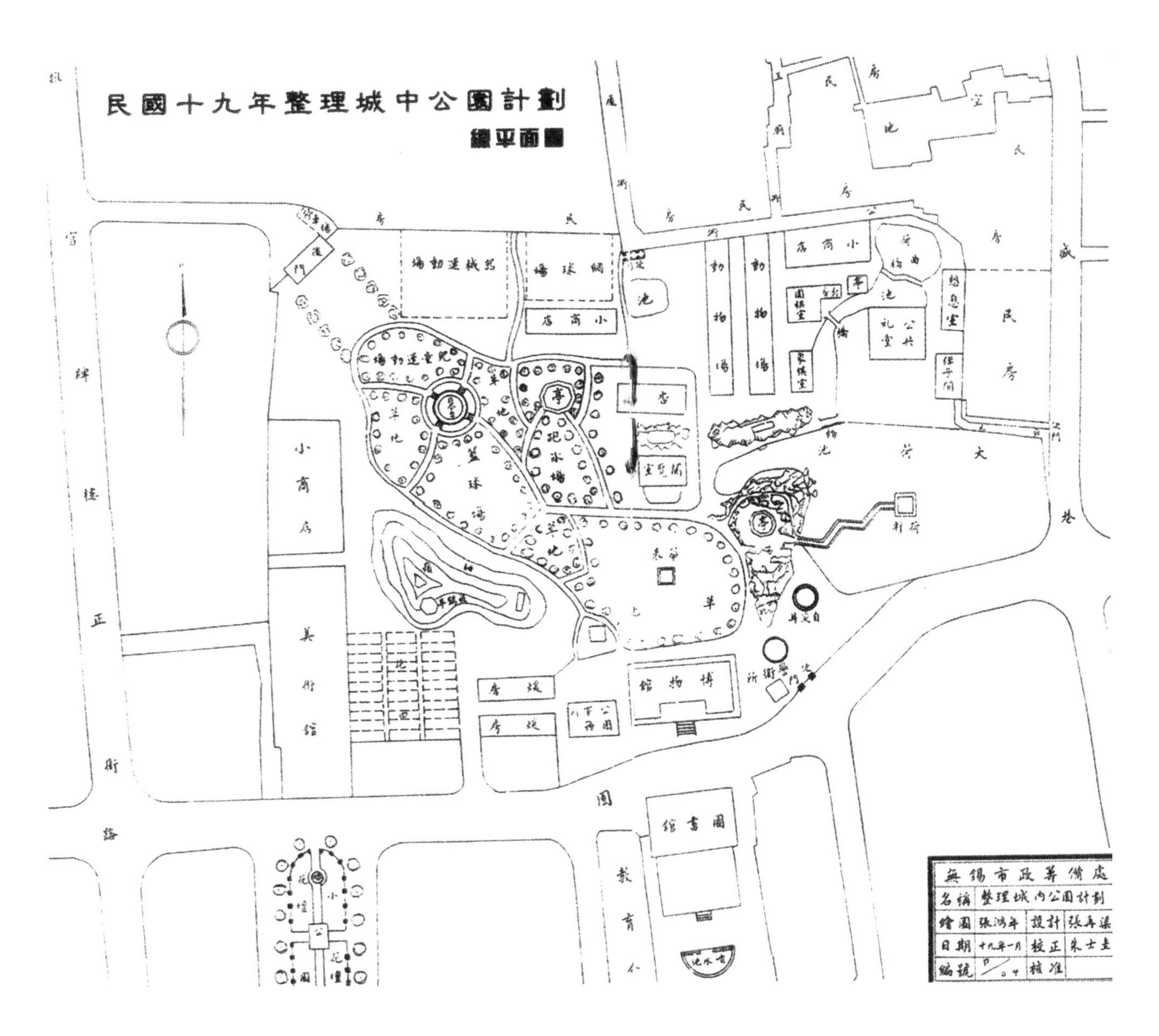

图 15-6 无锡市城中公园总平面图（1930 年平面图）

进行了妥善的养护。园内所有建筑设施，全都进行整修，不断增植四时花木。嘉会堂、多寿楼、九老阁全部翻修。方塘多次浚治。1983 年，在西部建造一组亭廊轩棚，增加层次和景观，使城中公园更加多姿。1997 年起，公园作新的全面改造，保留原来所有景点，在中间架圆形藤棚架，扩大活动中心。后以该场地为中心，恢复重建了抗日战争胜利纪念碑，是中国共产党无锡第一个党支部诞生地纪念碑。十分遗憾的是，由于四周城市商业的开发和蚕食，园区范围缩小（表 15-1）。

2. 造园思想

公花园是在若干个寺庙废墟和古代私家宅园的废址基础上建成的园林，是无锡第一个具有公共参与性的公园。公花园与传统私家宅园两者既有相似之处又有不同之处。相似之处在于具有私家宅院私密性，如后乐园不对外开放，园内景致与私家宅院无异。两者不同的在于功能性。宅园多以园主人喜好建造，具有特殊性，如孤植乔木、花街铺地、建方塘、堆砌假山等等。公花园设计秉承文脉延续，多以人性化为主，功能区多以游人参与为主，体现的是公园的特色。

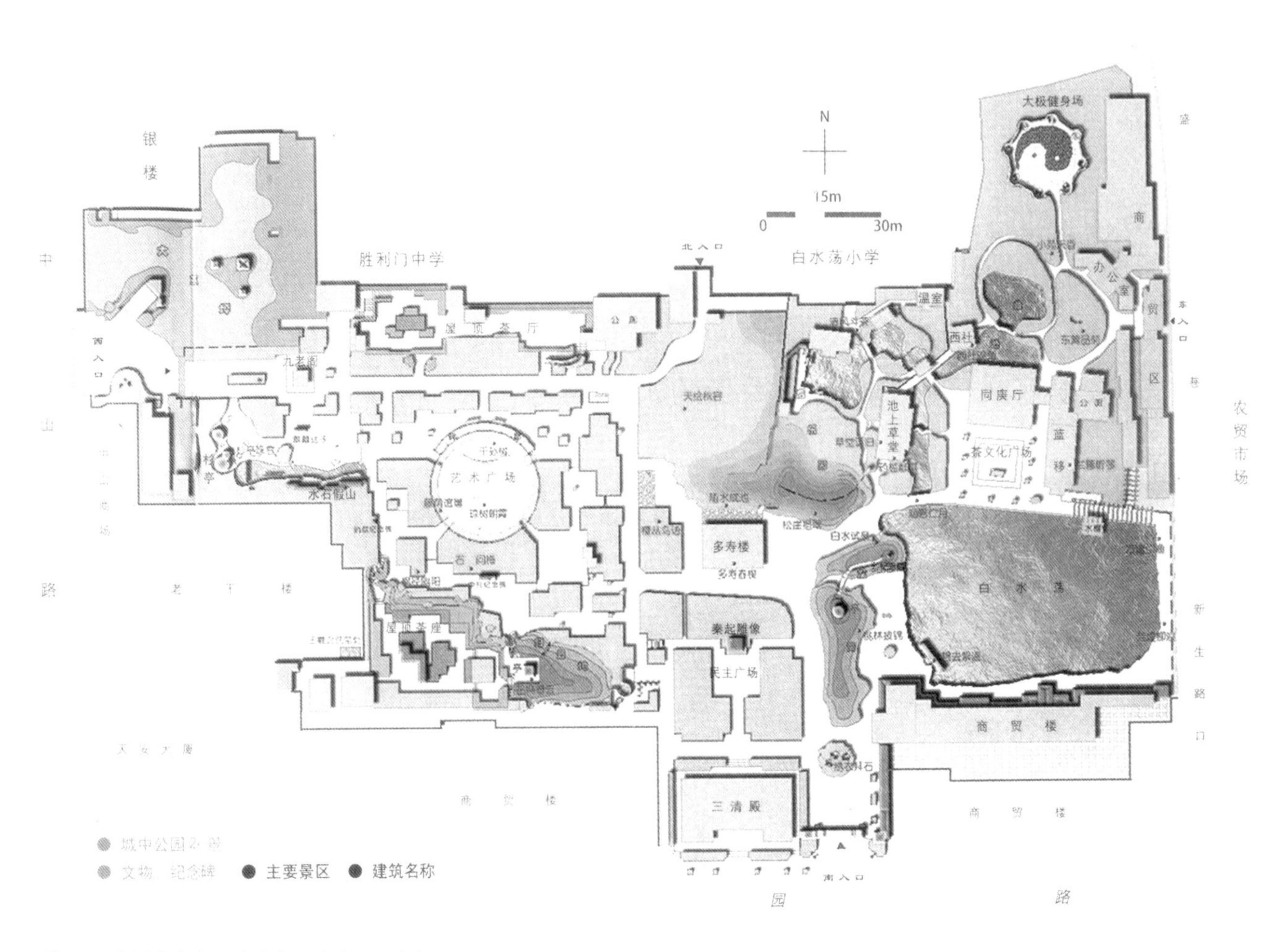

图 15-7 无锡市城中公园总平面图（2003 年）

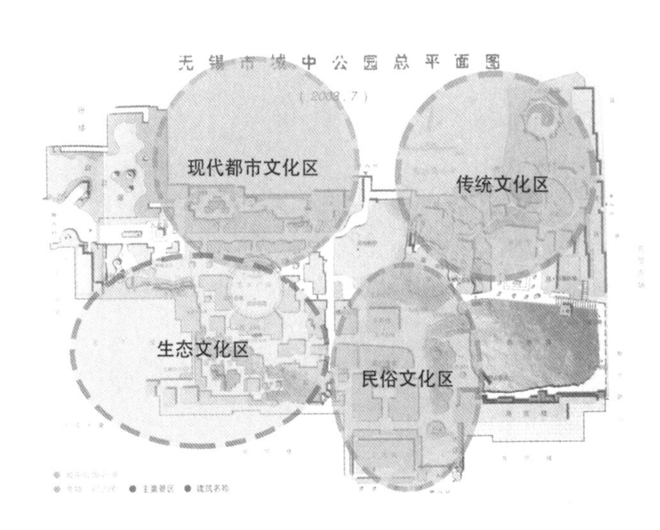

图 15-8 无锡市城中公园功能分区图（绘制：吴一波）

3. 园林布局

公园在城中公园路，占地面积在三四公顷间波动（图 15-6 ~ 图 15-8）。内有一个大池，名白水荡，里面种有荷花，夏天景色很好。新中国成立初，池旁有一中苏友谊馆（已拆除），靠池岸一边是一条长的画廊，馆中轮换陈列着有关中苏友好的书籍和图片。池的北面有嘉会堂，游人可以在里面喝茶，是无锡百姓工作之余休息的好地方。园中央有一座多寿楼，两侧有八角亭、四角亭、九老阁等建筑。从园的前门进去，中间是堆砌得玲珑曲折的两处假山，另有一尊明代湖石，叫作绣衣峰。公花园现也是市民文娱活动的中心之一。

拥有百年历史厚度的公花园，形成了它的多样性和复杂性，大致可分东部传统文化、南部民俗文化、北部现代都市文化、中西部生态文化等四个区域。

（1）传统文化区

以同庚厅为中心，以连廊将池上草堂、兰簃连接成一组建筑群。在厅南面围合形成一个小型广场，面朝白水荡。广场可供游人品茶、寒暄。厅北与三曲桥间形成了水面，水北岸有一座水榭，以曲廊同西社相连，形成一个幽静的场所。厅东侧为公园入口，月洞门的构造充分展示了传统园林雅俗相结合的特点。入口处建筑与兰簃之间巧妙地形成了一个不大的庭院空间，白水荡之水通过水上连廊引入院中，连廊并与同庚厅南部小广场相连接。广场上较好地保留原有古乔木枫香。

从园区东门入园，由同庚厅北侧小空间再进去广场，欲扬先抑的设计手法，使得游人产生豁然开朗的感觉。其西为后乐园，可惜后乐园已在2009年拆除。

（2）民俗文化区

该区具有明显的中轴线。南起玉皇殿、福寿广场、秦起像至多寿楼。可惜的是，作为曾经无锡早期道教宫观的玉皇殿现已成为咖啡馆，古建的魅力不复存在。广场以金山石和青石铺砌而成，上立百姓戏台，是公园主要集会、活动、休憩场所。广场南端有一小型河道，水引自白水荡，将公园和南部商业区自然分隔。广场东有一土岗一龙岗。值得庆幸的是，岗上蓼莪亭（图15-9）以及白塔（图15-10）、古树都保留较好。

该区原有绿植为：“高岗上尽是白梅，尚武堂（原玉皇殿）后紫荆，多寿楼旁碧梧，广场西有一片樱花，天绘亭四周，尽是应时花卉，尤多芍药，北有碧桃、盘槐、丁香千株；藤棚攀葡萄名种。天绘亭东，多种玉兰，其南有西府海棠四株，较为名贵；又南为大白藤、桂、丹枫、紫薇，都是成群布列。千孙树下杉槐耸立，公园一派森郁气象。”

（3）现代都市文化区

该区是园中特殊的组成部分，民国时期这里建有篮球场、小商店，现依然是小型商业区。

（4）生态文化区

该区主要包括归云坞、艺术广场、水景广场以及园中植被部分。归云坞位于公园西区南侧，原属崇安寺，后设鹤轩茶室。旁有土坡隆起，上建方亭。柱、顶都饰以老松枝干，别具古拙。埠北成坞，名“归云坞”。坞四周林木葱茏，1997年将鹤轩茶室改建成屋顶花园，四周仿制巨石叠成的假山石屋。屋东侧保留古榆树。中央为三折曲廊，屋顶周围设花坛，植慈竹、雪松、棕榈、枫、珊瑚、桂、梅、四季海棠，以与归云坞连成一气。孙伯亮《公园小史》中曾记载：“坞之下，旧有石砌小池。崇安寺为晋王羲之故宅，池乃洗墨之所。因吴稚晖等附和建筑师之意，竟被填塞。后来出现的王羲之洗砚池，已非旧池矣。”

艺术广场为圆形广场，建百米花架廊，攀紫藤、葡萄。东有松树皮造型的书报电话亭，南有曲廊，设阅报廊。

图15-9 蓼莪亭图（摄影：吴一波）

图15-10 白塔（摄影：黄波）

水景广场位于九老阁南，由大型石壁、飞瀑、水车、蘑菇亭构成水景广场一景，石壁高 6.7 米，宽 21 米，由 90 立方 80 块金山石块垒砌而成。人造瀑布从壁顶石隙直泻而下，石壁中刻有“有锡兵，天下争；无锡宁，天下清”十二个大字。右方镌明代海瑞所书的大“寿”字，书法雄浑奇特。此石壁构思出人民祈求太平、延年益寿的良好愿望。九老阁与水景广场之间，立有巨型湖石，形酷似麒麟，因名“麒麟峰”。湖石高 2.1 米，金山石基座高 0.88 米，源于安徽灵璧。

中山路入口旁有花坛，一块质朴金山石上，大书“公花园”三字，背书“城市山林”四字。一条甬道通九老阁。建园初，原有一只茅亭，地处西北僻处，杉林夹道，岁寒不凋，有“杉亭咏雪”之景。阁方形，二层重檐，琉璃顶，四面开窗，下设回廊靠座。

4. 造园意匠

（1）叠山

公花园内有两处叠山：其一为近白水荡西侧横卧着的小岗，南低北高，如龙首俯饮于水池。另一处为公园西区南侧土坡隆起，以黄石叠山，上建方亭，柱、顶都饰以老松枝干，别具古拙。埠北成坞，名“归云坞”，坞四周林木葱茏。

（2）理水

主要水体白水荡位于公花园最东侧，毗邻园区东大门入口，其余有呈西直东曲形态的后乐园中清风茶墅南侧水体，以及多寿楼西侧水沼（图 15-11）。

（3）建筑与小品

园内最大建筑同庚厅高大轩敞，雄伟壮观，厅四壁，高三丈，飞檐翘角，四周花格，大玻璃窗，外绕回廊，廊设朱栏坐槛。其周边以兰簃、西社、清风茶墅（图 15-12）、池上草堂（图 15-13）围绕。兰簃面阔三间，坐东朝西，四面以曲廊环绕，南依方塘，与池上草堂对景。1983 年在老屋旧址上建硬山顶民居五间，有花格长窗，内设茶座，南侧立半亭。旁植红枫、玉兰、桂花。西社水阁近方形，隔水斜对同庚厅。其东侧池岸延伸至草坪，径端贴墙建有半亭，内置圆镜，将后乐园中花影、树影、水影倒映其中，从视觉上扩大了后乐园的面积。

园中心为多寿楼，楼三楹，四面临窗。该楼始建于 1911 年，1941 年遭大火，翌年修复。1979 年，经落地翻建，改木结构为水泥结构，歇山顶，四周回廊，旁筑假山。当年，华艺三曰：“园成公界，当具公心，望游人护花系铃，务使长春不老；楼以寿名，允宜寿世，愿来者纪筹延算，同为大陆真仙。”

（4）花木

花木栽植不同于庭院栽植方式，多群植，少孤植。植物种类丰富，植被群落结构多样，空间疏密结合，四季有景。园中古树若干，树龄逾百年。如同庚厅南侧立一株古朴，长势良好，枝繁叶茂，游人喜在此品茶纳凉。

（5）铺地

园中铺地样式不多，以方石板铺地为主，偶有鹅卵石拼接三角形、正六边形、正方形图案铺地。园内几经修建，部分区域采用现代石材铺饰。

图 15-11 多寿楼西侧幽静的水景

图 15-12 清风茶墅（摄影：张淮南）

图 15-13 重建的池上草堂（摄影：王俊）

5. 园内活动

（1）天韵乐章

众所周知，我国传统戏曲中最古老的剧种之一——昆曲起源于元朝末年的昆山，起初称为昆山腔。而推动昆山腔最终形成的活动便是元末昆山顾阿瑛主导组织的玉山雅集，而其中就有无锡人的参与。因此，无锡和昆曲渊源很深。

1875 年起，吴畹卿出任天韵社曲师，主持社务和教学达数十年。社长吴畹卿与社中成员常于公花园兰簃中讨论《天韵社曲谱》：调音韵，编度曲；拨三弦、琵琶、曲笛，一时江南丝竹不绝于耳，萦绕在公花园内。

（2）漫思茶章

“孙道始兼长市政筹备处时代，公园管理委员会以款项竭蹶，创议于茶座每壶加收铜元四枚，作为园内建筑经费，其后所得尤姓、丁姓、杨姓、秦姓，各地以及铺路修理诸费，全行取给予此。”此句来源华艺三《公园之过去与将来》“加收茶捐”一段。《红楼梦》第四十一回贾宝玉品茶栊翠庵，写出了品茶之境。当贾母带刘姥姥逛大观园，来到栊翠庵，妙玉向众人献茶之后，请宝钗、黛玉去吃体己茶，宝玉也跟着去了，发生了一系列有趣的事情，极能说明中国茶文化的境界，也能说明中国人对茶的喜爱。这也是公花园一度以茶资作为主要收入来源的原因所在。

公花园茶业繁荣，游人们喜爱在节假日来此品茶。体会茶的嫩叶在舌尖轻轻翻动的感觉，与友人笑谈风声，说说国家大事，听听家长里短。

公园是经济发展到一定程度的产物，是现代文明的标志，伴随着城市化的进程而发展起来的。1858 年纽约中央公园诞生；1868 年由外国人建造的上海黄浦公园问世；但真正由中国人自己建造的城市公园应当是锡金公花园，代表我国城市公园的开始，在园林历史上有着浓墨重彩的一笔。公花园的成立，免费对外开放的举措，给予市民极大的权利。而且公花园还是无锡近代重大历史事件的发生地。1911 年 11 月 6 日，多寿楼前面的广场是辛亥革命无锡武装起义的誓师之地。1923 年 10 月，无锡第一个共青团支部成立于西社。1925 年 1 月，在多寿楼西侧空地召开了无锡第一次中共党员会议，建立中共无锡党组织。1945 年 8 月，园内树立抗战胜利纪念塔，今存。新中国成立后，公花园是无锡地区第一面五星红旗升起的地方。

今天，当人们徜徉在公花园欣赏美好景致的同时，勿忘我们有权利更有义务保护好这座近代公园，保护历史文脉，优化城市山林景观，增强城市绿色生态功能。

二、薛福成故居

点评：中国古典传统与近代西洋风尚完美交融、开合有致的近代城市宅园典范。

薛福成故居，又名“钦使第”，俗称“薛家花园”，位于无锡城内西南部，始建于清末，选址周围水系贯通，交通便利，是江苏省现存最大的近代官僚住宅建筑群（图15-14）。

薛氏是无锡城里的著姓，源远流长。无锡薛氏由江阴迁徙而来，前西溪薛氏的第一代掌门人为薛湘，即薛福成之父。薛湘考取进士，官运亨通，此后家族逐渐兴盛，举家迁入无锡城中，与妻族顾氏为邻。

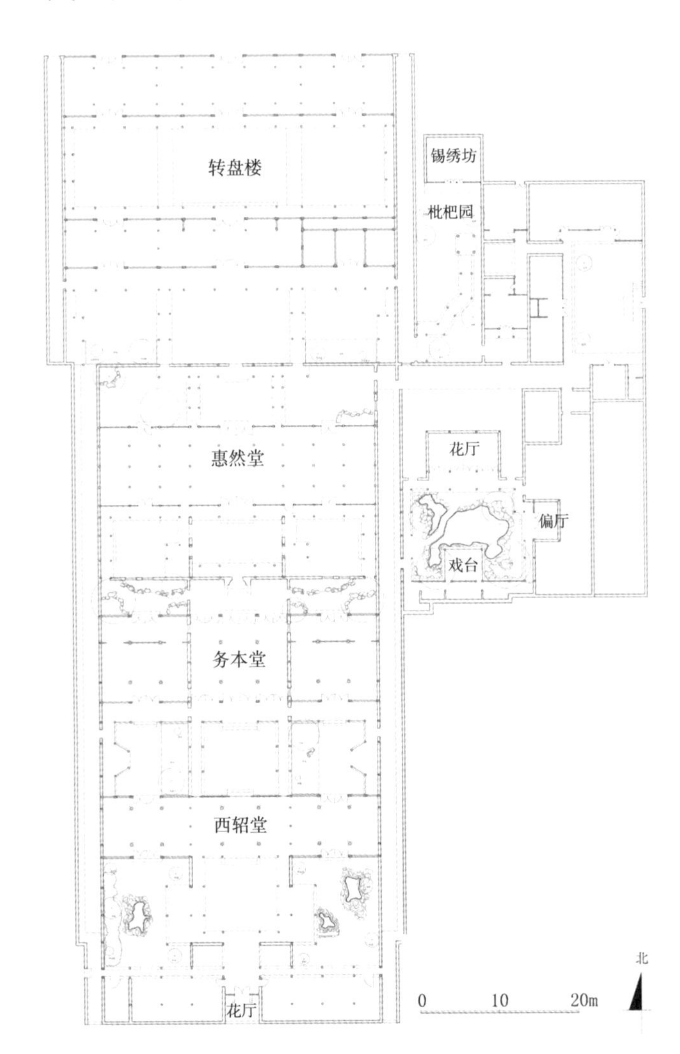

图15-14 薛福成故居总平面图（绘制：毕玉明、冯展）

薛福成（1838 ~ 1894年），字叔耘，号庸庵，无锡北乡寺头人，是晚清著名思想家、外交家、民族工商业家，对我国社会近代化和民族工商业兴起起到了很大推动作用。1858年薛福成中秀才，1860年又应乡试中副贡生，撰写《选举论》指陈科举制度之腐败。1865年受曾国藩赏识入曾幕府，开始其官场生涯。1874年秋，入北洋幕府，成为李鸿章秘书，任职十年间，作《筹洋刍议》及《变法》，带有早期资产阶级改良派的思想色彩。1888年，薛福成被委任为出使英、法、意、比四国的钦差大臣，1890年初薛福成正式出使四国，致力于介绍西方科技，保护华人利益。

19世纪后期薛福成因政绩斐然而被光绪皇帝赐准修建宅园钦使第。在出使前薛福成选择了园址，并将草图交予长子薛南溟进行营构。薛南溟受时代与其父的影响，弃政从商，开始发展民族资本，后与其子薛寿萱将薛家发展成了无锡早期民族资本四大家之一，而其思想与社交活动的需求也体现在宅园建设中。

薛福成故居虽建于近代，但与荣、杨等家族营造的开放性园林不同，薛福成故居作为私人宅第，延续了私密性。由于该宅园的家族留世资料有限，本书主要借助文献资料、实地测绘、访谈等方式，探讨这座园林的布局及造园意匠。

1. 历史沿革

薛福成在无锡城中前西溪的旧宅，早在1860年太平军与清军作战时就被清军烧毁。光绪皇帝因褒奖其政绩卓然，特赐其在家乡无锡修建“钦使第”以表彰其历史功绩。薛福成故居始建于清末，个别建筑在民国初完工，后经战乱期间损毁和新中国成立后的保护修复，其功能格局经历了很多历史变化，大致可以将其划分为准备期、建设期、衰败期和修复期四个时期。

光绪十四年（1888年）至十五年（1889年）底，薛福成花11200元买下无锡城西水关束带河（今学前街西段）与前西溪之间约18亩左右的土地作为宅园的基址。此外，薛福成筹款61800元大洋作为工程启动款，为建造新宅做好前期准备。

图 15-15 薛家花园航拍图（摄影：王应临）

1890 年，薛福成从上海出发去巴黎大使馆上任，长子薛南溟按父亲勾勒的大致确定宅院规模和建筑布局的草图，往返天津、无锡之间，开始营构钦使第，历经四年，至 1894 年最终建成具有江南传统官宦住宅特征的建筑群。

首期工程是建造中轴线上的主体建筑门厅、轿厅、正厅，以及大门外的“八”字照壁；二期工程建造左右两翼的花厅、仓厅、厨房、偏厅、杂屋和西花园。光绪十九年（1893 年）七月初一，中轴线上最后两进建筑转盘楼动工，年底建成。光绪二十年上半年，续建藏书楼和后花园，最后建好围墙。至此，整个钦使第的新建工程，除了左翼仓厅之后的弹子房外，全面竣工。同年 6 月，薛福成海外任期结束从巴黎回国途中，于上海病逝。民国初年（1912 年），薛南溟在仓厅北面添建弹子房，并在前西溪北岸为长子薛育津创办太湖水泥厂而建了三幢巴洛克式建筑，后为次子薛汇东故居。

1929 年起，薛南溟三子薛寿萱利用钦使第中部分房屋，开设“养蚕、制丝技术人员培训班”，每年一期，到 1937 年抗日战争全面爆发为止，共举办八期。

1946 年，薛家将宅园前四进厅堂作为弘毅中学办学地，并将西花园平为操场以供体育活动之用。1952 年，私立弘毅中学停办，无锡市教育局机关进驻“钦使第”前四进大院。1957 年，市教育局机关迁出，这里又相继举办塔坊桥小学（后改名学前街小学）和后西溪小学分部。1958 年 4 月 30 日，无锡市人民政府投资 80 余万元，在钦使第的后半部分（包括转盘楼、藏书楼、弹子房、厨房、杂屋以及后花园和原西花园）办无锡第一丝织厂。1961 年 12 月，无锡第一丝织厂迁往他处。钦使第后半部分及西侧便分别改作居民住宅、职工学校和纸品加工厂。20 世纪 60 年代，后花园旧址内又先后建起居民住宅楼一栋和职工教学楼一栋，花厅和仓厅也被房管部门出租为居民住宅。

1984 年，文物管理部门发现薛福成故居已被分割成 8 个区域，被 50 多家居民、3 所学校及 1 家工厂占用，但基本格局未变，130 多间建筑得以保留。花园部分仅东

图 15-16 修复后的西花园（摄影：王应临）

花园保存较好，原有后花园、西花园毁坏较大，几无踪迹可寻。

1994 年始，无锡文管部门前后搬迁了宅园内的住户及学校，邀请著名古建筑专家戚德耀先生主持设计修复薛福成故居。陆续修复了花厅、穿廊、戏台及周边庭院。

著名风景园林专家李正等于 1994 ~ 1997 年主持修复薛福成故居东部，即中轴线之东的左路前部。遵循“修旧如旧”的原则，首先全部拆除了不属于原构的添加物，以显现原有建筑的风貌特征。在落架翻修时，除更换了部分严重腐朽破损、不堪再用的构建及木门、木窗等之外，仅对主体作修缮处理，以保留更多的历史信息。南京大学马晓、周学鹰等承担了故居后花园的修复设计任务，在考古调查的基础上，采用中西交融、以中为主的风格进行设计修复。2002 年之前，后花园已修复设计、施工完毕，并对外开放（图 15-15）。

2003 年 3 月底，薛福成故居开放筹备工作办公室委托东南大学规划设计院对西花园修复工作进行科研项目立项和工程定点工作，并邀请东南大学教授、古典园林专家张十庆负责西花园的规划设计。2003 年 5 月薛福成故居文物管理处正式启动了西花园工程地块的延安新村的拆迁工作，2007 年 3 月西花园修复工程全面开工。整个修复工程总共投入 1 亿资金，在薛家原西花园所在地上进行了考古挖掘和勘测论证后进行原址修复。2007 年底，东南大学建筑研究所与南京园林规划设计院的合作项目完成了西花园的环境整治设计和施工，2008 年 2 月 5 日西花园正式对外开放（图 15-16）。

1995 年，薛福成故居被列入江苏省文物保护单位，2001 年被国务院公布为全国重点文物保护单位。2005 年 12 月，被国家旅游局评定为 4A 级旅游景区。

2. 造园思想

薛福成故居虽由薛福成亲勾草图，但由于其授命出使的缘故将建园的重任交由其长子。故整个薛家花园在建造过程中融合了清朝官僚大臣以及民国资本家两代人的造园思想。在宅园中既体现了传统园林的造园手法，也逐渐顺应开放的时代背景，显现出了中国社会转型时期的园林特点。具体表现为内外有别、中西结合的造园意向与营园手法。此外，其化整为零的天井庭院空间营造颇有特色，既适应封建等级制度的限制，又与理水叠山结合形成具有独特性的庭院空间。

3. 园林布局

薛福成精通风水和营造原则，曾撰写过关于营造的书籍《阳宅举要》，可以推测薛福成对于宅园的选址深有考虑。宅园选址独特，邻近无锡旧城西水关，四周水网密布，原是丁、秦两家的旧址，东近孔庙、学宫，西接南宋尤袤“乐溪居”和明代秦氏“尚书第”故址。一方面四周水网与护城河相连，不管对于城内或城外其水路交通都十分便利，另一方面出于风水的原因，“门前若有玉带水，高官必定容易起”，故此地是块文脉深长的风水宝地。

薛福成故居总占地1.2公顷，宅园平面基本为长方形，但又出于风水等原因，缺东南、西南两角，略呈“凸”字形。故居平面布局整体较规则，功能划分严谨，可将宅院分为中、东、西三条轴线，前窄后宽，中轴线前伸、两翼后缩。中轴线与东西两部分之间又有东、西备弄(图15-17)各一条。中轴线由南到北依次为照壁、门厅、抱厦、轿厅、正厅、内围墙、房厅、第二条内围墙、转盘楼（图15-18）以及后花园，东轴线由南到北依次为戏台花厅、仓厅、厨房和弹子房，西轴线由南到北依次为偏厅、杂房、西花园、藏书楼。

薛福成故居除了恢宏博大的建筑群落，其庭院园林空间也极为丰富。集中的花园共有三处，分别为东路的东花园，中路的后花园以及西侧的西花园。此外，在中路主体建筑的前四进厅堂之间都有精心设计的天井庭院。薛福成故居在开办学校时期受到较大破坏，各个花园和庭院多被填平为砖石铺地的操场，现园林空间均为20世纪90年代复建。

图15-17 修复后的东备弄（摄影：王应临）

图15-18 转盘楼（摄影：王应临）

（1）后花园

后花园位于建筑群中路北端，根据考古和访谈资料，园中原有池塘、假山、水榭、小亭、曲桥等园林构筑物（图15-19）。有藏书楼位于后花园西北角，面阔6间，高2层，这是仿照宁波天一阁形制建造的藏书楼，名曰“传经楼”。

访谈资料表明，后花园中部原有一大水池，得到了考古证实。后花园中部考古出土的部分墙基，为黄石、

图 15-19 后花园（摄影：王应临）

太湖石混砌，此墙基用材应为后花园内原物。发掘者认为，出土的黄石、太湖石是当时砌筑水池的驳岸材料。在后花园废弃后，另起建筑时，被就地取材用作基石。考古人员在转盘楼北侧，发现一处 4.8m × 3.3m、四面厅式的建筑基础遗址，应为池塘边的水榭。通过访谈可知，后花园水池之上原有南北向的曲桥联系两岸。在墙基东南端，还发掘出一处南北向、覆盖石条的下水道，以及金山石所筑的东西向园路。水池南岸扰土中残存青砖、瓦片、缸片、碎石片、瓷片等花阶铺地用材，同样证实池塘水系的东西流向与传统造园手法。

后花园的西面，在藏书楼东侧、转盘楼西北，发现有 1.2 米宽的廊基遗址。研究认为这是连接转盘楼与藏书楼的一条长廊。根据访谈，后花园近东墙处，有一花厅；东北角的假山上一亭翼然；后花园和东花园之间通过扶疏的竹篱分隔。后花园的北墙上，有通向薛汇东别墅的院门。

园内原来植有珍贵花木，根据李正先生回忆，20 世纪 50 年代后期，他曾经将这里的 3 棵珍贵白皮松移植到锡惠公园的黄公涧与映山湖畔。

（2）东花园

东花园位于建筑群东路，是穿插在四进建筑之间的庭院空间。主要包括花厅以南的戏台（图 15-20 ~ 图 15-22）、枇杷园（图 15-23）和弹子房周边花园。

坐北朝南的花厅，曰“听风轩”，原是薛家招待客人品茗、赏景、看戏、听曲之处；花厅之前，是与花厅朝向相对的戏台，花厅和戏台的左右两侧是看廊，它们围合成一个较为封闭的空间。其间为一泓清池，有湖石突兀挺露。当年经全面开挖，取出填塞的大量泥石后，发现池周原有湖石驳岸基本完好。现池上建有一座平梁小石曲桥。这是无锡城内现存最精致、最完整的家庭戏台。

花厅往北有一庭院——枇杷园，因在此园中种植有数棵枇杷树而得名。园内有坐北朝南的三间厅堂，原为薛家厨房，后由于仓厅改作工商会所，故移至西轴线上。

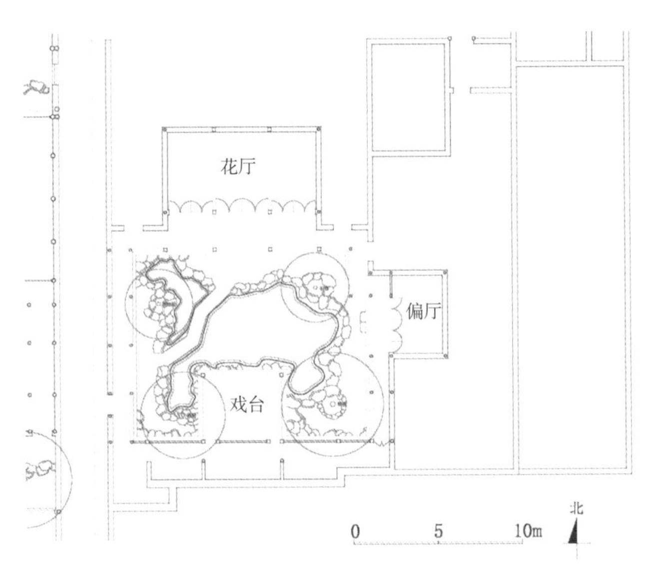

图 15-20 戏台花厅平面（绘制：毕玉明、冯展）

图 15-21 戏台（摄影：王应临）

图 15-22 戏台下小水池的湖石驳岸（摄影：王俊）

庭院内有一口百年老井，井上建有一井亭，与花厅由曲廊相连。

根据李正先生推测，东花园是弹子娱乐之花园，弹子房为花园中主体建筑。现存弹子房建筑在材料和细部做法上，受西方建筑风格影响颇多（图 15-24），如采用钢制玻璃窗、玻璃廊等。在东花园考古发掘中，又出土了一些预制的西式水泥建筑构件。

（3）西花园

西花园位于建筑群西路偏厅和杂屋之间，面积不大。根据访谈，原西花园景观是以大水面、假山为主，中间点缀若干亭榭。修复前西花园遗址西北部尚存土墩一座，上有古树一株，周围散置太湖石、黄石等，推测应是假山遗迹。考古资料显示，西花园池岸及假山以黄石为主，少量点缀湖石，作孤置观赏。

图 15-23 枇杷园古井（摄影：王应临）

（4）天井庭院

中路前四进主体建筑之间均围合成若干天井庭院，成为薛福成故居较有特色的园林空间。其中较大的三个天井庭院均由中间用花岗石石板铺地的天井和两边分别布有湖石、半亭、花圃和花街铺地的院子组成。可惜这些庭院在开办学校时被填平为砖石铺地的广场。现在看到的庭院为后期根据历史资料复建形成的。

第一进门厅与第二进西轺堂之间的庭院，东西两侧由白墙围合。庭院空间以游廊及敞轩划分为西、中、东三个部分，东西两侧庭院以表现水景为主，布置有假山

图 15-24 弹子房室内（摄影：王应临）

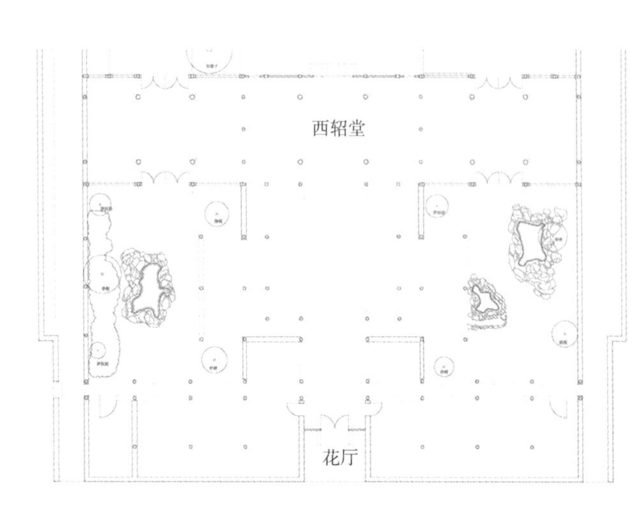

图 15-25 第一进天井庭院平面

图 15-26 第一进天井庭院（摄影：黄晓）

堆砌的池塘，并点植园林花木（图 15-25、图 15-26）。

第二进西轺堂与第三进正厅务本堂之间的庭院东西两侧则以游廊围合。东西侧围廊各布置了一个半亭，半亭位置相对，与划分院落空间两道南北向游廊围合成了东西两个可供游览的侧院空间。庭院中只是简单地设置了花圃置石，对植两棵高大乔木以遮阴赏景（图 15-27、图 15-28）。

自务本堂向北，有一高墙将宅第划分为前院及内宅，围墙南为开放性空间，适合园主对外交往，而高墙后则为较私密的生活起居之所。入石门未进惠然堂之前先入一组庭院，中间三开间仍以游廊相连，但又与前三进庭院内游廊不同。此游廊采用了双面廊的形式，面向中轴线侧单廊围合空间，中间竖以开窗白墙，面向东西两侧天井则又有游廊半轩。绕过白墙则可看到东西侧院全貌，均植以芭蕉，设有置石，构成了相对独立的庭院小空间（图 15-29、图 15-30）。

4. 造园意匠

薛福成故居造园总体遵循前宅后园、东宅西园的布局原则，园主人及其子孙近代工商业者的特殊身份赋予这座宅园不同于传统江南私家园林的造园特色。

（1）化整为零的天井庭院

宅园建造于清末，受等级森严的制度限制，薛福成住宅建筑采用了特殊做法。由于宅院轿厅和正厅面阔均为九间，远远超过朝廷标准。薛福成巧用《周易》和教义，“以三为界”“以三为礼”“以三为谦”，在轿厅、正厅均采用对剖复柱的独特做法，将九间大厅分别变成相对分开的三个厅。与之对应，建筑间庭院空间通过两列

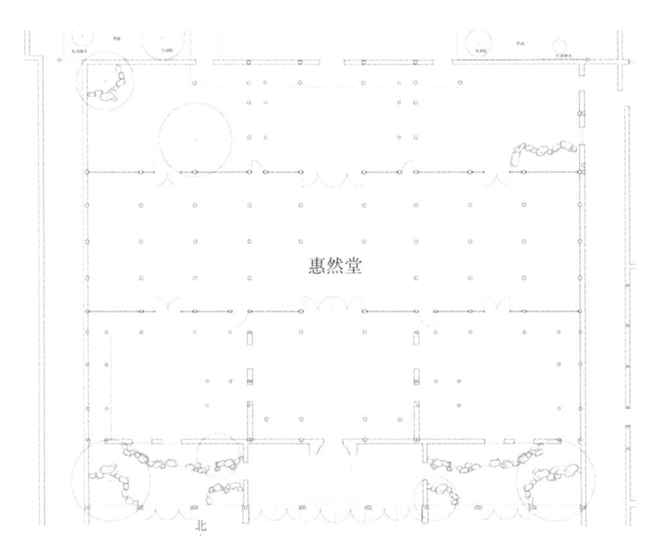

图 15-27 第二进天井庭院平面（绘制：毕玉明、冯展）

图 15-28 第二进天井庭院（摄影：黄晓）

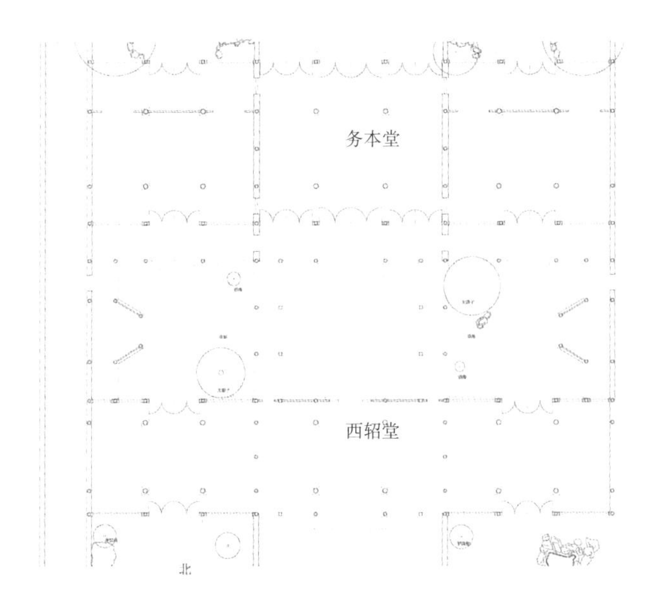

图 15-29 内宅的天井庭院平面（绘制：毕玉明、冯展）

图 15-30 内宅的天井庭院（摄影：黄晓）

游廊或轩进行分隔，避免将面阔九间的建筑立面完整裸露出来，引起不必要的嫌疑。从而形成了薛福成故居内独具特色的天井庭院空间。化整为零处理庭院空间的另一大原因是用地限制，各进院落均为面阔大进深小的狭长空间，游廊及敞轩的处理较好地对狭长空间进行分割，规避了原本的空间缺陷。

虽然将庭院空间进行了分隔，但院落分隔均采用视线能够通透的长廊和敞轩，总体天井空间分而不隔（图 15-31）。此外，每进院落均采用左右均衡的园林布局和一致的造园要素，保证园林空间的统一性。

（2）开放性与私密性相结合

与传统江南私家园林的私密性使用功能不同，薛家花园具有较为明确的公私分区，满足园主人会客和居家双重使用需求。如中路建筑务本堂以北的高墙明确划分内外空间。高墙以南建筑围合出的两个天井庭院主要用于对外接待，高墙以北的天井庭院为家眷使用的园林。又如，由于建筑的游乐接待功能，花厅戏台和弹子房周边的园林空间也为较为开放的园林空间。后花园、西花园严格遵循了古典宅园园林前宅后园、东宅西园的布局原则，供家庭成员游赏之用，因此私密性较强。

公私园林空间营造存在差异。例如，同为中路天井院落，前两进院落采用通透性较强的长廊和敞轩分割院落空间，保证了院落空间之间视线的连贯以及园林空间的开阔性；而后一进院落则采用中间砌墙的双面长廊，墙上开窗，视线较为阻隔。

（3）西洋元素的注入

薛家花园的园主人在从事国际贸易的过程中逐渐受到西方文化影响，园居生活较传统有所不同，在园林中建造了具有西洋风格的建筑，将西洋元素注入园林之中。

弹子房是薛家受西洋文化影响进行台球活动的主要娱乐之所（图 15-32）。窗户由彩色玻璃镶嵌，是我国较早采用水泥预制窗框和钢窗的建筑。此外，与薛福成故居一街之隔的薛汇东故居更是由三座具有欧洲巴洛克风格的建筑组成，是无锡目前保存完整，由国人自行设

图 15-31 中路第一庭院两侧的天井（摄影：王应临）

计的西式住宅组群之一。

（4）小空间内的叠山理水

由于薛福成故居后花园和西花园均为近年复建，历史遗迹残留较少，对园林叠山理水的分析主要针对天井庭院和东花园展开。对于具有“前宅后园”或“东宅西园”格局的传统江南宅园来说，一般将水布置在“后园”或“西园”等园林空间较大的区域。而薛福成故居将园林理水引入空间较为狭小的天井庭院和东园，是其一大造园特色。

江南诸园林之中，天井院落规模似三开间大小的已是少见，而薛福成故居在天井庭院中布置水景更是独特。中路第一进庭院在游廊分隔出的东西侧院出人意料地布置了三汪小清池，东侧院两处，西侧院一处，意在同中求异。由于空间狭小，庭院理水采用深水潭渊的主题，意在幽深，池岸均以湖石假山石堆砌，或有置石耸立以增添竖向空间变化，静水与轩、白墙相配颇有灵动之感。庭中植物不多，以池边灌木为主，偶植桂花以遮阴。

位于东路的花厅戏台庭院以水池为核心，池南池北相对布置戏台和花厅看台，池东池西为看廊。水池部分深入戏台下部，使得戏台宛如立于水上。驳岸依然采用深潭的手法采用湖石堆砌较高的石矶（图15-33）。此池既作为庭院水景，又可以让戏台上的种种妙音因水反响，益觉婉转悠扬。

除此之外，与江南传统园林类似，建筑之间的小庭院均点缀以小体量置石，一方面作为庭院观赏的对象，另一方面凸显园主人风雅之趣。

图15-32 弹子房（摄影：黄晓）

图15-33 自花厅看戏台（摄影：王俊）

5. 园居生活

此园虽以薛福成命名，但薛福成本人却从未在其中居住。光绪二十年（1894年）薛福成宅第建成，同年6月，薛福成从巴黎回国，未及回乡即在上海病逝。薛福成的灵柩运至无锡，停放在新落成的钦使第正厅。

光绪二十二年（1896年），薛福成之子薛南溟在上海开设永泰丝厂，开始走上发展民族工商业的道路，史料未载其园居生活。

民国8年（1919年），薛南溟夫人吴氏六十寿庆时曾雇请“髦儿班”（当时的文明戏戏班）在戏台花厅中大唱堂会。

民国14年（1925年），薛南溟之三子薛寿萱于美国伊利诺伊大学毕业，回国后接手管理薛家永泰丝厂，将对照厅作为其谈判签约的会议室，并常在弹子房与客人亲友娱乐消遣。

民国18年（1929年）起，薛寿萱利用府第部分房屋，

开设“养蚕、制丝技术人员训练班”，每年一期。直至1937年抗日战争全面爆发为止，共办8期，为无锡缫丝工业的发展培养了大批技术人才。

总之，薛福成故居营造充分体现当时传统与时代的双重需求，是近代园林中城市宅园营造的杰出范例。

三、杨氏云邁园

点评：中国传统园林为体，西洋现代建筑为用的无锡近代城市宅园代表作。

杨氏云邁园（图 15-34、图 15-35）位于无锡崇安区长大弄 5 号，面积 0.25 公顷，其园主人为无锡官僚资本家杨味云。云邁园作为无锡近代宅园的代表作之一，融合传统园林风格、宅邸布局和西式别墅，形成了独具一格的中西交融风格，体现出无锡近代资本家的创新思想和精神。

1. 历史沿革

无锡杨氏家族乃近代资本名门，民国时期尤以杨味云、杨翰西为代表，弃官从商，在继承家族企业的基础上，兴办各类企业，成为近代工商业巨头。杨味云，名寿枏，清同治七年（1868 年）生，无锡城内长大弄人，迁城九世祖杨宗济之子，官僚资本家，活跃于晚清、民国政商领域。光绪十七年（1891 年）杨味云中举，后入伯父杨艺芳幕府，曾协助筹建山西绛州纺纱厂。光绪二十五年（1899 年）受杨艺芳之托，回乡协助三伯父杨藕芳经营业勤纱厂事务。随后入京任内阁中书及商部保惠司主事。光绪三十一年（1905 年）以参赞身份随五大臣出使日、美、英、法、比等国考察，次年回国后督率译编各国政治专著 60 余种。民国时期，曾任财政部监政处总办、长芦盐运使、粤海关监督、山东财政厅长、财政部次长、全国棉业督办等要职。民国 12 年（1923 年），杨味云弃官从商，以早年筹建绛州纱厂以及经营业勤纱厂的经验，任天津华新纱厂经理，相继于唐山、卫辉、青岛建厂，形成雄踞北方的"兴华资团"。晚年卸职闲居天津，以诗书自娱，于 1948 年病逝，终年 80 岁。这些洋务经历，使得其所建园林在传统园林的基础上融入了西式风格。

杨氏作为无锡地区的名门望族，保持了家族聚居的传统。同治三年（1864 年），北门下塘族宅毁于兵火，杨艺芳兄弟于同治五年（1866 年）迁址大成巷营造新宅，奉母居住。杨艺芳后于旗杆下旧址重建住宅，供后代居住；大成巷宅由其余四兄弟居住。随着家族规模壮大，族人众多，又有族人迁至大成巷老宅附近的长大弄、道长巷一带建设新宅，杨氏后代豪宅遍布城北。民国 7 年（1918 年），杨味云于大成巷老宅西侧长大弄建设新宅云邁园，杨味云长年在外供职，新宅虽较少居住，但回乡扫墓祭祀之余，不忘亲自筹划经营，宅园渐具水石之胜。日本军队侵占无锡后，"云邁别墅"一度由族人居住看管。新中国诞生后，云邁园长期为无锡市文化局、无锡市文联等机关所用，除后部有所改造外，大部分都保持着原状原貌。1986 年 7 月，云邁园被列为无锡市文物遗迹控制保护单位，2003 年 6 月列为无锡市文物保护单位，并交还杨氏后人，历经整修，园林重现当年风貌。

图 15-34 云邁园航拍图（摄影：冯展）

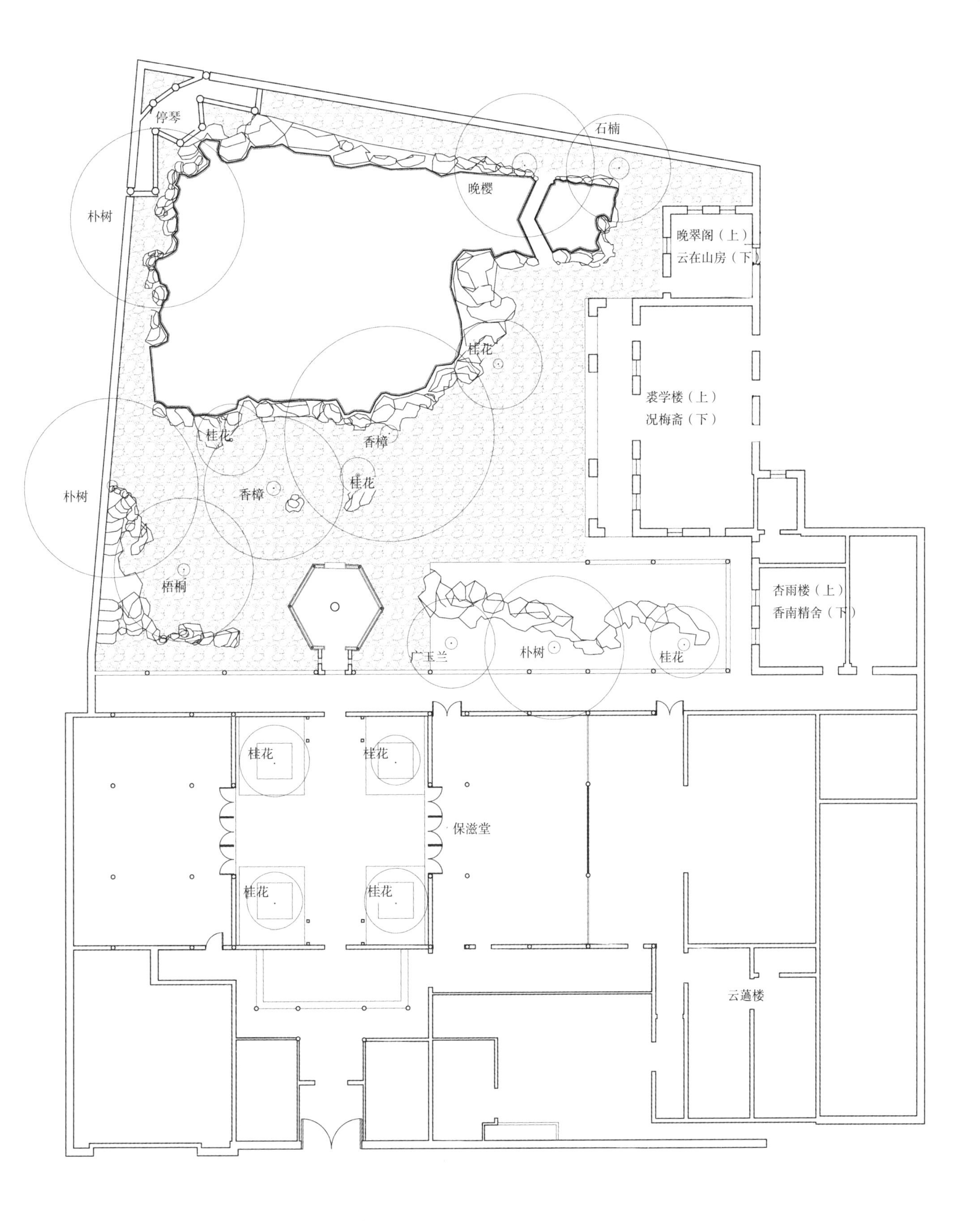

图 15-35 云蔼园总平面图（绘制：冯展、牛任远、高凡）

2. 造园思想

由于长期在北方就职，云薖园成为了园主杨味云回到家乡的闲居之所，园中建筑多以优美景致为名。“云薖”二字意为空旷之处、蜗角之居，此园庭园不大，但水池却几乎占到一半的面积，体现出虚怀若谷的空旷之意。园主在《云薖记》中记载了自己与客人的一段问答，透露出园主悠然自得、闲适安逸的造园思想：“客笑之曰：‘子之居不过数亩耳，无平泉草木之胜，无金谷丝竹之豪，奚足图？’应之曰：‘吾身之在天地间，蜉羽耳；吾居之在天地间，蜗角耳。前此数十年，烟榛露蔓，废圃荒池，吾童子时所钓游也。今此之苍颜华发，偃仰于芳林碧沼之间者，即昔日钓游之童子也。后此数十年，吾子孙能常保此土其间耶？或他人偃仰其间耶？抑任其荒秽，复化为榛蔓之场耶？吾不得而知也。适然而有之，适然而居之，即适然而图之，又何容心于大小、寓意于废兴也哉。’客曰：‘善。然则子亦适然而记之可矣。’”无锡杨氏乃近代实业望族，园中主厅保滋堂取意自“永保兹大”，体现出园主对于家族兴盛的美好愿望。

图 15-36 云薖园入口（摄影：冯展）

图 15-37 云薖园西洋建筑（摄影：高凡）

3. 园林布局

云薖园属于住宅园林，花园紧邻宅院（图 15-36），形成东宅西园的格局。宅院部分为传统建筑院落布局，花园为传统风格，并建有二层洋楼（图 15-37）。

宅院部分主要为厅堂建筑，均为硬山顶传统平房建筑。门厅（图 15-38）东向面街，面阔三间，硬山顶，有封火墙，大门原为六扇竹丝板门，两侧有细砖垛头，穿堂内另有将军门；主厅前建筑围合出矩形庭院空间，四角种植桂花；主厅保滋堂坐北朝南，面阔三间，规模宏敞，屋顶有草架，两壁细砖贴面，裙墙雕刻精美（图 15-39）；正厅东侧另有小院一个，院内有西式两层楼房一幢，名为云薖楼。厅堂院落的布局形成南北向主轴线，并形成从门厅到庭院再到后花园的东西向空间序列。

后花园与院落之间以连廊相隔，进门庭后，过天井，可达后花园，圆形洞门上有砖刻“云薖”两字。园中水景居西，建筑居北，山石居东。园中西侧池塘占据1/3面积，西北角有清泉一泓，名为“苓泉”，架有石板折桥虚隔，池上微波漪涟，莹如碧玉。园北有中西交融风格的建筑群一组：池北岸洋楼三楹曰裘学楼，园主藏书之所也，下为况梅斋，轩窗洞敞，湘帘四垂，为园主闲居之所；楼西有晚翠阁，下为云在山房，可俯瞰园中小沼；裘学楼东折而北有小楼，上为卧室，曰杏雨楼，下为书室，曰香南精舍。池东有六角亭“拄笏”与宅院相连，池西南角有半亭水榭“停琴”，园主伫月其中，并嵌《云薖记》碑石。园东南一处叠石“状若游龙，蜿蜒迤逦”，设有岩洞，可拾级登高，曰小林屋。

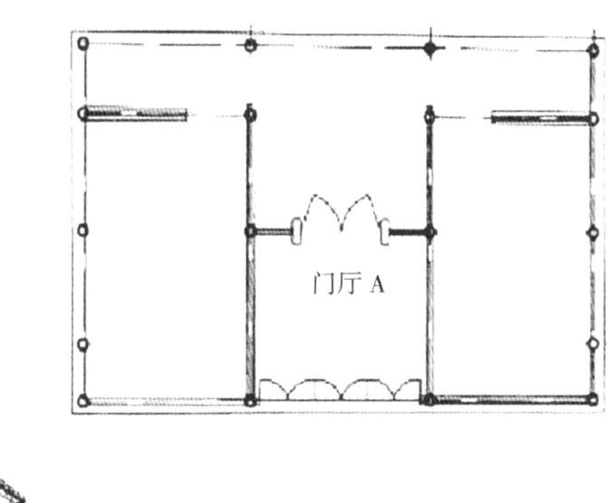

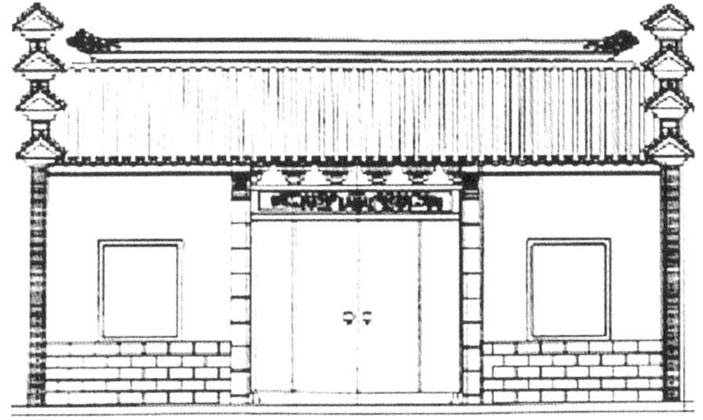

图 15-38 云邁园门厅平面图及立面图

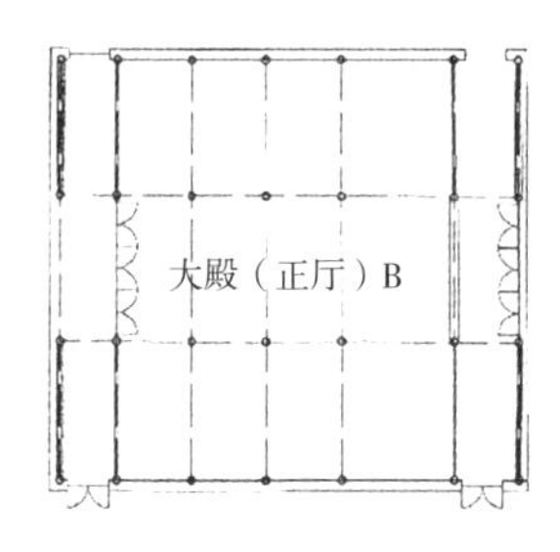

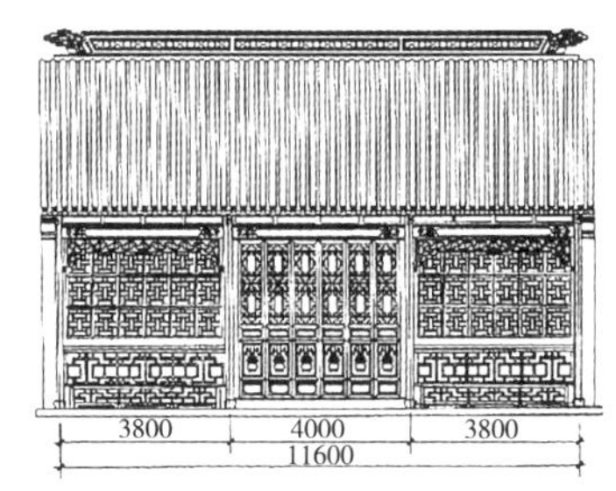

图 15-39 云邁园主厅保滋堂平面图及立面图

4. 造园意匠

云邁园虽为园中宅园，与外界有围墙相隔，但注重对于园外之景的巧借。《云邁记》中记载，园中晚翠阁“西面惠山，夕阳下时紫翠万状”，可观城西惠山之景。园中拄笏亭同样“以之望山”，纳山川景致入园欣赏，亭名源自《世说新语》“拄笏西山”之典，表达园主在官而有闲情雅兴、悠然自得的生活情趣。

由于城中缺乏自然水体，云邁园选址与运河临近，便是考虑到引水便利。园中水景为静水，水池形状较规则，池边筑以自然式湖石驳岸，“柳阴磐石，可弈可钓”。园中叠石自然朴实，设有洞穴、蹬道，为园中生活增添情趣。

云邁园最大的特点便是中西交融，主要体现在建筑风格的“西”和园林环境的“中”。园主由于接触洋务，受到近代西方文化影响，故云邁园中西交融式建筑采用西式拱券、柱廊、栏杆，却又结合传统中式屋顶、正脊和山墙，简洁朴素。在构园布局和造园手法上，园主始终没有突破传统园林的范畴，依旧继承了传统园林的风格特征，这种不彻底的西化结果，源于园主官宦出身的家族传统，是近代传统文化延续性的体现，是民国时代背景下的特殊产物。

5. 园居生活

1926 年园主杨味云六十寿辰，即在“云邁别墅”举觞祝嘏，南北名士多有庆贺之作，为士林一时之誉；1927 年 3 月，国民革命军第十四军军长赖世璜进驻无锡，将云邁园占为公馆，致新宅大受摧残；后又有新式楼房之增建，杨味云哲嗣杨通谊与荣德生之女荣漱仁结婚后及在茂新面粉厂工作时就居住于此。

云邁园虽建于民国时期，但整体园林风格依旧延续了传统风格，加入西式建筑的元素，形成中西交融的独特风格。造园思想上主要体现出园主回乡闲居的悠然自得，园名和景名都透露出园主对于自然景致的无限向往、对于家族兴盛的美好愿望。园林经营上，采用传统的借景、叠山和理水手法，营造朴素典雅的氛围。园中名流雅集，名人居住。

云邁园的独特风格与园主杨味云的出身不无关系。杨氏乃无锡近代资本望族，书香门第，注重教育，家族曾兴建过惠山园林潜庐，使杨味云对传统文化和古典园林有着难以割舍的情感；同时，杨味云接触洋务，对于西方文化和西式建筑也有着超前的认识。杨味云将云邁园作为他在家乡的闲居之所，用于修身养性，他选择中西交融的造园风格，既顺应了家族传统，又体现出了资本家的特殊身份，反映出勇于创新的思想。作为无锡近代城内宅园的代表作之一，云邁园鲜明的特征正是当时社会状况的最好写照。

四、秦氏佚园

点评：传统望族的近代园林杰作，佛道思想的融合，寄畅精神的延续。

秦毓鎏佚园位于无锡市崇安区福田巷8号，始建于20世纪20年代，是无锡近代园林的代表作之一。

近代是无锡的重要转折时期，从一座古代的县级城市迅速崛起为工商业重地，获得“小上海”的称誉。无锡近代的物质建设突出体现在园林方面，在数量、规模和艺术水准上都处于全国领先地位，成为继明代苏州和清代扬州之后的近代园林重镇。无锡近代园林的兴盛与一批新兴的工商业家族有关，如荣氏兄弟梅园、杨翰西横云山庄、荣宗敬锦园和王禹卿蠡园等，这些园主拥有雄厚的经济实力，乐于吸收西洋的文化，使园林呈现出中西交融的特征。与这些新兴家族形成对照的是，无锡传统的望族如谈氏和顾氏等多已衰落，很少建造园林，秦毓鎏出自锡山秦氏，佚园是无锡近代不多的由出身传统望族者兴建的园林。

无锡的近代园林多少都带有一些西洋元素，如梅园的宗敬别墅、蠡园的颐安别业等西式建筑；即使以传统风格为主的几座宅园，薛福成钦使第北部建有弹子房，杨味云云邁园建有二层洋楼，都打上了时代的烙印。但秦毓鎏佚园则是一座纯粹的传统园林，从园林的布局到山水、建筑和花木等各要素，以及园中的生活等，都与一座古代园林无异。

饶具意味的是，秦毓鎏虽出身传统望族，却并非顽固的遗老，而是那个时代具有反叛精神的革命家和政治家，他按照传统风格建造的佚园因而具有特殊意义。本书主要借助文献资料、实地测绘和现场考察，通过佚园来探讨无锡传统园林在近代的延续，无锡近代园林面貌的多样性，以及家族文化和个人经历对一座园林的影响。

1. 历史沿革

秦毓鎏（1879 ~ 1937年）字晃甫，号效鲁，自号天徒、坐忘，出自锡山秦氏，为北宋词人秦观的三十二世孙，秦家在惠山建有寄畅园。秦毓鎏是无锡近代重要的革命家和政治家。他1902年赴日留学，成立了革命团体青年会；1904年在长沙与黄兴（1874 ~ 1916年）组织华兴会，任副会长；1911年在无锡领导起义成功，被推选为锡金军政分府总理并司令长；1912年被孙中山聘为南京临时总统府秘书 ；1913年助黄兴举兵讨伐袁世凯，被逮捕入狱，1916年袁世凯死后释放出狱。

1921年秦毓鎏开始筹划造园，由其外甥龚葆诚主持，他本人于2月前往苏州考察园林，夏天建澄观楼，10月园成，题名佚园。造园期间，秦毓鎏的族叔秦同培担任公立女子中学校长，校址位于无锡城隍庙旧址，内有戏台井亭、旧料砖石等；秦同培为筹集改造教室的经费，呈请县政府变卖城隍庙的建筑砖石，秦毓鎏造园所用材料大多购自此处，园中主厅竹净梅芬水榭南部的抱厦即原城隍庙井亭。

1927年秦毓鎏出任无锡县长，但不受蒋氏新贵器重。次年8月他辞职引退，一心向佛，不复谈天下事，同年请族侄秦淦（1894 ~ 1984年，字清曾）绘《佚园十景图册》，自撰《佚园记》。这套图册和园记由秦淦之父秦文锦（1870 ~ 1938年）创办的上海艺苑真赏社精印出版，秦文锦在卷首题“散怀林壑”四字，为研究此园的重要资料。

1937年秦毓鎏病逝。新中国成立后他被定为反革命分子，住宅连同佚园被没收。2003年“秦毓鎏旧宅及佚园”被列为无锡市文物遗迹控制保护单位，2013年随秦氏福寿堂一起列入第七批国家级文物保护单位“小娄巷建筑群”。

2. 造园思想

秦毓鎏的一生可分为三个阶段：1913年之前为激昂进取的抗争时期，受到革命思想的鼓舞；1913 ~ 1928年为荣辱并存的起落时期，他开始从道家和佛家寻求慰藉；1928年以后为悔过内省的隐退时期，佛家思想占据了主流。佚园建于1921年之后，《佚园记》作于1928年，这个时段决定了秦毓鎏佚园主要受到佛、道思想的影响，以道家为主，佛家为辅。

《佚园记》开篇称：“生老病死，佛家谓之四苦。庄子则云：‘劳我以生，佚我以老’。诚哉达观之言也。

余生甸有二日而丧母，髫龄羸弱，夭折时虞。既冠以后，频岁奔驰，屡濒于厄。幽居三载，忧患饱尝。行年五十，疾病侵寻，两鬓已斑，齿牙摇落，此正天之所以佚我也。余虽不足言老，然欲不自佚而不可得矣。吾之以佚名园，职是之故。”秦毓鎏在记中追述生平：他出生 12 天母亲就去世了，少年时代体弱多病，青年时代远渡日本、流落湖广，后来又遭受三年牢狱之灾，终日惶惶奔走，转眼已到了知天命之年，恰如佛家所言，可谓“人生苦海”。他希望营造一处安闲静养之所，因此借《庄子·大宗师》“夫大块载我以形，劳我以生，佚我以老，息我以死”之语，题名“佚园”，以老为佚，借道家之达观化解佛家之苦痛。

秦毓鎏早年作为革命家，筹办进步报刊，编著《中国历代兴亡史略》等，表现出积极的抗争精神。1913 年因反袁而入狱是他思想的转折点。他在狱中靠读《庄子》排遣，撰写了《读庄穷年录》；又“私念儿女俱幼，他日长大，将不知乃父为何等人……于是追溯已往笔之”，作《天徒自述》。天徒出自《庄子·人间世》“内直者与天为徒”，他晚年自号坐忘（出自《庄子·大宗师》），并将佚园主楼题作“坐忘庐”，这些都反映了道家思想的影响。

秦毓鎏关注佛家始于 1916 年，这年他出狱后不久黄兴去世，他前往上海吊唁，精神受到冲击，开始研读佛经，发起“无锡佛教研究会”，渐有看破红尘之势。余池明《印光法师的故事》提到，1926 年民国四大高僧之一的印光法师（1861 ~ 1940 年）到无锡传法，秦毓鎏以居士身份拜见法师，呈上自撰的《狱中读庄老》，预示了他思想的转向。1928 年秦毓鎏受挫辞职，从此不问政治，出外访名僧、求佛法，1931 年在上海谛闲法师（1858 ~ 1932 年）处行皈依礼，赐名“圣光”，正式皈依佛教。

《佚园记》作于秦毓鎏辞职后，结尾称“时戊辰（1928 年）季冬，适余解组归来，从此杜门养疴，读易穷年，此天之所以佚我者，我亦自佚其佚焉，则庶几其寡过矣乎”，表达了他对过往生涯的反省。“读易穷年”体现的是道家思想，对“寡过”的强调则反映了佛家的影响，佚园成为他晚年读庄悟道、念经参禅的居所。

3. 园林布局

佚园是一座宅园，位于秦毓鎏住宅西北角。《佚园记》称：“余也忧患残生，无心问世，家居多暇，辄就先人遗地规为兹园，日徜徉乎其中，以送余年。”佚园东侧为秦氏祖居福寿堂，清同治三年（1864 年）秦毓鎏的祖父秦焕（1813 ~ 1892 年）建，经后人扩建为南北七进。民国时期福寿堂前三进由秦同培、秦毓钧、秦毓鎏、秦毓浏四人共执，第四进属秦毓钧，第五进属秦同培，第六进属秦陈兰荪，第七进属秦毓鎏。秦毓鎏在宅西造园，形成“东宅西园”的格局（图 15-40 ~图 15-42）。

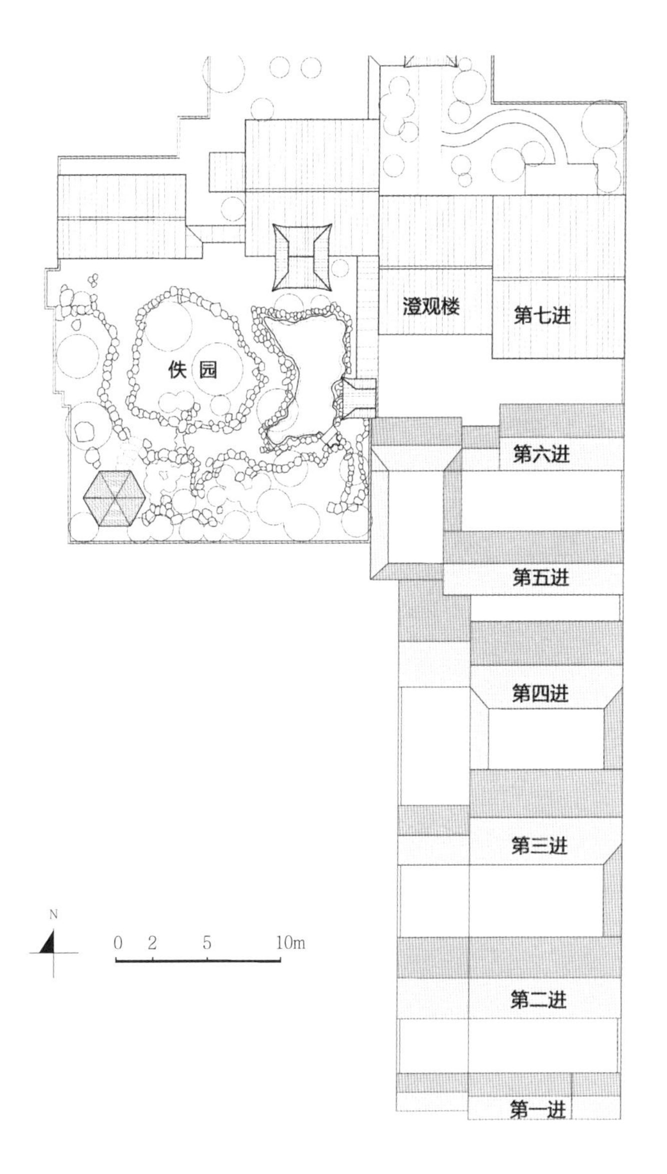

图 15-40 福寿堂总平面及佚园位置图（绘制黄晓、冯展）

本节综合《佚园记》、《佚园十景图册》和园林现状，尝试探析民国时期佚园的布局。秦毓鎏住宅位于福寿堂北侧，因此佚园朝北面向福田巷开门，方便进出。园内被竹净梅芬之榭和澄观楼分隔为西、东、北三处庭院，西为主院，东为次院，北为辅院。《佚园记》精心设计了一条游线，从园林中部的石虎岗开始，登朱樱山，渡观瀑桥，过澄观楼，经菜圃，达竹净梅芬之榭，临水池，抵双峰亭，最后以松林作为结束。

西院是佚园主景区，正中原有一座土山，即《佚园记》游线的起点。《佚园记》称“（园）广不及二亩，中有土岗，岗之麓石虎蹲焉，故名‘石虎岗’。岗高处为台，名曰‘隐弅台’，最宜秋宵玩月。台下为洞，通东西之咽喉也。”土山前曾有石虎，因称“石虎岗”，沿路可登至岗顶的“隐弅台”，“隐弅”出自《庄子·知北游》：“知北游于玄水之上，登隐弅之丘。”20 世纪 50 年代，土岗、高台和园中树木被削平，2010 年复建了冈南的黄石山洞，作为连接东西的通道。

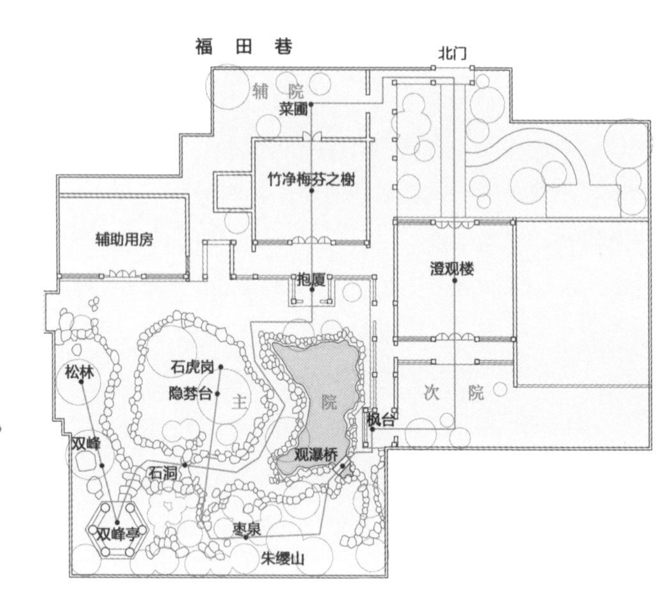

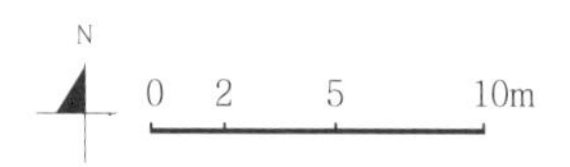

图 15-42 佚园平面图及《佚园记》游园路线（绘制：冯展、黄晓）

图 15-41 佚园局部园景（摄影：林一）

图 15-43 池南朱樱山、观瀑桥，左侧四角亭原为垂钓处（摄影：黄晓）

图 15-44 池北竹净梅芬榭与西侧辅助用房（摄影：黄晓）

“洞之南，拾级而上为朱樱山，山半樱花，先君所手植，花时绯英满枝，璀璨耀目。”山间的樱树是秦毓鎏的父亲所植，此山是佚园的制高点，在山顶可眺览园外的风光。“山腹砌石为泉，曰‘枣泉’。泉上枣树荫之，雨后水溢，循涧东流，抵石穴而下流，悬如匹练，曲折以通于池”，山间开凿泉眼，砌以石涧，每到雨天泉涌水溢，汇流至东面形成瀑布，跌落到水池中，颇为壮观。瀑布入池处架以石桥，是观瀑的佳所，“立桥上听泉流潺湲，穆然有深山太古之思，不觉身在城市也”（图 15-43）。据秦绍楹介绍，当时朱樱山中凿有石窟，供奉齐梁石佛，但数年后被窃。

与石桥相连的水池东岸原为一处临水滩头，可供垂钓，近年在池东添建了一座方亭和沿墙游廊。方亭内部辟月洞门，通向东面的澄观楼次院。“遵池而北，右折进月洞门，即澄观楼之前庭，庭中小具花木竹石之胜。楼三楹，上为卧室、书斋，为夏日起居之所。楼下曰‘坐忘庐’，时会宾客，宴游于此。”楼南的庭院较为逼仄，铺有卵石，种植花木；主体是北侧的澄观楼，宽三间，高两层，上层是卧室和书房，下层是会客室，秦毓鎏的起居宴集大多在此进行。

穿过澄观楼“后轩，启西侧门出，通于竹净梅芬之榭”，又回到西部主院。竹净梅芬之榭是园中主厅，硬山顶三开间，明间向南伸出歇山顶方形抱厦，檐角起翘，造型优美。榭西为水竹轩，仿秦焕水月轩题名，也是硬山顶三开间，与主厅以折廊相连（图 15-44）。榭北辅院原为场圃，取孟浩然“开轩面场圃”之意，“方广可二亩余，杂种桃李、杏梅、石榴、玉兰、樱花、木樨、海棠、杨柳、梧桐之属。寒菜一畦，青葱可爱，冬日用以佐餐，胜于肉食”，圃中栽植各类花木菜蔬，兼具观赏性和实用性，如今仅剩半亩左右。榭南正对水池，“一镜莹然，游鱼可数”，在榭中可隔池欣赏西岸的石虎岗和南岸的朱樱山、观瀑桥，是全园观景的最佳场所。

沿着池岸向西，绕过石虎岗可至双峰亭，原来是座四角亭，2010 年改建为六角。亭前当年有尊宋代三足石鼎，“可焚香，可煮茗，宋庆历年物也”，20 世纪 80 年代已失其踪。该区的主景是两尊石峰，皆产自阳羡（宜兴），原名畏垒峰、混沌峰，秦毓鎏各为作铭文。吴观蠡《秦毓鎏顽石铭》称：“吾友天徒庐主人秦效鲁氏，退隐林泉，弄石自乐，有米襄阳风。近得二石，一曰畏垒，一曰混沌，皆秦氏所名也，并为作铭，勒于石腹。语语庄叟，复绝尘表。读其铭，可以知其人矣。”“畏垒”出自《庄子·庚桑楚》：“老聃之役有庚桑楚者，偏得老聃之道，以北居畏垒之山”，秦毓鎏借此以老子的传人庚桑楚自居；“混沌”出自《庄子·应帝王》：“南海之帝为倏，北海之帝为忽，中央之帝为混沌”，喻指一种浑朴天然的状态（混沌峰后更名为瑶芝峰）。这两尊石峰“高逾丈，其势巉屼，耸峙林间，如鹤立鸡群，俯视侪辈，有昂首天外傲视一切之慨。旁罗诸石，若拱若揖，若后生小子趋侍于前。峰后有修篁丛桂掩映其间”。双峰亭即由此得名，周边的其他湖石和修竹丛桂都围绕双峰布置，除了秦毓鎏的铭文，双

佚园十景与西湖十景比较　　表 15-2

佚园十景	樱山远眺	桥上观鱼	洞口访碑	松间夕照	雨余听瀑	石鼎烹茶	平台贮月	石林丛桂	枫荫垂钓	双峰戴雪
西湖十景	苏堤春晓	花港观鱼	南屏晚钟	雷峰夕照	柳浪闻莺	曲苑风荷	平湖秋月	三潭印月	断桥残雪	双峰插云

峰还两次出现在《佚园十景图册》中，可见地位之重要。双峰亭西北是朱樱山的坡麓余脉，“松柏成林，蔚然深秀”，为秦氏夏日避暑之所，也是《佚园记》游线的终点。

4. 造园意匠

从佚园的布局和景致可以看出，这是一座传统风格的园林。对传统的继承进一步体现在佚园的意境和手法上，如对集称景观、园景入画和季相变化的追求，以及借景、叠山、理水、建筑和花木等传统手法的运用。

集称景观文化在中国古代蔚为大观，城市层面如潇湘八景、苏台十二景和金陵四十景等，园林层面如辋川二十景、独乐园七景和狮子林十二景等，形成一个丰富宏大的体系。秦毓鎏与友人将园中景致总结为“十景”，并请秦淦绘《佚园十景图册》，显然是对这一体系的继承。具体到“十景”的名称，则可发现“西湖十景”的影响，两者不但数量一致，佚园还有四景的名称脱胎于“西湖十景”，即“桥上观鱼”与“花港观鱼”，“松间夕照”与“雷峰夕照”，“平台贮月”与“平湖秋月”，“双峰戴雪”与“双峰插云”（表 15-2）。

描绘园景时，《佚园十景图册》在实景的基础上做了部分夸张的处理，如朱樱山和双峰的高度都被夸大，以使园景体现出画境。值得一提的是，1914 年秦淦曾摹写宋懋晋《寄畅园五十景》中的十二景。作为秦氏名园，寄畅园在造园和绘画方面都对佚园有影响：如佚园观瀑桥南的瀑布与桥东的滩头，便是效仿寄畅园的鹤步滩与石桥；佚园主厅“竹净梅芬”，取自乾隆巡幸寄畅园时御题的匾额；《佚园十景图册》的“石林丛桂”与《寄畅园十二景图册》的“云岫”意境相近（图 15-45）。

第三点值得注意的是《佚园十景图册》各景的顺序，它们并未按《佚园记》的游线排列，而是遵循春

图 15-45 秦淦《寄畅园十二景图册》之云岫与《佚园十景图册》之石林丛桂（局部）比较

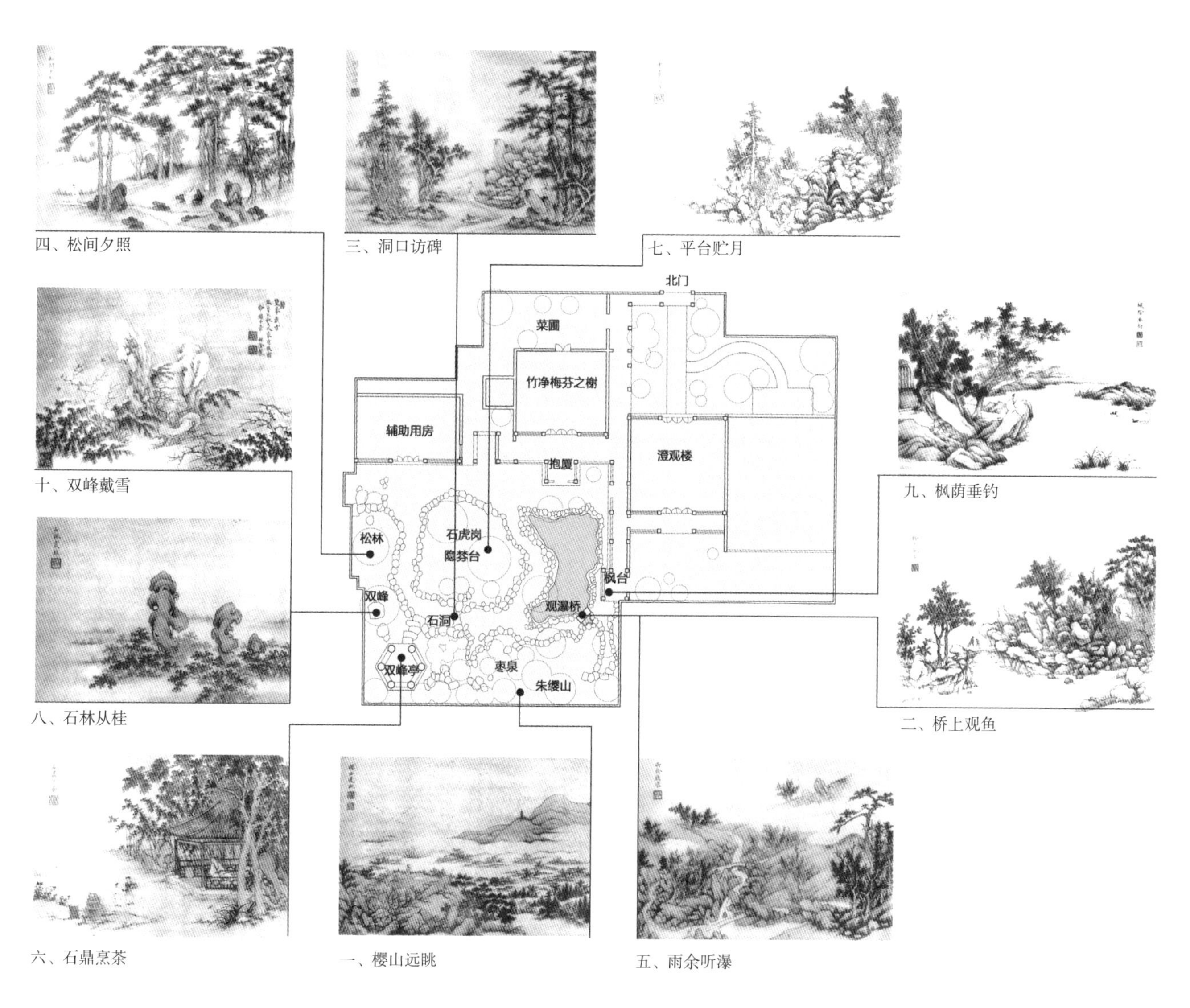

图 15-46 佚园十景位置图（绘制：黄晓）

夏秋冬的四季时序，即《佚园记》所称，秦淦“为题十景，景绘一图，以志四时胜概”。这套图册要突出的，是佚园的季相变化。樱山远眺、桥上观鱼和洞口访碑为春景，松间夕照、雨余听瀑和石鼎烹茶为夏景，平台贮月、石林丛桂和枫荫垂钓为秋景，双峰戴雪为冬景（图 15-46）。按照时序描绘园景是古代园林册页常用的方式，典型的如杜琼《南村别业十景图册》、张复《西林三十二景图册》和沈士充《郊园十二景图册》等，都是从春季开始，以冬季收尾 。此外，秦淦图中的人物皆为古装，着力营造出古代士人园居的氛围。

除了以上三种意境追求，佚园在借景、叠山、理水、建筑和花木等手法上，都与传统造园一脉相承，可结合图册进行分析。

佚园位于无锡城内，并不具备好的借景条件，但仍堆筑了朱樱山，借景城外的山川。《佚园十景图册》第一景便是“樱山远眺”，朱樱山山左设蹬道通向山顶，山右栽植樱树，秦毓鎏着古装站在山顶平台上眺望，旁有童子侍立（图 15-46 之一“樱山远眺”）。园外所借景致共两处，最引人注目的是图右的惠山、锡山和龙光塔，即《佚园记》所称：“西望惠山峰峦起伏，如列翠屏，似陈笔架。烟云变幻，朝夕殊景，山色岚光，尽收眼底。”山峦右高左低，向左探入开阔的水中，初看颇似太湖。但据《佚园记》载，“东望城墙雉堞参差，风帆往来城外，历历可数”，可知秦淦做了艺术的处理，这片水面是城东的护城河，与佚园隔着蜿蜒的城墙，河面上有帆船往来。远山、宝塔、城墙、帆船，这些都是古代园林偏爱的借景对象，为园林营造出脱俗的古意。

佚园位于城内引水不易，因此以山景为主，占了大部分面积。《佚园十景图册》有6幅以山石为主题，表现了石虎岗（1幅）、朱樱山（3幅）和双石峰（2幅）3处景致，分别为石山、土山和置石。“平台贮月”（图15-46之七）描绘秋日在石虎岗隐弅台赏月的场景，此山下部堆土，上部叠石，总体以石为主，西侧种枣树，东侧种樱树，中间有蹬道通向岗顶平台，秦毓鎏坐在台上，向东隔着水池赏月。从隐弅台下到山冈北侧，为石洞过道，“洞口访碑”（图15-46之三）描绘了在朱樱山下探访古碑的场景。向西穿过石洞，仍为朱樱山余脉，即“松间夕照”（图15-46之四），坡麓上群松峨峨，秦毓鎏坐在松下避暑，对面有友人来访。朱樱山主体见于“樱山远眺”（图15-46之一），以堆土为主，山间林木葱郁。“石林丛桂”（图15-46之八）和“双峰戴雪”（图15-46之十）都是描绘畏垒峰和瑶芝峰，一为秋景，一为冬景，两峰高高耸立在桂树和丛竹之上，正与《佚园记》“峰后有修篁丛桂映其间”的记载相合。

佚园水景占地不多，但类型丰富，有泉、涧、瀑、池等，构成完整的水景序列，并形成从山到水的有机过渡。泉源位于朱樱山山腹，在枣树下，称“枣泉”，泉水东流形成山涧，继而折转向下化作瀑布，穿石渡桥泻入池中。《佚园十景图册》有三幅水景，都集中在东南角观瀑桥一带，是园中理水的精华。在“雨余听瀑”（图15-46之五）中，秦毓钧站在池东仰首观赏瀑布，前方一桥斜跨，桥南的瀑流借着雨势愈显雄壮。在“桥上观鱼”（图15-46之二）中，秦毓鎏站在石桥上，背对瀑布，与童子指点欣赏池中的游鱼。他身后滩头的两株枫树又见于“枫荫垂钓”（图15-46之九），枫树微微倾斜伸向池面，为垂钓者遮荫蔽凉；池中有野鸭自在翔泳，树干间露出半截石桥，最左侧是半扇月洞门，通向东面的澄观楼庭院。

园记中提到三处佚园的建筑，即澄观楼、竹净梅芬之榭和双峰亭，《佚园十景图册》只描绘了双峰亭。三座建筑都采用传统风格，紧贴边角布置，用作起居或赏景之所，将中央的主要位置让给山水花木。“石鼎烹茶”（图15-46之六）描绘了四柱的双峰亭，秦毓鎏坐在亭中，三面围以木栏，一面开敞，对着亭前一角的石鼎，两名童子煎好了茶，正要端到亭中。亭子周围是丛竹和桂树，表明双峰就在附近。

佚园的植物主要配合山、水和建筑布置。朱樱山和石虎岗种植樱树和枣树，朱樱山西麓是成片的松树，池边种植枫树，双峰亭附近是翠竹和桂树，各区特色鲜明，富有观赏性。竹净梅芬之榭北面的菜圃则以菜蔬为主，注重实用性。

5. 园居生活

《佚园记》提到秦毓鎏的园居生活，如秋日登隐弅台赏月，雨天立观瀑桥听泉，盛夏坐在松间避暑，以及于双峰亭赏石，用古石鼎烹茶等，佚园成为他“日徜徉乎其中，以送余年”的闲居之所；同时，还是他与亲朋道友的雅集之地，澄观楼下的坐忘庐便用来“时会宾客，宴游于此”。秦毓鎏曾将园中的酬唱诗文编成《佚园题咏汇录》，并亲自作序。

1928年冬《佚园十景图册》印制出版，佚园的宴集随之达到一个高峰。当时不少名流收到秦毓鎏题赠的图册，现存一本《佚园十景图册》上用小楷写着“誉虎先生清赏秦毓鎏奉贻”，是赠给著名书画家叶恭绰的。叶恭绰（1881～1968年）字誉虎，留学日本时加入同盟会，先后在交通部、财政部担任要职。获赠图册的名流大多同秦毓鎏一样，是老资历的革命家，同时又爱好诗文和绘画等，除了叶恭绰，已知的还有柳亚子（1887～1958年）和陈去病（1874～1933年）。

《柳亚子自述》提到，1929年四月他“与陈巢南、林一厂、金葆光、于范亭等同游扬州。复至无锡，访秦效鲁，唱酬颇乐”。他与秦毓鎏的唱酬之所，便是佚园。柳亚子集中现存《己巳春尽前三日，自京口至梁溪，效鲁盟长邀游所居佚园，出示画册，率题一律奉教》，诗曰：“少年努力事神州，此日园林爱息游。怪石奇花新粉本，故家乔木旧风流。经纶世上羞余子，丘壑胸中出一头。但祝南阳龙卧稳，草堂梁父不须讴。”可知他曾在佚园

图 15-47 自枫台看西院（摄影：林一）

欣赏这套图册，赞美园中的奇花怪石，都成为图册描绘的粉本。

柳亚子提到的陈巢南即陈去病，字巢南。两人都是同盟会成员，曾追随孙中山，又是革命文学团体南社的领袖，与秦毓鎏交好。这次雅集陈去病作《效鲁属题所居坐忘庐》：“阴阴门巷罨垂杨，小有亭林足晚凉。且学斋心颜氏子，漫教结客少年场。灌园种菜聊为尔，勒石铭勋尽自忘。我亦希夷老孙子，息机长愿事蒙庄。”可知众人曾在佚园坐忘庐宴集，陈去病特意强调了佚园的道家风味。

佚园始建于 1921 年，《佚园记》和《佚园十景图册》则作于 1928 年，按照古代园成后撰写园记、绘制园图的传统，1929 年春的这次雅集实可视为对佚园建成的庆祝，与会者皆为一时之选，影响颇大。1936 年 1 月太虚大师到无锡讲法，“二月，大师移住秦效鲁之佚园”，作《丙子释尊成佛日用柳亚子韵题秦效鲁佚园》：“摄取瀛寰九九州，佚园清赏足神游。四时凉燠唯心现，百物新陈大化流。岂止荫成堪息影，也曾狂歇不迷头。偶来暂借蒲团坐，晓听林禽引吭讴。”时隔七年之后，太虚大师仍用柳亚子旧韵题咏佚园，可见那次雅集的影响之大；从中还可见出秦毓鎏思想的转移，已从当时的道家转移到佛家。

秦毓鎏佚园建于近代，但在各个方面都体现为传统的风格（图 15-47）。造园思想上主要受道家和佛家影响，园林和园景的命名，如佚园、隐弇台、坐忘庐、畏垒峰和混沌峰等，都是取自《庄子》；园林经营上，主要采用传统的借景、叠山和理水手法，追求入画和季相等古典意境。园中的生活，或与同好雅集酬唱，或与高僧静坐谈禅；此外，园记的撰写和园图的绘制也是对传统造园文化的延续。这一切使佚园有如一片“飞地”，独立于时代洪流之外，在近代的巨变中延续着古代的精神。

佚园的传统风格与秦毓鎏的出身不无关系。秦氏是明清两代无锡的望族，名人辈出，秦毓鎏的祖、父分别为秀才和举人，他自幼受到良好的古典文化教育。秦氏家族兴建过碧山吟社、五峰草堂、寄畅园和微云堂等众多名园别墅，使秦毓鎏对古典园林有深入的接触和认识。他的族侄秦淦拥有良好的绘画素养，成为他造园的重要参谋；族叔秦同培对城隍庙校址的改建则为造园提供了营筑材料。此外，秦毓鎏的个人经历更是对佚园的风格具有决定意义。佚园作为他急流勇退的赋闲之地，选择传统的风格是较为合宜的。

秦毓鎏佚园反映了传统园林文化在近代的延续，丰富了无锡近代园林的类型和内涵。同时，佚园所在的小娄巷是无锡五大历史文化街区之一，作为街区内主体建筑“秦氏福寿堂”的重要组成部分，佚园的研究和利用，对于小娄巷的保护和发展具有重要意义。

五、王禹卿旧居

点评：中式园林与西式洋楼的呼应与对话。

王禹卿旧宅位于无锡市中山路177号梁溪饭店内，建于1932年。宅北有一座花园和三座洋楼，属于典型的近代宅园，花园为中式，洋楼为西式，体现了中西交融的特点。

1. 历史沿革

王禹卿（1879 ~ 1965年）祖宅位于无锡县南青祁村。光绪二十五年（1899年）十一月十一日，因邻屋失火被波及烧毁。当时在上海经商的王禹卿赶回无锡，只见“瓦砾遍地，片椽无存。惟有黔柱赭垣，烬余残剩，参差错峙而已”。他与父亲、长兄相抱痛哭，“当斯时也，居无容身之所，食无隔宿之粮。忍痛支木编茅，结庐栖息。箪食瓢饮，菽水养亲”，被王禹卿视为平生最为艰难困厄的时期。其后王氏在无锡城西的棉花巷建宅暂居。

民国21年（1932年），王禹卿54岁时在无锡城内时郎中巷营建新宅，前后历时18个月，花费15万元，作为王家在城内的主要居所，即今王禹卿旧宅。这处住宅坐北朝南，前有八字形照壁，向北依次为门厅、正厅等三进庭院，每进五间大房。宅北是一座中式花园和两座洋楼，一归王禹卿，一归其兄王尧臣。1936-1937年王尧臣又在东部建造了第三座洋楼。

抗日战争时期王宅被日军占据，抗战胜利后成为无锡市警察局，中华人民共和国成立后作为无锡市委市政府招待所。1970年住宅前部的照壁和厅屋被拆除，仅留下后部的花园和洋楼。2003年王禹卿旧宅被列为无锡市文物保护单位 。

2. 中式花园

王禹卿旧宅南部的住宅已毁，宅园关系不明。北部包括花园和洋楼，南侧为中式花园，其北东西错落布置三座洋楼，构成中西风格的对比（图15-48）。

花园被道路划分为三部分：东南部是一片平地，栽有几株树木，较为简单。南部三角地上堆有一座石山，下为山洞，上为石台，沿石条台阶可登至台顶（图15-

图15-48 王禹卿旧居航拍图（摄影：戈祎迎）

图 15-49 南部假山（摄影：黄晓）

图 15-50 王禹卿旧居山池景致（摄影：黄晓）

49）。花园主体位于中部，是园林的精华所在，平面略成梯形，西宽东窄，南北最长 35 米，东西最长 40 米，占地 1000 多平方米。

花园中部主体的地势呈西高东低走势，西部为山，东部为池，山间池畔林木葱郁，有多条道路蜿蜒其间。制高点在假山西南角，此处设有一方泉眼，位于秀润的太湖石孔穴内；泉水涌出后向东北跌落，一连是三处石头驳岸的水池，逐级降低；泉水短暂地潜入地下后，又涌出地面汇成狭长的溪流，最后泻入东北的大池中，水量丰沛的时候会形成瀑布。周围共有四条山路可登至制高点的泉眼处，东部一条，北部两条，西北一条。山路两侧用驳石护土，栽植高低不同的乔木和灌木，营造出朴野自然的山林气息。北部偏东的山路通向一处平台，分为两层，西高东低，西台布置石凳，在台上可以东临水池，南眺泉池，是一处主要的休憩场所。东部的水池平面形似蝙蝠，又似蝴蝶，中央被一座微微拱起的石桥一分为二，桥头特置一尊玲珑挺拔的太湖石作为点景。西池承接山间流下来的泉水，东池南岸设石级可下至水边（图 15–50、图 15–51）。

花园的布局简练紧凑，西南高、东北低的地势，使花园景致朝向东北敞开，便于从北部洋楼中欣赏花园。水景成为贯穿全园的主线，从西南到东北，形成泉—池—溪—瀑—池的序列，形式多样。同时有桥、路、石、台穿插点缀其间，共同构成一座富有趣味的小花园。

图 15–51 大水池西侧从山间流下的泉水

图 15-53 西部齐眉楼（摄影：王俊）

3. 西式洋楼

花园北部的三座洋楼保存较好。中央的天香楼和西部的齐眉楼都建于 1932 年，所用材料和风格相近；东部的春晖楼建于 1937 年前，与前两楼有所不同。

从布局上看，天香楼（图 15-52）正对花园，为园中主楼。该楼高两层，用青砖砌筑，平面和立面都采用对称式构图，南部中央凹入形成入口，两侧向外突出为六角形翼楼。中央二层开横向长窗，方便欣赏花园的景致。齐眉楼位于西侧，也用青砖砌筑，主体高三层，前部跌落为两层，顶部形成阳台，可供在此俯瞰花园。齐眉楼较天香楼的线脚更为复杂，并使用了女儿墙和爱奥尼柱式，富有装饰性（图 15-53）。但总体来看，两楼皆为典型的古典主义风格。

东部的春晖楼高三层，采用钢筋混凝土框架结构，外墙用红砖砌筑，平面由三部分组成，为非对称的均衡式构图。立面受当时的摩天楼风格影响，强调竖向线条，南立面开有三道纵贯三层的拱窗，其中一层上部有道较宽的腰线，减缓了向上的冲势。西南角靠近花园的部位建有圆形塔楼，各层开环形玻璃窗，能从不同高度观看花园。

花园北部的三座洋楼主要是满足王氏家人的日常生活需求。它们都紧随时代风格，从古典主义到摩天楼式，受到不同时期西方建筑文化的影响。同时，三座洋楼虽然位置不同，但都注重与花园之间的关系，采用各种方式借花园之景，建筑与花园有良好的互动。

王禹卿故居后部的花园洋楼，为典型的中西交融样式，中式的园林与西式的楼房相得益彰，作为近代时期工商业资本家的生活追求，体现了中西文化的交融。

图 15-52 中央天香楼（摄影：黄晓）

后记

园林，对一个城市来说，既是其社会文明发展水准的写照，也是其历史文脉和文化沉淀的反映，甚至可以说是一个城市的活化石。而对无锡的园林管理者来说，履行好保护和发展园林事业职责，切实担负起园林文化的挖掘整理和传承发扬，既是使命，也是我们对园林事业的一份挚爱。

无锡园林有着悠久的发展历史和绵延的造园传统。前可追溯到春秋时期吴王阖闾的建城筑园，后又兴盛于明清年代的寺庙园林、私家园林，当时无锡园林之盛，名重江南，尤以寄畅园名声日隆，继而成为江南古典园林的重要代表之一。伴随近代无锡民族工商业的蓬勃兴起，借助中国民族工商业名城之实力，依托无锡惠山、太湖隽秀的山水资源，无锡近代园林兴建之风盛行，星罗棋布于山水之间，佳作迭出，在20世纪初叶的短短二三十年间，涌现出了20多处园林，这在中国近代城市史和近代园林发展史上实属罕见，从而，也为中国近代园林绘制了浓墨重彩的画卷！

无锡对其自身近代园林的重视和研究，亦已有多年历史，并散见有多项成果。但就无锡近代园林造园艺术与特点的系统分析和总结而言，还显缺乏；无锡近代园林在中国园林发展史上的地位和价值，更是需要由本行业内一流专家和学者，给予专业评判和鉴赏。这对于丰富中国近代园林研究成果，填补中国近代园林发展空白，想必都具有积极的意义。中华人民共和国成立后，尤其是改革开放以来，无锡园林人继承传统，努力进取，因地制宜，积极创新，建成了一批具有地方花卉植物特色的当代名花园林，并形成了鲜明的造园艺术特点，多年来受到许多国内外著名专家学者的好评，广受游客们的欢迎，也为当代园林的繁荣发展增添了新的光彩！因此，同步启动无锡当代名花园林系统研究和总结，对于提升无锡城市形象，反映城市建设硕果，展示当代无锡园林发展成就，都将起到重要的作用。

基于以上认识，以及对无锡近代园林与无锡当代名花园林保护与发展的责任担当，我们立足工作岗位，放眼园林事业，于 2013 年正式提出并落实了研究课题。经过前期筹备，2014 年 12 月 2 日在无锡召开了“中国无锡近代园林研究”“中国无锡当代名花园林研究”课题启动暨无锡园林研讨会，邀请国内孟兆祯院士等权威专家学者与会，并担任顾问，联合国内一流的园林学者和地方专家组成了课题组。在历时三年多的研究工作中，课题组召开了 6 次专题讨论会，集中或分散请教多方专家听取指导和修改意见，先后组织 100 余人次到现场调研、搜集资料、测绘和航拍等工作，形成修改稿后五易其稿进行补充、调整和完善，最终形成《中国无锡近代园林》书稿 20 余万字、400 余幅照片、90 余幅测绘图；《中国无锡当代名花园林》10 余万字、200 余幅照片、50 余幅测绘图。

课题组深入研究了无锡近代园林历史发展，论述了无锡近代园林的起源与发展历程、历史地位，包括无锡自然环境与人文历史资源概况对无锡近代园林的影响。详尽分析了无锡近代园林实例，主要对无锡近代园林实例的基础条件、历史沿革及保护和利用等方面进行深入研究。全面总结了无锡近代园林的艺术风格，重点对无锡近代园林的园林艺术特点、景观特征、人文精神等进行详细分析研究，重点归纳总结出无锡近代园林造园艺术风格和特征。系统研究了无锡当代名花园林的历史背景、文化传承、园林艺术特征，并对六个名花园案例的造园布局、造园意匠、因花造景手法、名花品种，以及相关科学研究和科普活动等做了调研和整理，并在《中国园林》杂志发表了相关专题论文 4 篇。特别是对于无锡近代园林的地位评价、分类方式、特色分析等进行了全面系统的研究和总结，以及一些重要的比较研究，弥补了中国近代园林史研究的缺失，提供了宝贵的研究成果，具有积极的启迪作用和重要的学术价值。

2014 年 12 月近代园林研究启动暨无锡近代园林艺术研讨会留影

2017 年 11 月无锡近代园林暨无锡名花园林专家课题评审会议留影

此次研究工作及成果，也得到中国大百科全书（第三版）编委会的重视和认可，首次将无锡园林词条（共计 24 条词条）列入大百科风景园林学之中。这对于宣传无锡和园林建设成就，必将有很好的助推作用。

这两本专著在成书过程中，课题组得到了无锡市内外多方专家学者和领导同仁们的无私支持和热忱关心。孟兆祯院士亲自担任首席顾问，三次亲临专题会议，给予了高屋建瓴的指导，并提出了“太湖的核心风景在无锡”的高度评价和重要论断！专家组朱钧珍、施奠东、李炜民、成玉宁、李亮等专家学者对课题组的工作给予了全程的指导和专业的意见。原江苏省住建厅副厅长、江苏省风景园林协会王翔会长，江苏省住建厅风景园林处单干兴副处长等领导把课题正式列入江苏省住建厅科研项目，给予全力支持，并几次莅临指导。无锡市文广新局、财政局等政府部门积极支持，得到时任市财政局副局长赵鞠同志的充分理解和全力支持；无锡市文旅集团和孙美萍副总裁及鼋头渚、蠡园、梅园、锡惠公园和公花园等单位全力配合和支持，为现场踏勘调查、收集提供资料和挖掘总结研究等做了大量工作；无锡市市政和园林局对此项工作始终高度重视，积极组织力量，全力做好相关工作。无锡一批著名园林文史专家吴惠良、沙无垢、黄茂如、金石声等提出了许多好的专业意见。课题组的同事们不负重托、不辱使命、团结一心、潜心研究，超额完成了课题任务。在此，对为完成本课题研究和两本专著出版的其他无锡园林同仁和专家给予的帮助一并表示衷心感谢！

此次完成的两部专著，是对无锡园林以往多年研究成果的继承，反映和凝聚了许多前辈的工作成果，也是当下新的研究成果的展示，集中了多方的智慧和心血。虽经努力求证、深入分析，但仍难免有疏漏或谬误之处，恳请广大园林同行和读者给予指正，为感。

朱震峻

2018 年 2 月早春于太湖新城